名校名师精品系列教材

U0742433

Fundamentals and Applications of
Python Data Analysis

Python
数据分析基础与应用

微课版

冯向科　陈承欢 ◉ 编著

人民邮电出版社
北　京

图书在版编目（ＣＩＰ）数据

Python数据分析基础与应用：微课版 / 冯向科，陈承欢编著. -- 北京：人民邮电出版社，2025.1
名校名师精品系列教材
ISBN 978-7-115-63273-9

Ⅰ．①P… Ⅱ．①冯… ②陈… Ⅲ．①软件工具－程序设计－教材 Ⅳ．①TP311.561

中国国家版本馆CIP数据核字(2023)第233939号

内 容 提 要

在当今数字化时代，数据分析在各行各业被广泛应用，数据已经成为企业的核心生产要素，数据分析技术已经成为企业竞争的关键。

本书以帮助读者夯实数据分析基础、掌握数据分析应用为目标，以提升数据分析能力为重点，将 Python 数据分析基础与应用整体分为 9 个模块，形成层次分明、结构清晰、重点突出、方便学习的模块化结构。本书构建渐进式、多样化的数据分析基础与应用层次，创新知识学习、技能训练、任务实战一体化训练模式，帮助读者有效地形成学习梯度、降低学习难度、提升学习热情。同时本书提供新形态教材的电子活页，探索活页式教材新模式，还配套了数据分析在线练习与考核题库。本书充分挖掘数据分析中的素养元素，"因势利导、顺势而为"，将知识学习、技能训练、能力培养和价值塑造有机结合。

本书可以作为普通高等院校、高等或中等职业院校各专业的 Python 数据分析基础与应用课程的教材，也可以作为 Python 数据分析基础与应用培训班的教材及参考书。

◆ 编　　著　冯向科　陈承欢
　　责任编辑　王志广　桑　珊
　　责任印制　焦志炜

◆ 人民邮电出版社出版发行　　北京市丰台区成寿寺路 11 号
　　邮编　100164　电子邮件　315@ptpress.com.cn
　　网址　https://www.ptpress.com.cn
　　三河市君旺印务有限公司印刷

◆ 开本：787×1092　1/16
　　印张：18　　　　　　　　　　2025 年 1 月第 1 版
　　字数：520 千字　　　　　　　2025 年 1 月河北第 1 次印刷

定价：69.80 元

读者服务热线：(010)81055256　印装质量热线：(010)81055316
反盗版热线：(010)81055315

目　录

模块 3

NumPy 基础 48

模块 7

数据分析可视化展示 195

模块 6

统计计算与数据分析 168

模块 8

时间序列操作与数据
抽样 240

模块 9

数据分析与可视化综合

实战 258

模块 1
认知数据分析与构建程序运行环境

01

　　当今世界，人们的工作、学习、生活对信息技术的依赖程度在不断加深，每天都会产生大量的数据。我们经常发现数据越来越多，但是要从中找到有价值的信息却越来越难。这里所说的信息，可以理解为处理数据集之后的结果。从原始数据集中提炼出有价值信息的过程被称为数据分析，它是数据科学工作的一部分。若想更好地认识和理解数字化，就需要学会利用数据，让数据真正地产生价值。数字化提供了认识世界的全新视角和方法论，让我们可以更加便捷、全面、深刻地理解世界。

　　数据的记录、传输、存储、处理、决策是一个闭环体系，整根链条是不可分割的，数据从产生到实现价值的整个生命周期中的每个环节都非常重要，只有处理好每个环节才能真正发挥数据的作用。

📝 学习与训练

1.1 初识数据分析

　　当前在数字化背景下，各行各业在数字化浪潮中发生了深刻的变化。数据已经是企业的核心生产要素，而数据分析技术已经成为企业的核心竞争力。以大数据、人工智能技术为核心的分布式计算平台为数据分析"插上了腾飞的翅膀"，各种应用场景的开拓让数据分析有了发展的土壤。

1.1.1 数据分析定义

　　什么是数据分析呢？数据分析是指用合适的统计方法及工具，对收集的大量原始数据进行处理，提取有价值的信息并形成有效结论的过程。数据分析追求最大化发挥数据的作用，以推动业务的发展。

　　数据分析的目的是提取不易推断的信息并加以分析运用这些信息，可以对产生数据的系统的运行机制进行研究，从而对系统可能的响应和演变做出预测。

　　在数据分析中，理解数据的方法之一是将其转变为可视化图形，再从可视化图形中获取数据蕴含的信息。通过数据分析，可以得到研究系统的简单数字模型。根据模型可以预测所研究系统的响应，用已知输出结果的一个数据集对模型进行测试。这些数据不是用来生成模型的，而是用来检验系统能否重现实际观察到的输出结果，从而掌握模型的误差，了解模型的有效性和局限性。然后，将新模型与原来的模型进行比较，如果新模型胜出，即可进行数据分析的部署。部署阶段需要根据模型给出的预测结果，进行相应的决策，还要防范模型预测到的潜在风险。

1.1.2 比较数据分析与数据挖掘

数据分析与数据挖掘、商务智能（Business Intelligence，BI）有着显著的差别，数据分析要分析的目标一般比较明确，分析条件比较清楚；数据挖掘要分析的目标一般不是很明确，要依靠挖掘算法找出隐藏在大量数据中的模式、规律等；商务智能则侧重于使用数据仓库、数据分析、数据挖掘等技术进行分析以实现商业价值。

1. 数据分析

（1）数据分析的基本定义

简单来说，数据分析就是对数据进行分析。专业的说法为，数据分析是指根据分析目的，用适当的统计方法及工具，对收集的数据进行处理与分析，从而提取有价值的信息，形成结论，发挥数据的作用。数据分析可以帮助人们做出判断，以便采取适当行动。数据分析是数学与计算机科学相结合的产物。

（2）数据分析的主要作用

数据分析主要具有三大作用：现状分析、原因分析、预测分析（定量）。数据分析的目标明确，先做假设，然后通过数据分析来验证假设是否正确，最终得到相应的结论。

（3）数据分析的主要方法

数据分析主要采用对比分析、分组分析、交叉分析、回归分析等常用分析方法。

（4）数据分析的输出结果

数据分析通常会得到一个指标统计量结果，例如总和、平均值等，需要将这些指标数据与业务结合进行解读，才能发挥出数据的作用。

电子活页 1–1

数据挖掘

2. 数据挖掘

数据挖掘一般是指从大量数据中通过算法搜索隐藏的信息的过程。数据挖掘通常与计算机科学有关，并通过统计计算、分析处理、情报检索、机器学习、专家系统和模式识别等诸多方法来实现。

扫描二维码，浏览有关数据挖掘的更多内容。

3. 比较狭义的数据分析和广义的数据分析

数据分析可以分为狭义的数据分析和广义的数据分析。狭义的数据分析的主要目标就是生成可视化图表，并通过这些图表来洞察业务中的问题。广义的数据分析包括狭义的数据分析和数据挖掘，即不仅要通过数据实现对业务的监控和分析，还要利用机器学习算法，找出隐藏在数据背后的信息，并利用这些信息为将来的决策提供支撑。我们通常所说的数据分析就是指狭义的数据分析。

（1）基本的数据分析工作

基本的数据分析工作一般包含以下几个方面的内容，当然因为行业和工作内容的不同会略有差异。

- 确定目标（输入）：理解业务，确定指标口径。
- 获取数据：借助数据仓库、电子表格、第三方接口、网络爬虫、开放数据集等途径获取数据。
- 清洗数据：对缺失值、重复值、异常值进行处理，进行数据变换（格式化、规范化），数据离散化等操作。
- 数据透视：进行数据运算、统计、分组、聚合、可视化等操作。
- 数据报告（输出）：进行数据发布、工作成果总结汇报等操作。
- 分析洞察（后续）：解释数据的变化，提出对应的方案。

（2）深入的数据挖掘工作

深入的数据挖掘工作应该包含以下几个方面的内容，当然因为行业和工作内容的不同会略有差异。

- 确定目标（输入）：理解业务，明确挖掘目标。
- 数据准备：进行数据采集、数据描述、数据探索、质量判定等操作。
- 数据加工：进行提取数据、清洗数据、数据变换、特殊编码与降维、特征选择等操作。
- 数据建模：进行模型比较、模型选择、算法应用等操作。
- 模型评估：进行交叉检验、参数调优、结果评价等操作。
- 模型部署（输出）：进行模型定型、业务改进、运营监控、报告撰写等操作。

4. 数据分析与数据挖掘的主要区别

数据分析是对数据的一种操作手段或者算法，其目标是针对先验的约束，对数据进行整理、筛选、加工，最终得到信息。数据挖掘是对数据分析得到的信息，进一步进行价值化的分析。

数据分析和数据挖掘的区别在于，数据分析是以输入的数据为基础，通过先验的约束，对数据进行处理，其重点在于数据的有效性、真实性和先验约束的正确性。而数据挖掘则不同，数据挖掘是对信息的价值化的获取。价值化不考虑数据本身，而考虑数据是否有价值。

另外，大数据分析是对海量数据进行分析，而数据挖掘更多的是针对企业内部小众化的数据。大数据分析侧重的是行业的发展趋势，数据挖掘主要实现的是发现问题并诊断。

1.1.3　数据分析在企业经营决策中的主要作用

当前，无论是互联网企业，还是传统企业，都需要进行数据分析。企业如果需要进行经营决策或者推出某种新产品，就需要利用数据分析将一些凌乱的数据整合、汇总，从中确定具体方向。在企业的经营决策中，数据分析具有以下三大作用。

1. 现状分析——透过表面现象挖掘背后本质

所谓现状有两层含义，一层含义是指已经发生的事情，另一层含义是指现在发生的事情。通过对企业的周报或月报进行分析，可了解企业的整体运营情况，发现企业经营中的问题。

2. 原因分析——异常情况下的影响因素探析

通过现状分析了解到企业存在某种隐患后，就需要分析该隐患，了解该隐患存在的原因和它是如何产生的。找到了原因，就可以避免损失或者创造价值。

3. 预测分析——探求未来发展趋势与走向

在分析了现状和原因后，就需要进行预测分析。预测分析是指通过现在所掌握的数据，预测未来的发展趋势。

预测分析可以让我们事先对未来进行预判并采取行动，可以更好、更及时地发挥出数据分析的作用。预测分析一般需要采用机器学习技术利用历史数据来构建数据模型，然后对未知情况进行预测并做决策。

电子活页 1-2

1.1.4　常用数据分析框架

常用的数据分析框架有：PEST、5W2H、SWOT、4P 理论、逻辑树、客户生命周期等。

扫描二维码，浏览有关常用的数据分析框架的详细介绍。

常用的数据分析框架

1.1.5　常用数据分析方法

数据分析方法论主要是从宏观角度研究如何进行数据分析，即数据分析的前期规划，用于搭建一个清晰的数据分析框架。对于具体的业务场景问题，就要靠具体的分析方法来解决。常用的数据分析方法有：趋势分析、多维分解、用户分群、漏斗分析、留存分析、对比分析、交叉分析。

1. 趋势分析

趋势分析是最简单、最常见的数据分析方法之一，一般用于长期跟踪核心指标，例如点击率、商品交易总额（Gross Merchandise Volume，GMV）、活跃用户数。通过趋势分析可以看出数据有哪些趋势上的变化、有没有周期性、有没有拐点等为后续的原因分析打下基础。

2. 多维分解

多维分解也就是通过不同的维度对数据进行分解，以获取更加精细的数据洞察。例如，对网站访问进行数据分析，可以拆分出地区、访问来源、设备、浏览器等维度。

3. 用户分群

用户分群是指针对符合某种特定行为或背景信息的用户，将多维度和多指标作为分群条件，进行特定的优化和分析，有针对性地优化用户服务。

4. 漏斗分析

漏斗分析是指按照已知的转化路径，借助漏斗模型，分析总体和每一步的转化情况。例如将漏斗模型用于网站关键路径的转化率分析，不仅能显示用户的最终转化率，还可以展示每一步的转化率。

5. 留存分析

留存分析是一种用来分析用户参与情况或活跃程度的分析方法。考察进行初始行为的用户中，有多少用户会进行后续行为。衡量留存的常见指标有次日留存率、7 日留存率、30 日留存率等。

6. 对比分析

对比分析分为横向对比（与自己比）和纵向对比（与别人比）。常见的对比应用有 A/B 测试。A/B 测试是指为了达到一个目标，采取两组方案，通过实验观察两组方案的效果，判断两组方案的好坏。A/B 测试需要选择合理的分组样本、监测数据指标，在实验后进行数据分析和不同方案评估。

7. 交叉分析

交叉分析就是将对比分析从多个维度进行交叉展示，进行多角度的综合分析，从中发现最相关的维度来探索数据变化的原因。

1.1.6　常用数据分析工具

在大数据技术出现之前，Excel 是最流行的数据分析工具之一。Excel 的数据处理能力非常强大，大部分数据分析任务它都可以完成，包括数据统计分析、数据建模、数据可视化、数据透视、数据表关联等任务。Excel 的界面友好，操作便捷、高效，是数据分析人员最常用的工具之一。

专业的数据分析工具还有 MATLAB、SPSS、SAS、R 语言等。有些工具（例如 MATLAB、SPSS 等）通过拖曳方式就可以完成复杂的数据统计分析，有些工具（例如 SAS、R 语言等）需要编写程序才能完成更加复杂和定制化的分析任务，比较专业的数据分析人员会使用这些工具。目前这些工具在银行、快速消费品等行业使用较多。

在大数据时代，数据收集工具主要有 Flume、Kafka 等分布式工具，这些工具可以从多种来源收集数据；数据存储工具包括 HDFS、Hive、Impala、HBase、ClickHouse、Hudi、Presto、Druid 等分布式存储组件；数据分析与处理工具主要有 MapReduce、Spark、Flink 等分布式计算工具。

当我们完成了数据的分析、处理后，需要将我们获得的数据更好地呈现出来，此时就需要利用数据可视化技术。俗话说，"一图胜千言"，将处理过的数据使用更合适的方式展示出来可以方便我们理解、记忆，更有利于我们与其他人进行分享、宣传、汇报。Excel 本身是具备强大的数据可视化能力的，利用 Excel 可以画出漂亮的图形。MATLAB、R 语言、SAS 等也具备数据可视化能力，Python 中的 Matplotlib 也是专门用于数据可视化的模块。在大数据时代，数据可视化的工具就更多了，Apache 软件基金会的 Superset 以及百度公司开源的 Echarts 等都是优秀的数据可视化工具。

Python 本身的数据分析能力不是很强，需要借助一些功能强大的第三方扩展模块来增强其数据分析能力，常用的扩展模块有 NumPy、pandas、Matplotlib、SciPy、seaborn、pyecharts 和 Scikit-learn 等，这些模块在数据分析中起着很重要的作用，有关这些模块的使用方法将在后文中详细介绍。

1. NumPy

NumPy 是 Python 科学计算的基础模块，是机器学习框架的基础类库。NumPy 模块具有以下特点。

（1）支持常见的数组和矩阵操作。

（2）提供了一个快速、高效的多维数组对象 ndarray，通过 ndarray 对象实现了对多维数组的封装，提供了操作这些数组的方法和函数集。

（3）提供了用于对数组执行元素级计算和直接对数组执行数学运算的函数。

（4）提供了用于读写硬盘上基于数组的数据集的工具。

（5）提供了用于将 C、C++、Fortran 代码集成到 Python 的工具。

（6）针对数组运算提供了大量的数学函数，运算速度比较快，运算效率较高。

（7）支持线性代数运算、随机数生成以及傅里叶变换功能。

（8）由于 NumPy 内置了并行运算功能，当使用多核中央处理单元（Central Processing Unit，CPU）时，NumPy 会自动做并行运算。

除了为 Python 提供快速的数组处理能力，NumPy 在数据分析方面还有另外一个主要作用，即提供算法之间传递数据的容器。对于数值型数据，NumPy 数组在存储和处理数据时要比 Python 内置的数据结构高效得多。此外，由 C、Fortran 等高级程序设计语言编写的库可以直接操作 NumPy 数组中的数据，无须进行任何数据复制工作。

2. pandas

pandas 是 Python 数据分析的核心模块，它是基于 NumPy 构建的含有复杂数据结构和工具的数据分析模块。pandas 最初是作为金融数据分析工具而被开发出来的，它可以对数据进行时间序列分析。pandas 提供了大量的可快速、便捷处理数据的函数和高效操作大型数据集所需的工具。

pandas 模块围绕 Series 和 DataFrame 这两个核心数据结构展开，提供了复杂、精细的索引功能，以便使用者可以快捷地完成切片、切块、聚合、选取数据子集、重塑和处理缺失值等操作。

pandas 模块具有以下特点。

（1）可以对数据进行导入、清洗、处理、统计和输出。

（2）使用 NaN（非数字）表示缺失的数据，使用轴标签表示行和列。

（3）提供了高效的 DataFrame 数据结构，具有默认和自定义的索引，可以自由地插入或删除数据结构中的列。

（4）提供了智能数据对齐和缺失数据的集成处理功能。

（5）提供了基于标签的切片、花式索引和布尔索引功能，能高效获取数据集的子集。

（6）提供了分组聚合功能。

（7）提供了高性能的数据合并与连接功能。

（8）提供了处理时间序列的功能。

（9）提供了读取与写入数据的功能。

（10）提供了数据预处理功能。

（11）提供了数据可视化功能。

（12）可以轻松、顺利地加载不同类型的数据，然后对数据进行切片、聚合、重塑和可视化等操作。

3. Matplotlib

Matplotlib 是用于绘制数据图表的 Python 模块，能够根据用户提供的数据创建高质量的图形。

Matplotlib 提供了一整套与 MATLAB 相似的命令，十分适合交互式地绘制图形，而且可以将它作为绘图控件，嵌入图形用户界面（Graphical User Interface，GUI）应用程序中。Matplotlib 中应用较为广泛的模块是 Pyplot，该模块提供了一套与 MATLAB 类似的绘图应用程序接口（Application Program Interface，API），可以方便用户快速绘制 2D 图表，例如折线图、柱形图、条形图、直方图、散点图、饼图等。Matplotlib 使用 NumPy 进行数组运算，并调用一系列其他的 Python 模块来实现交互功能。

Matplotlib 模块中还提供了名为 pylab 的模块，其中包括许多 NumPy 和 Pyplot 中常用的函数，方便用户快速进行计算和绘图。Matplotlib 与 IPython 结合提供了一个非常好的交互式数据绘图环境，用户可以利用绘图窗口工具栏中的相应工具放大图表的某个区域或对某个图表进行平移浏览。

4. SciPy

SciPy 是一个专门用于科学计算的开源 Python 模块，它建立在 NumPy 的基础上，提供了一个在 Python 中进行科学计算的工具集。SciPy 完善了 NumPy 的功能，封装了大量科学计算的算法，包括线性代数、稀疏矩阵、信号和图像处理、最优化问题、常微分方程数值求解、快速傅里叶变换等。

5. seaborn

seaborn 是一个基于 Matplotlib 的 Python 数据可视化模块，它提供了一种高度交互式界面，便于用户绘制各种有吸引力的统计图形。

seaborn 提供了很多高级封装的函数，可以帮助数据分析人员快速绘制美观的图形，使图形绘制更加方便、快捷。seaborn 能高度兼容 NumPy 与 pandas 数据结构，能够帮助数据分析人员高效地观察、分析数据。

seaborn 具有以下特点。

（1）基于 Matplotlib 绘图风格，增加了一些绘图模式。

（2）增加了调色板功能，利用色彩丰富的图像揭示数据中的模式。

（3）能运用数据子集绘制与比较单变量和双变量分布。

（4）能灵活运用、处理时间序列数据。

（5）能利用风格建立复杂图像集。

6. pyecharts

Echarts 是由百度开发的一个开源数据可视化 JS（JavaScript）模块，它凭借良好的交互性、精巧的图表设计，得到了众多用户的认可。pyecharts 是一个用于生成 Echarts 图表的模块，其作用是实现 Echarts 与 Python 的对接，方便用户在 Python 中直接使用 Echarts 生成图表。pyecharts 配置灵活，生成的图表相对美观。

pyecharts 具有强大的交互功能，除了可以生成静态图像，还可以生成 HTML 格式图像、生成独立的网页。

pyecharts 具有以下特性。

（1）提供了直观、友好的 API，使得用户可以快速上手，轻松生成各种图表。

（2）可绘制 30 多种常见图表，满足不同场景需求。

（3）支持主流 Notebook 环境，例如 Jupyter Notebook 和 JupyterLab。

（4）可以轻松集成至 Flask、Django 等主流 Web 框架。

（5）高度灵活的配置项，可以轻松搭配出精美的图表。

（6）详细的文档和示例，帮助用户更快地上手项目。

（7）400 多个地图文件以及原生的百度地图，为地理数据可视化提供强有力的支持。

7. Scikit-learn

Scikit-learn 是一个简单、有效的数据挖掘和数据分析工具，是一个专门针对机器学习应用而开发的 Python 开源库。Scikit-learn 是建立在 NumPy、SciPy 和 Matplotlib 的基础上的，它对一些常用的算法进行了封装，利用这几大库的优势，大大提高机器学习的效率。

Scikit-learn 简称为 Sklearn，其基本功能主要包括：分类、回归、聚类、数据降维、特征提取、模型选择、数据预处理和模型评估。Scikit-learn 拥有完善的文档，上手容易，具有丰富的 API，封装了大量的机器学习算法，内置了大量数据集，可节省获取和整理数据集的时间。在数据量不大的情况下，Scikit-learn 可以解决大部分问题。

1.1.7　数据分析过程中常见数据问题

数据分析过程中，从各个渠道获取的初始数据大多是"脏"数据。"脏"数据是指低质量的数据，数据不属于给定范围、对实际业务无意义、格式不合格、编码不规范、业务逻辑模糊的数据都可以认为是"脏"数据。数据分析过程中常见的数据问题如下。

（1）数据缺失

数据缺失是指数据的某些属性值为空。这类问题主要是由采集、传输与存储设备故障、数据延迟获取或人为因素造成的。例如，用户参与问卷调查时，某些个人隐私信息没有填写。

（2）数据重复

数据重复是指同一条数据多次出现。例如，数据集中出现两条 ID 相同的用户信息。这类问题是由人为重复录入或传输设备故障造成的。

（3）数据异常

数据异常是指个别数据明显偏离数据集给定的范围。这类问题主要是由随机因素或不同机制造成的，需要先判定再进行相应的处理。

（4）数据冗余

数据冗余是指数据中存在一些多余的、无意义的属性。这些属性可以根据另一组属性推导出来，或者包含在另一组属性中，或者超出业务需求。例如，数据集同时包含年收入和月收入，而年收入可以根据月收入推导出来。

（5）数据值冲突

数据值冲突是指同一属性存在不同值的现象，这类问题通常出现在多个数据源合并的场景。

（6）数据噪声

数据噪声是指属性值不符合常理的现象。这类问题主要是由硬件故障、编程错误、语音或光学字符识别程序识别错误等造成的。例如，客户数据集中的客户年龄为负数。

以上列举的常见数据问题对数据分析结果会产生一定的影响，这些"脏"数据只有被处理成"干净"数据后，才可以应用到数据分析中。

1.2　熟悉与准备数据分析的编程环境

数据分析与可视化常见的编程环境有 Jupyter Notebook 和 PyCharm，本书的大部分程序都是使用 Jupyter Notebook 编程环境实现的，只有少量程序使用 PyCharm 编程环境实现。

1.2.1　熟悉与使用 Python 的交互式编程环境

电子活页 1-3

下载与安装 Python

1. 下载与安装 Python

扫描二维码，浏览下载与安装 Python 的过程与方法。

2. 进入 Python 的交互式界面

打开命令提示符窗口，在命令提示符后输入命令 python，按【Enter】键，出现如图 1-1 所示的信息。同时进入 Python 的交互式界面，其命令提示符为>>>，等待用户输入 Python 命令。

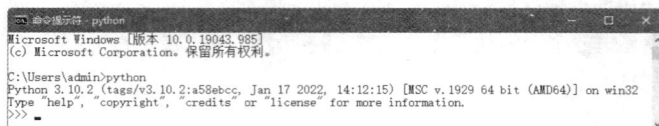

图 1-1　命令提示符窗口

在命令提示符>>>后面输入命令 print("Good luck")，然后按【Enter】键执行该命令，输出结果如下：

Good luck

在命令提示符窗口执行命令如图 1-2 所示。

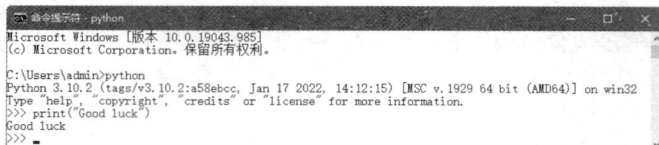

图 1-2　在命令提示符窗口执行命令

1.2.2　熟悉与使用 Jupyter Notebook 集成开发环境

1. Jupyter Notebook 概述

Jupyter Notebook 是基于网页的用于交互计算的开源 Web 应用程序，可以用于代码编写、文档撰写、代码运行和结果展示。简单地说，用户可以在网页中直接编写代码和运行代码，代码的输出结果也会直接在代码块下方进行展示。如在编写代码的过程中需要编写说明文档，可在同一个页面中使用 Markdown 格式进行编写，而且可以直接看到渲染后的效果。

Jupyter Notebook 能让用户将说明文本、数学方程、代码和可视化内容全部组合到一个易于共享的窗口中，非常方便研究和教学。在原始的 Python Shell 与 IPython 中，可视化在单独的窗口中进行，而文字资料以及各种函数和类脚本包含在独立的文档中。但是，Jupyter Notebook 能将这一切集中到一处，让用户一目了然。Jupyter Notebook 特别适合做数据处理，其用途包括数据清理和转换、数值模拟、统计建模、数据可视化、机器学习和大数据分析。

扫描二维码，浏览 Jupyter Notebook 的优势。

电子活页 1-4

Jupyter Notebook
的优势

2. 下载与安装 Anaconda

如果希望快速开始使用 Python 处理数据科学相关的工作，建议直接安装 Anaconda，然后使用 Anaconda 中集成的 Jupyter Notebook 或 JupyterLab 工具来编写代码。因为对于新手来说，先安装官方的 Python 解释器，再逐个安装工作中需要用到的第三方库文件会比较麻烦，尤其是在 Windows 环境下，经常会因为构建工具或动态链接库（Dynamic Linked Library，DLL）文件的缺失导致安装失败，而一般新手也很难根据错误提示信息采取正确的解决措施。

个人用户可以从 Anaconda 的官方网站下载它的"个人版"（Individual Edition）安装程序，将其安装完成后，计算机上不仅拥有了 Python 环境和 Spyder（类似 PyCharm 的集成开发工具），还拥有了与数据科学工作相关的近 200 个工具包，包括 Python 数据分析的"三剑客"（NumPy、pandas、Matplotlib）。除此之外，Anaconda 还提供了一个名为 conda 的包管理工具。通过这个工具，用户不仅可以管理 Python 的工具包，还可以创建运行 Python 程序的虚拟环境。

扫描二维码，浏览下载与安装 Anaconda 的过程与方法。

如果希望使用 conda 工具来管理依赖项或者创建项目的虚拟环境，可以在终端或命令提示符窗口中执行 conda 命令。Windows 用户可以在【开始】菜单中找到 "Anaconda3(64-bit)" 文件夹，然后单击【Anaconda Prompt(anaconda3)】来启动支持 conda 的命令提示符窗口。

3. 安装数据分析的相关依赖项

在启动 Jupyter Notebook 之前，建议先安装好数据分析相关依赖项，如 NumPy、pandas、Matplotlib、openpyxl、xlrd、xlwt 等。如果使用 Anaconda，则无须单独安装依赖项。

如果已经启动 Jupyter Notebook 但尚未安装相关依赖项，例如 NumPy，可以在 Jupyter Notebook 的单元格中输入命令!pip install numpy，并运行该命令来安装 NumPy，其他依赖项的安装方法类似。安装成功后选择【Kernel】菜单的【Restart】命令重启 Jupyter Notebook 内核来使新安装的依赖项生效。

4. 安装和运行 Jupyter Notebook

虽然 Jupyter Notebook 可以运行多种编程语言，但 Python 是安装 Jupyter Notebook 的必备条件（Python 2.7 及以上）。Jupyter Notebook 有两种安装方式：使用 Anaconda 安装或使用 pip 命令安装。

（1）使用 Anaconda 安装 Jupyter Notebook

对于 Python 初学者，建议使用 Anaconda 发行版安装 Python 和 Jupyter Notebook，其中包括 Python、Jupyter Notebook 以及其他常用的科学计算和数据科学软件包。

首先，下载 Anaconda，然后，打开 Anaconda，会发现 Jupyter Notebook 已安装。

（2）使用 pip 命令安装 Jupyter Notebook

对于安装了 Python 环境但是没有安装 Anaconda 的用户，可以使用 Python 的包管理工具 pip 来安装 Jupyter Notebook。在 Windows 系统中打开命令提示符窗口，在该窗口执行命令 pip install jupyter 即可安装 Jupyter Notebook。

如果已经安装了 Python 3，则执行以下安装命令：

```
python3 -m pip install --upgrade pip
python3 -m pip install jupyter
```

如果已经安装了 Python 2，则执行以下安装命令：

```
python 2-m pip install --upgrade pip
python 2-m pip install jupyter
```

5. 配置 Jupyter Notebook 的默认路径

Jupyter Notebook 安装完成后，应先配置默认路径，否则打开和保存 Jupyter Notebook 文件默认在 C 盘进行。

这里创建专门用来存放 Jupyter Notebook 项目的文件夹 "AnacondaProjects"，这对于使用不同版本的 Python 项目是非常有必要的。

打开 Windows 系统的命令提示符窗口，在该窗口命令提示符后面输入以下命令：

```
jupyter notebook  --generate-config
```

执行该命令会生成默认的配置文件 jupyter_notebook_config.py，其存储位置为 C:\Users\admin\.jupyter\jupyter_notebook_config.py，如图 1-3 所示。

图 1-3　在 Windows 系统的命令提示符窗口生成默认的配置文件 jupyter_notebook_config.py

在 C:\Users\admin\.jupyter\ 中找到配置文件 jupyter_notebook_config.py，文件资源管理器窗口

如图 1-4 所示。

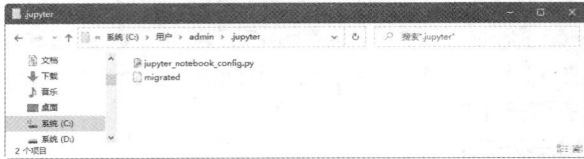

图 1-4　文件资源管理器窗口

打开 jupyter_notebook_config.py 配置文件，在该配置文件中查找#c.NotebookApp.notebook_dir。先把#去掉，再将其值修改为你要存放 Jupyter Notebook 文件的文件夹路径，编者计算机中为"D:\AnacondaProjects"。

完整的配置语句为：

c.NotebookApp.notebook_dir = 'D:\AnacondaProjects'

打开的配置文件与默认路径配置语句如图 1-5 所示。

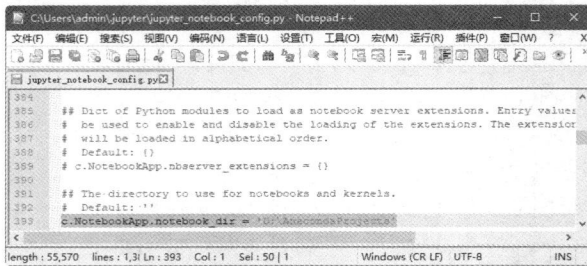

图 1-5　打开的配置文件与默认路径配置语句

以后使用 Jupyter Notebook 创建的文件都会默认保存到这个文件夹路径中。

6. 启动 Jupyter Notebook

（1）使用桌面快捷方式【Jupyter Notebook (anaconda3)】启动 Jupyter Notebook

右键单击桌面 Jupyter Notebook 的快捷方式，在弹出的快捷菜单中选择【属性】命令，打开【Jupyter Notebook (anaconda3)属性】对话框，自动显示【快捷方式】选项卡，如图 1-6 所示。

图 1-6　【Jupyter Notebook (anaconda3)属性】对话框

在该对话框的【快捷方式】选项卡中，将"目标"文本框中的内容"%USERPROFILE%/"修改为"D:\AnacondaProjects"，然后单击【确定】按钮关闭【Jupyter Notebook (anaconda3)属性】对话框。

双击桌面的快捷方式【Jupyter Notebook (anaconda3)】，再次打开 Jupyter Notebook，可以发现工作文件夹已经修改为刚才所设置的文件夹"D:\AnacondaProjects"了。

（2）使用 jupyter notebook 命令启动 Jupyter Notebook

成功安装 Jupyter Notebook 后，启动 Jupyter Notebook 很简单，只需要在终端（macOS/Linux）或命令提示符窗口（Windows）中执行以下命令，就会在当前操作的文件夹下启动 Jupyter Notebook。

jupyter notebook

下面演示一下在 Windows 系统中打开 Jupyter Notebook 的过程。

打开 Windows 系统的命令提示符窗口，在命令提示符窗口的命令提示符后面输入命令 jupyter notebook，然后按【Enter】键。在命令提示符窗口启动 Jupyter Notebook 的过程如图 1-7 所示。

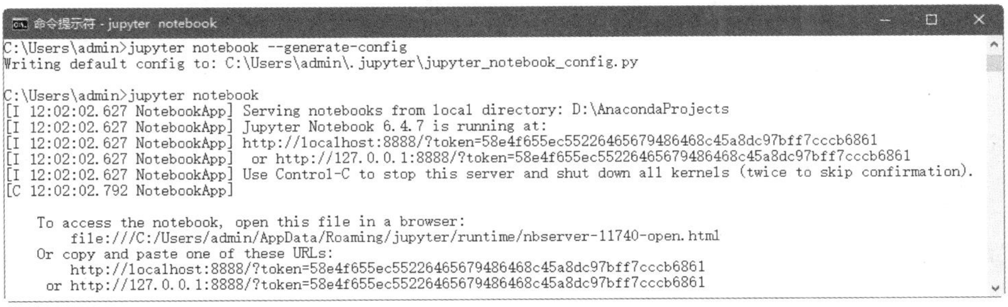

图 1-7　在命令提示符窗口启动 Jupyter Notebook 的过程

然后浏览器就会打开 Jupyter Notebook，界面如图 1-8 所示。

图 1-8　浏览器中 Jupyter Notebook 界面

（3）使用【开始】菜单中的【Jupyter Notebook】启动 Jupyter Notebook

如果已经安装了 Anaconda，macOS 用户就可以在"Anaconda-Navigator"中直接启动 Jupyter Notebook。Windows 用户可以在【开始】菜单中找到 Anaconda 文件夹，选择该文件夹中的【Jupyter Notebook】，就可以开始数据分析与科学计算的探索之旅。

7. 认知 Jupyter Notebook【Home】页面

（1）Jupyter Notebook【Home】页面的左边选项

Jupyter Notebook【Home】页面的左边选项有以下 3 项。

① Files 选项卡为文件列表页面。

② Running 选项卡是一个可以看到命令提示符窗口和 Notebooks 文件运行情况的管理页面，类似计算机的任务管理器，如图 1-9 所示。

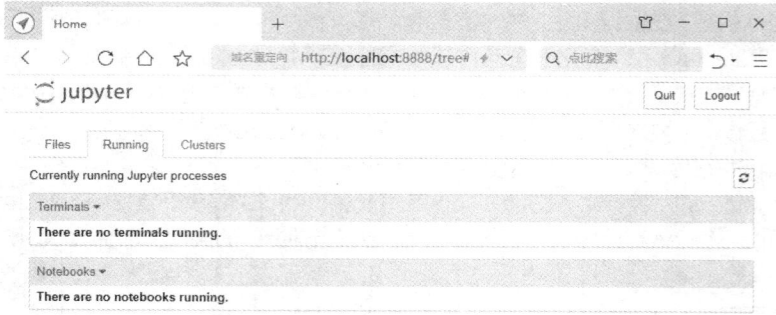

图 1-9　Jupyter Notebook【Home】页面的 Running 选项卡

③ Clusters 选项卡为跳转页面，可以看到有关安装的详细信息为"Clusters tab is now provided by IPython parallel. See 'IPython parallel' for installation details."。

（2）Jupyter Notebook【Home】页面的右边选项

Jupyter Notebook【Home】页面的右侧上方的【Quit】按钮和【Logout】按钮分别用于退出和注销 Jupyter Notebook，右侧中部的【Upload】按钮用于上传文件，【New】按钮用于新建文件。

（3）Jupyter Notebook 界面下边的文件夹和文件列表

Jupyter Notebook 界面的下边显示文件夹和文件列表。

【技能训练 1-1】在 Jupyter Notebook 开发环境中创建文件夹与文件

【训练要求】

在 Jupyter Notebook 开发环境中分别创建名称为"Untitled Folder"的文件夹、名称为"Untitled.ipynb"的 Python 3 文件和名称为"untitled.txt"的 TXT 文件。

【实施过程】

在 Jupyter Notebook【Home】页面中单击【New】按钮，弹出下拉列表，如图 1-10 所示。其中，【Python 3(ipykernel)】选项用于创建 Python 3 文件、【Text File】选项用于创建 TXT 文件、【Folder】选项用于创建文件夹、【Terminal】选项用于打开【Windows PowerShell】窗口。

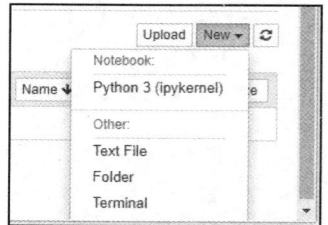

图 1-10　Jupyter Notebook 界面中
【New】按钮的下拉列表

在【New】按钮的下拉列表中选择【Folder】选项创建一个默认名称为"Untitled Folder"的文件夹，选择【Python 3(ipykernel)】选项创建一个默认名称为"Untitled.ipynb"的 Python 3 文件，选择【Text File】选项创建一个默认名称为"untitled.txt"的 TXT 文件。

刚创建的 1 个文件夹和 2 个文件列表如图 1-11 所示。

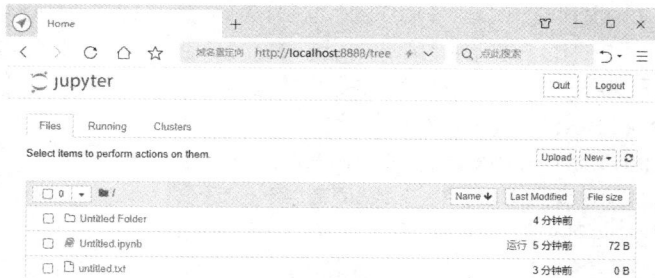

图 1-11　Jupyter Notebook 界面的文件夹和文件列表

8. 在 Jupyter Notebook【Home】页面操作文件与文件夹

在 Jupyter Notebook 界面左下方单击【选择】按钮 ，弹出用于分类选择文件夹或者文件的下拉列表，如图 1-12 所示。

用于分类选择文件夹或者文件的选项的作用如下。

- Folders：选择所有文件夹。
- All Notebooks：选择所有 Notebooks 文件（.ipynb 文件）。
- Running：选择所有正在运行的文件。
- Files：选择所有文件。

图 1-12　用于分类选择文件夹或者文件的下拉列表

在【选择】按钮的下拉列表中选择【Files】选项，就会出现一排用于文件操作的按钮，如图 1-13 所示。

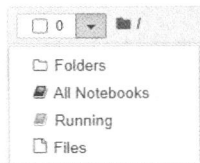

图 1-13　用于文件操作的按钮

用于文件操作的按钮的功能说明如下。

- Duplicate：复制。
- Rename：重命名。
- Move：移动（剪切）。
- Download：下载。
- View：视图。
- Edit：修改。
- 🗑：删除列表中的文件或文件夹。

如果在【选择】按钮的下拉列表中选择【All Notebooks】选项或选择【Running】选项，则还会出现如下按钮。

Shutdown：关闭。

如果选择【Folders】选项，则只会出现重命名、移动和删除操作的按钮。

【技能训练 1-2】在 Jupyter Notebook 开发环境中完成文件夹的重命名与文件的重命名、另存为、删除、移动操作

【训练要求】

在 Jupyter Notebook 开发环境中将文件夹名称"Untitled Folder"修改为"project0101"，将文件名称"untitled.txt"修改为"test0101.txt"；将文件"Untitled.ipynb"另存为文件"test0101.ipynb"，然后删除文件"Untitled.ipynb"；将文件"test0101.ipynb"和文件"test0101.txt"移动到文件夹"project0101"中。

【实施过程】

选择文件夹"Untitled Folder"，单击【Rename】按钮，在弹出的【重命名路径】对话框的文本框中输入新的文件夹名"project0101"，然后单击【重命名】按钮即可。

选择文件"untitled.txt"，单击【Rename】按钮，在弹出的【文件重命名】对话框的文本框中输入新的文件名"test0101.txt"，然后单击【重命名】按钮即可。

选择文件"Untitled.ipynb"，单击【View】按钮，打开 Jupyter Notebook 编辑器，如图 1-14 所示。

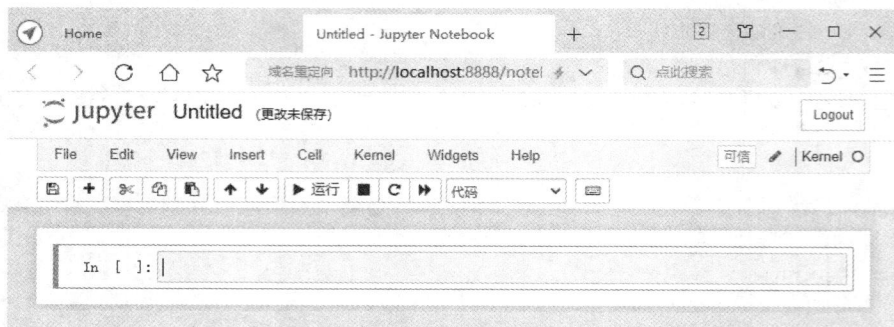

图 1-14　Jupyter Notebook 编辑器

在 Jupyter Notebook 编辑器中单击【File】，在弹出的菜单中选择【Save as】命令，在弹出的【Save as】对话框的文本框中输入合适的 Notebooks 文件名称，这里输入的自定义名称为"test0101"，单击【Save】按钮即可保存新创建的 Notebooks 文件。

切换到 Jupyter Notebook【Home】页面，选择"Untitled.ipynb"文件，单击■按钮，在弹出的【删除】对话框中单击【删除】按钮，即可永久删除"Untitled.ipynb"文件。

通过单击复选框选择"test0101.txt"文件，单击【Move】按钮，在弹出的【移动一个文件】对话框的文本框中输入一个新的路径，这里输入"/project0101"，如图 1-15 所示。然后单击【移动】按钮，将选择的文件"test0101.txt"移动到文件夹"D:\AnacondaProjects\project0101"中。

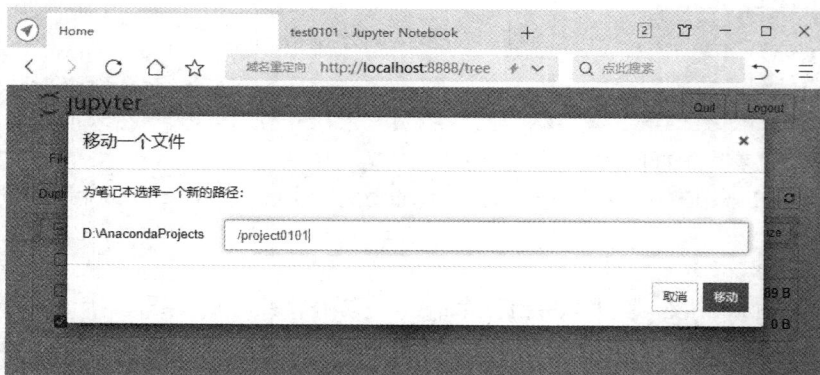

图 1-15　【移动一个文件】对话框

接下来通过单击复选框选择"test0101.ipynb"文件，单击【Move】按钮，在弹出的【移动一个文件】对话框的文本框中输入一个新的路径，这里输入"/project0101"，如图 1-15 所示。然后单击【移动】按钮，将选择的文件"test0101.ipynb"移动到文件夹"D:\AnacondaProjects\project0101"中。

在 Jupyter Notebook【Home】页面中单击文件夹的名称"project0101"，显示该文件夹中的文件，如图 1-16 所示。

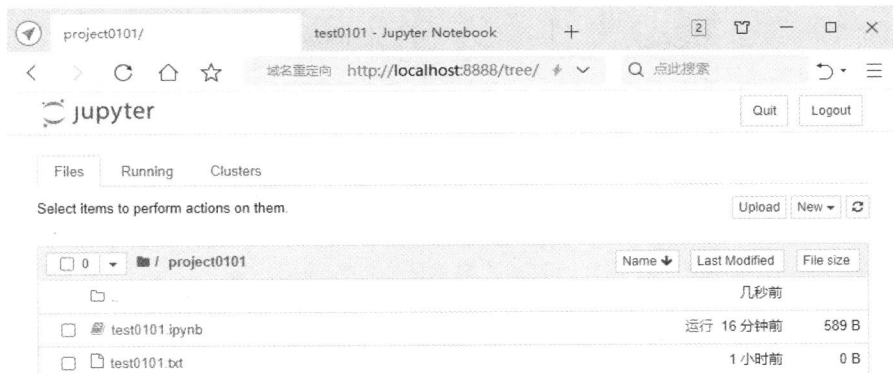

图 1-16　在 Jupyter Notebook【Home】页面显示文件夹 "project0101" 中的文件

在 Jupyter Notebook【Home】页面单击 "project0101" 左侧【文件夹】按钮▇，即可显示文件夹 "project0101"。

9. 认知 Jupyter Notebook 编辑页面

在 Jupyter Notebook【Home】页面单击 "test0101.ipynb" 文件，打开 Jupyter Notebook 编辑器，进入 Jupyter Notebook 文件编辑页面，如图 1-17 所示。

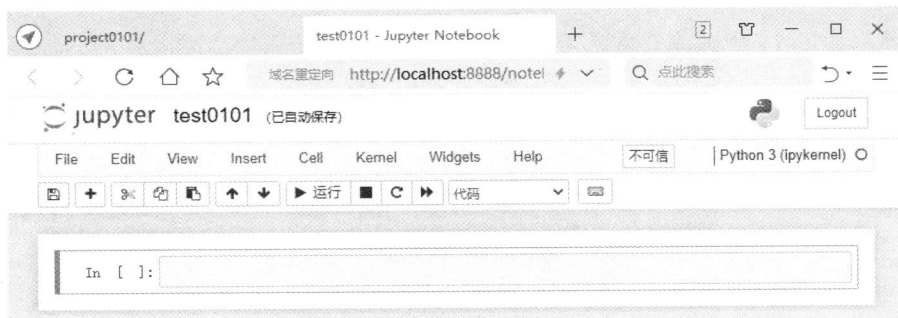

图 1-17　Jupyter Notebook 文件编辑页面

首先要理解 Jupyter Notebook 是以单元格形式存在的，单元格中可以输入代码、标记语言（例如 Markdown，Markdown 是一种可以使用普通文本编辑器编写的标记语言）。

（1）重命名文件

在 Jupyter Notebook 文件编辑页面单击文件名（这里为 "test0101"）即可打开【重命名】对话框对文件进行重命名。

（2）认知 Jupyter Notebook 的菜单栏及对应命令的功能

Jupyter Notebook 的菜单栏由【File】【Edit】【View】【Insert】【Cell】【Kernel】【Widgets】【Help】8 个菜单组成，如图 1-18 所示。

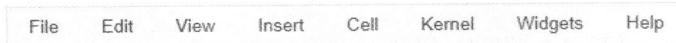

图 1-18　Jupyter Notebook 的菜单栏

扫描二维码，浏览 Jupyter Notebook 的菜单栏及对应命令的功能。

电子活页 1-6

Jupyter Notebook
的菜单栏及对应
命令的功能

（3）认知 Jupyter Notebook 的工具栏及对应按钮的功能

Jupyter Notebook 的工具栏如图 1-19 所示。

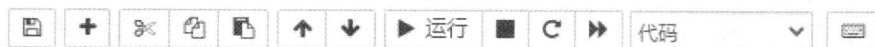

图 1-19　Jupyter Notebook 的工具栏

Jupyter Notebook 工具栏的每个按钮都有对应的中文注释，将鼠标指针放在按钮图标上即可显示对应中文注释。图 1-19 所示的工具栏自左至右分别为【保存并建立检查点】按钮、【在下面插入单元格】按钮、【剪切选择的单元格】按钮、【复制选择的单元格】按钮、【粘贴到下面】按钮、【上移选中单元格】按钮、【下移选中单元格】按钮、【运行单元格】按钮、【中断内核】按钮、【重启内核（带确认对话框）】按钮、【重启内核，然后重新运行整个按钮 Notebook（带确认对话框）】按钮、【代码\Markdown\原生 NBConvert\标题切换】下拉列表框、【打开命令配置】按钮。

电子活页 1-7

Jupyter Notebook
的常用快捷键

（4）认知 Jupyter Notebook 的常用快捷键

① 命令模式下的常用快捷键。

② 编辑模式下的常用快捷键。

扫描二维码，浏览 Jupyter Notebook 的常用快捷键。

10. 认知 Jupyter Notebook 编辑页面单元格代码区

在 Jupyter Notebook 单元格代码区可以编辑文字、编写代码、绘制图片等。

每一个 Jupyter Notebook 编程环境的单元格代码区既可以互相影响又可以互不影响。多个输出结果可以同时显示在同一个页面，这样可以对比结果、对比数据，不像 PyCharm 编程环境中后一个输出结果会关闭前一个输出结果再进行显示。所以 Jupyter Notebook 很适用于数据可视化、科学计算等多数据、多展示图形的项目测试结果对比。

（1）单元格的两种模式

Jupyter Notebook 中的单元格有两种模式——命令模式（Command Mode）与编辑模式（Edit Mode），在不同模式下我们可以进行不同的操作。

在编辑模式下，Jupyter Notebook 编辑页面菜单栏的右侧会出现铅笔图标✐，单元格左侧边框线呈现绿色，按【Esc】键或运行单元格按【Ctrl+Enter】组合键即可切换为命令模式。

在命令模式下，铅笔图标消失，单元格左侧边框线呈现蓝色，按【Enter】键或双击单元格即可切换为编辑模式。

（2）单元格的 4 种状态

Jupyter Notebook 文档由一系列单元格组成，可以在单元格中输入相关的代码或者说明文字。Jupyter Notebook 的单元格有 4 种状态，即 Code、Markdown、Raw NBConvert 和 Heading，这 4 种状态可以互相切换。Code 用于编写代码；Markdown 用于编辑描述程序的文字；Raw NBConvert 表示原生类型单元格，内容会原样显示，其中的文字或代码等都不会被运行，在使用 NBConvert 转换后才会显示成特殊的格式；Heading 用于设置标题，这个功能已经包含在 Markdown 中，这 4 种状态的切换可以使用快捷键或者工具栏完成。

（3）编写代码状态 Code

Code 状态用于编写代码，有 3 类提示符，其含义如下。

- In [ ]：程序未运行。
- In [*]：程序正在运行。

- In [数字]：程序运行后。

（4）编辑文本状态 Markdown

在单元格中可以编辑描述程序的文字。在 Markdown 状态下，双击单击格即可进入文本编辑状态，在文本编辑状态下可以输入文本，设置标题、列表，也可以设置字体、字号、粗体、斜体、删除线等格式。单击工具栏中的【运行单元格】按钮，即可退出文本编辑状态。

（5）魔法指令

Jupyter Notebook 中有很多非常有趣且有用的"魔法指令"，例如可以使用%timeit 指令测试语句的执行时间，可以使用%pwd 指令查看当前工作目录等。如果想查看所有的魔法指令，可以使用%lsmagic 指令；如果想了解魔法指令的用法，可以使用%magic 指令。

使用魔法指令可以简单地实现一些功能。常用魔法指令如下。

- %：行魔法指令，只对本行代码生效。
- %%：单元格魔法指令，在整个单元格中生效，必须放在单元格首行。
- %lsmagic：列出所有的魔法指令。
- %magic：查看各个魔法指令的说明。
- ?后面加上魔法指令名称：查看该魔法指令的说明。

（6）其他

在使用 Jupyter Notebook 编写代码时，按【Tab】键可以查看提示信息或者补全命令。

在使用 Jupyter Notebook 时，如果希望了解一个对象（如变量、类、函数、库等）的相关信息或使用方式，可以在对象后面加上?并运行代码，窗口下方会显示出对应的信息，帮助我们了解该对象；在对象前面加上?，就可以获得关于该对象快速语法说明。

如果只记得一个类或一个函数名字的一部分，可以使用通配符*并配合?进行搜索。

使用分号可以阻止函数的结果输出。

可以在 Jupyter Notebook 中使用!后面加上系统命令的方式来执行系统命令。

【技能训练 1-3】在 Jupyter Notebook 开发环境中创建列表并输出列表元素

【训练要求】

在 Jupyter Notebook 开发环境中编写程序，创建列表 list=[1,2,3,4,5,6]，并按要求输出前 2 个元素和全部列表元素。

【实施过程】

（1）打开.ipynb 文件

在 Jupyter Notebook 编辑页面打开文件"test0101.ipynb"。

（2）在单元格编写代码

在第 1 个单元格中输入以下代码：

```
list=[1,2,3,4,5,6]
print(list[:2])
```

然后在 Jupyter Notebook 编辑页面工具栏中单击【在下面插入单元格】按钮，新增 1 个单元格，在第 2 个单元格中输入以下代码：

```
Print(list[:])
```

（3）保存代码

在工具栏中单击【保存并建立检查点】按钮，保存在 2 个单元格中输入的代码。

（4）运行代码

将光标置于第 1 个单元格，在工具栏中单击【运行单元格】按钮，在该单元格下方的输出结果区即可输出第 1 个单元格中对应代码的输出结果，即[1, 2]。

接着将光标置于第 2 个单元格，在工具栏中单击【运行单元格】按钮 ▶ 运行，在该单元格下方的输出结果区即可输出第 2 个单元格中对应代码的输出结果，即[1, 2, 3, 4, 5, 6]。

在 2 个单元格中输入的代码及其输出结果如图 1-20 所示。

图 1-20　在 Jupyter Notebook 编辑页面编写与运行代码

11. 导入 NumPy、pandas、Matplotlib 模块

导入 NumPy、pandas、Matplotlib 模块的语句如下：

```
import numpy as np
import pandas as pd
import matplotlib.pyplot as plt
```

电子活页 1-8

下载与安装
PyCharm

在导入模块时，使用 as 关键字为该模块设置一个别名，然后就可以通过这个别名来调用模块中的变量、函数等对象。这里导入 NumPy 模块时使用 as 关键字为该模块设置别名为 np，导入 pandas 模块时使用 as 关键字为该模块设置别名为 pd，导入 Matplotlib 模块的 pyplot 子库时使用 as 关键字为该子库设置别名为 plt。

1.2.3　熟悉与使用 PyCharm 集成开发环境

1. 下载与安装 PyCharm

扫描二维码，浏览下载与安装 PyCharm 的过程与方法。

电子活页 1-9

测试与配置
PyCharm

2. 测试与配置 PyCharm

扫描二维码，浏览测试与配置 PyCharm 的过程与方法。

【技能训练 1-4】在 PyCharm 集成开发环境中编写程序输出"Good luck"的祝福语

【训练要求】

在 PyCharm 集成开发环境中创建项目 Unit01，在项目 Unit01 中创建 Python 程序文件 p1-1.py。在 Python 程序文件 p1-1.py 中输入代码：print("Good luck ")。在 PyCharm 集成开发环境中运行 Python 程序文件 p1-1.py，输出祝福语"Good luck"。

【实施过程】

1. 创建 PyCharm 项目 Unit01
2. 创建 Python 程序文件 p1-1.py
3. 编写 Python 程序代码
4. 运行 Python 程序

扫描二维码，浏览在 PyCharm 集成开发环境中编写程序输出"Good luck"的祝福语的实现过程。程序 p1-1.py 的完整代码如下。

电子活页 1-10

```
# 开发人员：admin
# 开发时间：2022/1/23
# 文件名称：p1-1.py
# 开发工具：PyCharm
# coding：UTF-8
print("Good luck ")
```

编写程序输出"Good luck"的祝福语

程序 p1-1.py 的输出结果为：

```
Good luck
```

应用与实战

【任务 1-1】在 Jupyter Notebook 开发环境中打开并运行 Python 程序 t1-01.ipynb

【任务描述】

在 Jupyter Notebook 开发环境中打开 Python 程序 t1-01.ipynb，然后依次运行 Jupyter Notebook 开发环境中各单元格的程序，并观察程序输出结果。

【任务实现】

1. 打开 Python 程序 t1-01.ipynb

在 Jupyter Notebook 开发环境中打开 Python 程序 t1-01.ipynb。

2. 运行程序与观察输出结果

（1）运行第 1 个单元格的程序

第 1 个单元格的程序如下：

```
import numpy as np
import matplotlib.pyplot as plt
plt.rcParams['font.sans-serif']=['SimHei']
x = np.array(["第 1 季度","第 2 季度","第 3 季度","第 4 季度"])
y = np.array([400, 520, 180, 380])
plt.bar(x,y)
plt.show()
```

将光标置于第 1 个单元格中，在 Jupyter Notebook 开发环境的工具栏中单击【运行单元格】按钮
▶ 运行，输出结果如图 1-21 所示。

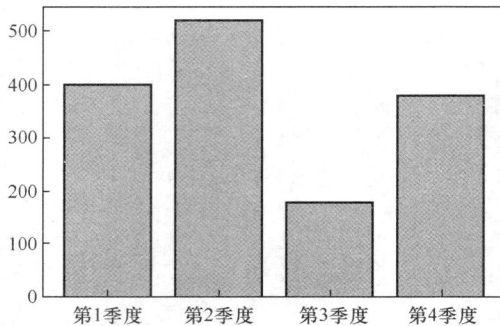

图 1-21　程序 t1-01.ipynb 第 1 个单元格中程序的输出结果

程序 t1-01.ipynb 第 1 个单元格中程序的输出结果为柱形图，图中柱子的高度直接反映了对应季度的销量，从该柱形图可以看出，第 2 季度的销量最多，第 3 季度的销量最少。

（2）运行第 2 个单元格的程序

第 2 个单元格的程序如下：

```
import matplotlib.pyplot as plt
import pandas as pd
plt.rcParams['font.sans-serif'] = ['SimHei']
ser1 = pd.Series({'第 1 季度': 400, '第 2 季度': 520, '第 3 季度': 180, '第 4 季度': 380})
ser1.plot(kind='bar')
plt.xticks(rotation=0)
for i in range(4):
    plt.text(i, ser1[i] + 5, ser1[i], ha='center')
plt.show()
```

运行第 2 个单元格的程序，输出结果如图 1-22 所示。

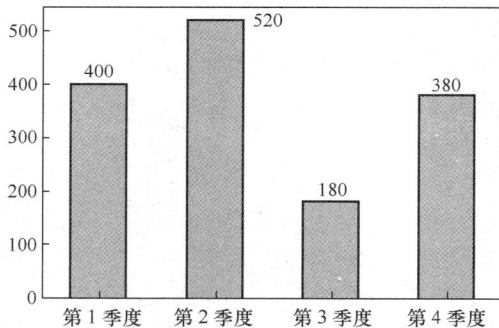

图 1-22　程序 t1-01.ipynb 第 2 个单元格中程序的输出结果

程序 t1-01.ipynb 第 2 个单元格中程序的输出结果同样为柱形图，与图 1-21 不同的是，图 1-22 中柱形图的柱子上显示了数字标签。

（3）运行第 3 个单元格的程序

第 3 个单元格的程序如下：

```
from pyecharts.charts import Bar
bar = Bar()
bar.add_xaxis(["第 1 季度", "第 2 季度", "第 3 季度", "第 4 季度"])
```

```
bar.add_yaxis("销售量", [400, 520, 180, 380])
bar.render_notebook()
```

运行第 3 个单元格的程序，输出结果如图 1-23 所示。

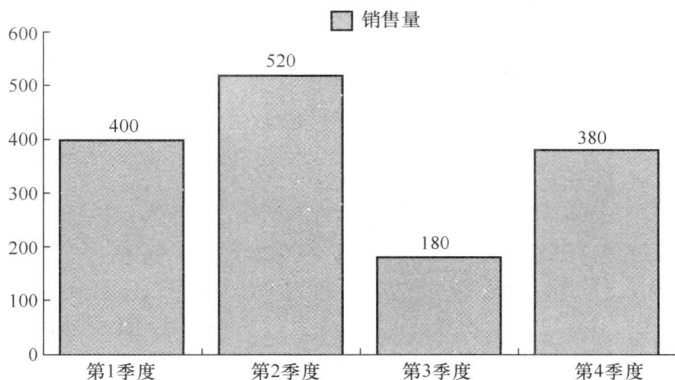

图 1-23　程序 t1-01.ipynb 第 3 个单元格中程序的输出结果

程序 t1-01.ipynb 第 3 个单元格中程序的输出结果同样为柱形图，与图 1-22 类似，同样在柱形图的柱子上显示了数字标签，但各个柱子的宽度比图 1-22 中柱子的要宽一些。

（4）运行第 4 个单元格的程序

第 4 个单元格的程序如下：

```
ser1 = pd.Series({'第 1 季度': 400, '第 2 季度': 520, '第 3 季度': 180, '第 4 季度': 380})
ser1.plot(kind='pie', autopct='%.2f%%')
plt.ylabel('销量占比')
plt.show()
```

运行第 4 个单元格的程序，输出结果如图 1-24 所示。

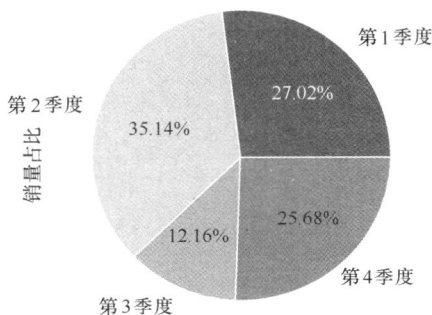

图 1-24　程序 t1-01.ipynb 第 4 个单元格中程序的输出结果

程序 t1-01.ipynb 第 4 个单元格中程序的输出结果为饼图。

【任务 1-2】在 Jupyter Notebook 开发环境中打开并运行 Python 程序 t1-02.ipynb

【任务描述】

在 Jupyter Notebook 开发环境中打开 Python 程序 t1-02.ipynb，然后依次运行 Jupyter Notebook 开发环境中各单元格的程序，并观察程序输出结果。

【任务实现】

1. 打开 Python 程序 t1-02.ipynb

在 Jupyter Notebook 开发环境中打开 Python 程序 t1-02.ipynb。

2. 运行程序与观察输出结果

（1）运行第 1 个单元格的程序

（2）运行第 2 个单元格的程序

（3）运行第 3 个单元格的程序

扫描二维码，浏览在 Jupyter Notebook 开发环境中打开并运行 Python 程序 t1-02.ipynb 的实现过程。

"任务 1-1"中使用 3 种不同方法绘制柱形图，还绘制了 1 个饼图，"任务 1-2"中使用 3 种不同方法绘制折线图，这些图形的详细绘制方法将在模块 7 中予以介绍。"任务 1-1"和"任务 1-2"绘制图形时涉及 Python 程序设计的语法与规范，相关内容将在模块 2 中予以介绍。"任务 1-1"和"任务 1-2"主要是针对 NumPy、pandas、Matplotlib、pyecharts 模块的应用，其中 NumPy 模块及其应用将在模块 3 中予以介绍，pandas 模块及其应用将在模块 4、模块 5、模块 6、模块 8 中予以介绍，Matplotlib、pyecharts 模块及其应用将在模块 7 中予以介绍。

在线练习与考核

扫描二维码，完成本模块的在线练习与考核。

模块 2
Python基础

02

Python 是一种跨平台、交互式、面向对象、解释型的计算机程序设计语言，它具有丰富和强大的库，能够把用其他语言开发的各种模块很轻松地联结在一起。Python 主要应用于以下领域：Web 开发、科学计算和统计、人工智能、大数据处理、网络爬虫、游戏开发、图形处理、界面开发等。

Python 是数据科学领域最受欢迎的编程语言之一，因为 Python 包含大量成熟的用于数据科学的库。

Python 结构简单，语法定义清晰；易于学习、易于阅读、易于维护；可移植、可嵌入、可扩展；拥有丰富的标准库、支持互动模式、支持数据库应用、支持 GUI 编程。

✎ 学习与训练

///// 2.1 Python 的编码规范与命名要求

1. Python 的主要特点

Python 是常用的数据分析工具，在大数据分析领域，Python 也是最受欢迎的主流程序设计语言之一，其主要特点如下。

（1）Python 是一种解释型编程语言。解释型语言的优势是不需要对代码进行编译，只需要编写好代码，就可直接运行，这样可以避免编译过程中出现的各种问题。同时，Python 语法和结构相对简单，便于数据分析新手快速掌握。

（2）Python 拥有与数据分析相关的大量开源库和分析框架，可直接使用，非常方便。另外，Python 不仅提供了数据处理的平台，而且能与很多语言（C 和 Fortran 等）对接。

（3）Python 不是只能用于数据分析，它还有很多其他方面的用途。例如，Python 是一种通用型编程语言，它也可以作为脚本来使用，还能操作数据库。Python 还可被用于 Web 应用开发，因此利用 Python 开发的数据分析项目完全可以与 Web 服务器兼容，从而可以整合到 Web 应用中。

2. Python 3 默认的编码格式与字符所占的字节数

在默认情况下，Python 3 源码文件以 UTF-8 格式编码，所有字符串都是 Unicode 字符串。当然也可以为源码文件指定其他的编码格式。

Python 3 中，不同类型的字符所占的字节数也不同，数字、英文字母、小数点、下画线、空格等半角字符只占 1 个字节；汉字在 GB2312/GBK 编码中占 2 个字节，在 UTF-8/Unicode 编码中一般占 3 个字节。

3. Python 的编码规范

Python 基本的编码规范如下。

（1）每条 import 语句只导入一个模块，尽量避免一次导入多个模块。

（2）不要在行尾添加分号";"，也不要使用分号";"将两条语句写在同一行。

（3）建议每行不超过 80 个字符，如果超过，建议使用圆括号"()"将多行内容隐式地连接起来。例如一个字符串在一行中无法显示完，则可以使用圆括号"()"将其分行显示。一般情况下不推荐使用反斜线"\"进行连接，但导入模块的语句过长、注释里存在统一资源定位符（Uniform Resource Locator，URL）这些情况例外。

（4）使用必要的空行可以增加代码的可读性。一般在函数或者类的定义之间空两行，而类内方法定义之间空一行。另外，在用于分隔某些功能的位置也可以空一行。

（5）通常情况下，运算符两侧、函数参数之间、逗号","两侧都建议使用一个空格进行分隔。

（6）尽量避免在循环结构中使用"+"和"+="运算符累加字符串，这是因为字符串是不可变的。这样做会创建不必要的临时对象。推荐将每个子字符串加入列表，然后在循环结束后使用 join()方法连接列表。

（7）适当使用异常处理结构提高程序容错性，但不能过多依赖异常处理结构，适当的显式判断是有必要的。

电子活页 2-1

Python 标识符的命名规则

4. Python 标识符的命名规则

简单地理解，标识符就是一个名字，就好像我们每个人都有属于自己的名字，它的主要作用就是作为变量、函数、类、模块以及其他对象的名称。

标识符的命名格式必须统一，这样才能方便不同的人编写、阅读代码。Python 的标识符就是用于给程序中变量、类、方法命名的符号。使用标识符时，需要遵守一些规则，违反这些规则将引发错误。

扫描二维码，浏览 Python 标识符的命名规则。

2.2 Python 转义字符与注释

2.2.1 Python 转义字符

在需要使用特殊字符时，可以使用转义字符来表示，如表 2-1 所示。

表 2-1 Python 转义字符

序号	转义字符	描述
1	\（在行尾时）	续行符
2	\\	反斜线符号
3	\'	单引号
4	\"	双引号
5	\a	蜂鸣器响铃。现在许多计算机不带蜂鸣器，所以响铃不一定有效
6	\b	退格符（Backspace）
7	\0	空字符
8	\n	换字符
9	\v	纵向制表符
10	\t	横向制表符，用于横向跳到下一制表位

续表

序号	转义字符	描述
11	\r	回车符
12	\f	换页符
13	\oyy	yy 代表八进制数，例如\o12 代表换行符，其中 o 是字母，不是数字 0
14	\xyy	yy 代表十六进制数，例如\x0a 代表换行符
15	\other	其他的字符以普通格式输出

例如使用横向制表符\t 和换行符\n 将一行变成多行输出，并且添加空白：

```
>>>print("\tl\n\tlove\n\tPython")
```

输出结果如下：

```
        I
        love
        Python
```

如果不想让反斜线发生转义，可以在字符串前面添加一个 r，表示原始字符串原样输出，不会发生转义。这里的 r 指 raw，即 raw string。

例如：

```
>>>print('D:\some\name')
```

输出结果如下：

```
D:\some
ame
```

在字符串前面添加 r 之后即可原样输出原始字符。

```
>>>print(r'D:\some\name')
```

输出结果如下：

```
D:\some\name
```

另外，反斜线可以作为续行符，在每行最后一个字符后使用反斜线来表示下一行是上一行逻辑上的延续。例如：

```
>>>bookData=["1","HTML5+CSS3 移动 Web 开发实战","58.00",\
            "50676377587","人民邮电出版社"]
print(bookData)
```

输出结果如下：

```
['1', 'HTML5+CSS3 移动 Web 开发实战', '58.00', '50676377587', '人民邮电出版社']
```

还可以使用"""..."""或者'''...'''跨越多行。使用三引号时，换行符不需要转义，它们会包含在字符串中。

2.2.2 Python 程序的注释

注释是指在代码中对代码功能进行解释说明的提示性内容，添加注释可以提高代码的可读性。注释的内容将被 Python 解释器忽略，并不会在输出结果中体现出来。

在 Python 中，通常包括两种类型的注释，分别是单行注释和多行注释。

扫描二维码，浏览 Python 程序注释的相关内容。

电子活页 2-2

Python 程序的注释

2.3 Python 3 数据类型及其应用

Python 3 中有 6 个标准的数据类型：Number（数值）、String（字符串）、List（列表）、Tuple（元组）、Set（集合）、Dictionary（字典）。其中，不可变数据类型有 3 个，包括数值、字符串、元组；可变数据类型有 3 个，包括列表、字典、集合。

2.3.1 Python 3 的数值类型

Python 中数值类型用于存储数字形式的数值，就像大多数编程语言一样，数值类型数据的赋值和计算都是很直观的。Python 3 中数值类型可以细分为 4 种：int（整型，如 3）、float（浮点型，如 1.23、3E-2）、complex（复数型，如 1 + 2j、1.1 + 2.2j）和 bool（布尔型，如 True）。

扫描二维码，浏览 Python 3 的数值类型的具体介绍。

电子活页 2-3

Python 3 的数值类型

2.3.2 Python 字符串操作与计算

Python 中的字符串使用单引号"'…'"、双引号""…""、三引号"""…"""标注，这 3 种引号在语义上没有差别，只是在形式上有些差别。其中单引号和双引号中的字符必须在一行中，而三引号中的字符串可以分布在连续的多行上。

Python 不支持单字符（长度为 1 的字符串）类型，单字符在 Python 中也作为一个字符串使用。

以下都是正确的字符串表示方式：

```
word = '字符串'
sentence = "这是一个句子。"
paragraph = "这是一个段落，
            可以由多行组成"
```

在 Python 2 中，普通字符串是以 8 位 ASCII 进行存储的，而 Unicode 字符串则存储为 16 位 Unicode 字符串，这样能够表示更多的字符串。在 Python 3 中，所有的字符串都是 Unicode 字符串。

反斜线"\"可以用来表示转义字符，通过在字符串前加 r 或 R 可以让反斜线不发生转义。例如 r"this is a line with \n"，这个字符串中，\n 会显示，并不会换行。Python 允许处理 Unicode 字符串，加前缀 u 或 U 即可，例如 u"this is an unicode string"。

字符串可以自动连接，例如"this " "is " "string"会被自动连接为"this is string"。字符串可以用运算符"+"连接在一起，用运算符"*"重复显示。

1. Python 字符串的基本操作

（1）创建字符串

（2）访问字符串中的字符

（3）截取字符串

（4）连接字符串

（5）复制字符串

（6）修改与添加字符串中的字符

扫描二维码，浏览 Python 字符串的基本操作。

电子活页 2-4

Python 字符串的基本操作

2. Python 字符串运算符

Python 字符串运算符如表 2-2 所示。表 2-2 中，实例中变量 a 的值为字符串"Hello"，变量 b 的值为字符串"Python"。

表 2-2　Python 字符串运算符

序号	运算符	说明	实例	结果
1	+	连接字符串	a + b	HelloPython
2	*	重复输出字符串	a*2	HelloHello
3	[]	通过索引获取字符串中的字符	a[1]	e
4	[:]	截取字符串中的一部分，遵循左闭右开原则，如 str[0:2]是不包含第 3 个字符的	a[1:4]	ell
5	in	成员运算符：如果字符串中包含给定的字符则返回 True，否则返回 False	'H' in a	True
6	not in	成员运算符：如果字符串中不包含给定的字符则返回 True，否则返回 False	'M' not in a	True
7	r/R	原始字符串：所有的字符都是直接按照字面的字符输出的，没有转义或不能输出的字符。原始字符串除在字符串的第一个引号前加上字母 r（可以大写）以外，与普通字符串使用几乎完全相同的语法	print(r'\n') print(R'\n')	\n \n

3. 计算 Python 字符串长度、计算最大与最小的字符

（1）计算字符串长度

Python 中使用 len()方法计算字符串的长度，其基本语法格式如下：

```
len(string)
```

该方法返回字符串的长度。默认情况下，计算字符串的长度时，不区分英文字母、数字和汉字，所有字符的长度都计为 1。

例如：

```
>>>str = "python"
>>>print(len(str))
6
```

如果要获取字符串实际所占的字节数，可以使用 encode()方法进行编码后再获取字符串所占的字节数。获取采用 UTF-8 编码的字符串的长度的基本语法格式为 len(str.encode())，获取采用 GBK 编码的字符串的长度的基本语法格式为 len(str.encode("GBK"))。

（2）计算字符串中最大与最小的字符

① max(str)。使用 max(str)方法返回字符串 str 中最大的字符。

② min(str)。使用 min(str)方法返回字符串 str 中最小的字符。

4. 分隔字符串

split()方法可以用来分隔字符串，也就是将一个字符串按照指定的分隔符分隔为字符串列表，该列表的元素中不包括分隔符。split()方法基本语法格式如下：

```
split([sep[,max=string.count(str)]])
```

其中，sep 用于指定分隔符，可以包含多个字符，默认为 None，即所有空字符（包括空格、换行符"\n"、横向制表符"\t"等）。max 为可选参数，用于指定分割的次数，如果不指定或者为-1，则分割次数没有限制。如果不指定 sep 参数，那么也不能指定 max 参数。

例如：

```
>>>str = "hello python"
>>>print(str.split(' '))
['hello', 'python']
>>>print(str.split(' ',0))
['hello python']
```

5. 替换字符串

replace()方法用于替换字符串中部分字符或子字符串，其基本语法格式如下：

```
replace(str1,str2[,max])
```

该方法将字符串中的 str1 替换成 str2，如果指定 max 参数，则替换不超过 max 次。

例如：

```
>>>str = " p y t h o n "
>>>print(str.replace(' ',''))    #删除字符串中的全部空格
python
```

6. Python 字符串的格式化输出

Python 支持字符串的格式化输出。从 Python 2.6 开始，新增了一种格式化字符串的方法 format()，它增强了字符串格式化的功能。

如果希望 print()函数的输出形式更加多样，可以使用 format()方法来格式化输出值。字符串格式化可以实现字符串和变量同时输出时，按一定的格式显示。

扫描二维码，浏览 Python 字符串的格式化输出的实现方法。

电子活页 2-5

Python 字符串的
格式化输出

2.3.3 Python 列表创建与应用

列表是一个可变序列，是 Python 中使用最频繁的数据类型之一。

1. 创建 Python 列表

列表是由一系列按特定顺序排列的元素组成的，列表元素写在方括号"[ ]"内，两个相邻元素使用逗号","分隔。列表中元素的类型可以不相同，因为各个列表元素没有相关关系，列表元素可以是数字、字符串，甚至可以是列表（即列表嵌套）。

（1）使用赋值运算符直接创建列表

可以使用赋值运算符"="直接将一个列表赋值给变量，其基本语法格式如下：

变量名=[元素 1,元素 2,元素 3,...,元素 n]

列表元素的数据类型和个数都没有限制，只要是 Python 支持的数据类型都可以。但为了提高程序的可读性，一般情况下，列表中各个元素的数据类型是相同的。

例如：

```
>>>x = ['a', 'b', 'c']
>>>n = [1, 2, 3]
```

（2）创建空列表

在 Python 中，可以创建空列表，其基本语法格式如下：

变量名=[]

（3）使用 list()函数创建数值列表

在 Python 中，可以使用 list()函数创建数值列表，其基本语法格式如下：

list(data)

其中，data 表示可以转换为列表的数据，其类型可以是 range 对象、字符串、元组或者其他可迭

代的数据类型。

可以直接使用 range() 函数创建数值列表，例如：

```
>>>list(range(5,15,2))
```

输出结果如下：

```
[5, 7, 9, 11, 13]
```

（4）创建嵌套列表

在 Python 中还可以创建嵌套列表，即在列表里创建其他列表，例如：

```
>>>x = ['a', 'b', 'c']
>>>n = [1, 2, 3]
>>>list = [x, n]
>>>list
```

输出结果为：

```
[['a', 'b', 'c'], [1, 2, 3]]
```

再次输入：

```
>>>list[0]
```

输出结果为：

```
['a', 'b', 'c']
```

再次输入：

```
>>>list[0][1]
```

输出结果为：

```
'b'
```

2. Python 列表基本操作

（1）访问列表元素

（2）截取列表

（3）连接与重复列表

（4）修改与添加列表元素

（5）删除列表元素

扫描二维码，浏览 Python 列表的基本操作。

电子活页 2-6

Python 列表的
基本操作

3. Python 列表运算符

Python 列表运算符的运算实例如表 2-3 所示。

表 2-3 Python 列表运算符的运算实例

序号	Python 表达式	运算结果	说明
1	[1, 2, 3] + [4, 5, 6]	[1, 2, 3, 4, 5, 6]	组合
2	['go!'] * 3	['go!', 'go!', 'go!']	重复
3	3 in [1, 2, 3]	True	判断元素是否存在于列表中
4	for x in [1, 2, 3]: print(x, end=" ")	1 2 3	迭代

Python 中列表的成员运算符有 in 和 not in，in 用于检查指定元素是否是列表成员，即检查列表中是否包含指定元素，其基本语法格式如下：

```
元素  in  列表
```

例如：

>>>list=[1,2,3,4]

>>>3 in list

输出结果如下：

True

如果在列表中存在指定元素，则返回值为 True，否则返回值为 False。

Python 中，也可以使用 not in 检查指定元素是否不包含在指定的列表中。

其基本语法格式如下：

元素　not in　列表

例如：

>>>list=[1,2,3,4]

>>>5 not in list

输出结果如下：

True

2.3.4　Python 元组创建与应用

Python 的元组与列表类似，也是由一系列按特定顺序排列的元素组成，二者的不同之处在于元组一旦创建，其元素不能修改，所以元组又称为不可变的列表。

1. 创建 Python 元组

电子活页 2-7

创建 Python 元组

（1）使用赋值运算符创建元组

（2）创建空元组

（3）创建只包含一个元素的元组

（4）创建元素类型不同的元组

（5）使用 tuple()函数创建数值元组

扫描二维码，浏览创建 Python 元组的实现方法。

2. Python 元组基本操作

电子活页 2-8

Python 元组的基本操作

（1）访问元组元素

（2）截取元组

（3）连接与重复元组

（4）修改元组元素

（5）删除元组元素

扫描二维码，浏览 Python 元组的基本操作。

3. Python 元组运算符

Python 元组运算符的运算实例如表 2-4 所示。

表 2-4　Python 元组运算符的运算实例

序号	Python 表达式	运算结果	说明
1	(1, 2, 3) + (4, 5, 6)	(1, 2, 3, 4, 5, 6)	连接
2	('Go!') * 3	('Go!', 'Go!', 'Go!')	复制
3	3 in (1, 2, 3)	True	判断元素是否存在于元组中

序号	Python 表达式	运算结果	说明
4	for item in (1, 2, 3): 　　print(item, end=" ")	1 2 3	迭代

2.3.5　Python 字典创建与应用

字典也是 Python 中一种非常有用的数据类型。字典是一种映射类型（Mapping Type），字典用花括号 "{}" 标识，它的元素是键值对。

列表是有序的对象集合，字典是无序的对象集合。两者的区别在于：字典中的元素通过键来存取的。字典中的键必须是唯一的，只能使用不可变的对象（例如字符串）来作为键，字典中的键值对是没有顺序的。

1. 创建 Python 字典

字典是一个无序的键值对集合。字典以键为索引，一个键对应一个值，字典可以存储 Python 支持的任意类型对象。

（1）直接使用花括号 "{}" 创建字典

（2）创建空字典

（3）通过映射函数创建字典

（4）通过给定的键值对创建字典

扫描二维码，浏览创建 Python 字典的实现方法。

电子活页 2-9

创建 Python 字典

2. Python 字典基本操作

（1）访问 Python 字典的值

（2）修改与添加 Python 字典元素

（3）删除 Python 字典元素

扫描二维码，浏览 Python 字典的基本操作。

电子活页 2-10

Python 字典的

3. Python 字典的内置函数

Python 字典的内置函数如表 2-5 所示。对于已定义的字典 dict = {"name":"李明","age": 21,"gender":"男"}，各实例的输出结果如表 2-5 所示。

表 2-5　Python 字典的内置函数

序号	函数基本语法格式	函数描述	实例	结果
1	len(dict)	计算字典元素个数，即键的总数	len(dict)	3
2	str(dict)	输出字典元素，以可输出的字符串表示	str(dict)	"{'name': '李明', 'age': 21, 'gender': '男'}"
3	type(variable)	返回输入的变量类型，如果变量是字典就返回字典类型	type(dict)	<class 'dict'>

2.3.6　Python 集合创建与应用

集合是一个无序的、没有重复元素的序列，构成集合的事物或对象称作元素或成员。也就是说，集合中的元素没有特定顺序，集合中没有重复项。

1. 创建 Python 集合

集合使用花括号 "{}" 表示，元素用逗号分隔。集合中每个元素唯一，不存在相同元素，元素之间无序。

可以使用花括号"{}"或者 set()函数创建集合。创建一个空集合只能使用 set()函数实现，而不能使用花括号"{}"实现。因为在 Python 中，直接使用花括号"{}"表示创建一个空字典，而不是空集合。

（1）直接使用花括号"{}"创建集合

（2）使用 set()函数创建集合

扫描二维码，浏览创建 Python 集合的实现方法。

2. Python 集合基本操作

（1）修改与添加集合元素

（2）删除集合元素

扫描二维码，浏览 Python 集合的基本操作。

2.3.7 Python 3 数据类型的判断

1. 使用函数 type()判断变量所指的对象类型

函数 type()可以用来判断变量所指的对象类型，例如：

```
>>>a, b, c, d = 20, 2.9, 4+3j, True
>>>print(type(a), type(b), type(c), type(d))
```

输出结果为：

```
<class 'int'> <class 'float'> <class 'complex'> <class 'bool'>
```

2. 使用函数 isinstance()判断变量所指的对象类型

函数 isinstance()也可以用来判断变量所指的对象类型，例如：

```
>>>x = 123
>>>isinstance(x, int)
```

输出结果为：

```
True
```

2.3.8 Python 数据类型的转换

编写 Python 程序时，我们可能需要对数据类型进行转换。进行数据类型的转换时，只需要将数据类型作为函数名即可。

扫描二维码，浏览 Python 常用类型转换函数的使用方法。

2.4 Python 运算符及其应用

运算符是一些特殊的符号，主要用于算术运算、比较运算和逻辑运算等。Python 支持以下类型的运算符：算术运算符、赋值运算符、比较（关系）运算符、逻辑运算符、位运算符、成员运算符、身份运算符。使用运算符将数据按照一定的规则连接起来的算式，称为表达式。例如，使用算术运算符连接起来的算式称为算术表达式，使用比较（关系）运算符连接起来的算式称为比较（关系）表达式，使用逻辑运算符连接起来的算式称为逻辑表达式。比较（关系）表达式和逻辑表达式通常作为选择结构和循环结构的条件语句。

2.4.1 Python 的算术运算符与算术表达式

1. Python 的算术运算符

Python 的算术运算符及实例如表 2-6 所示。

表 2-6　Python 的算术运算符及实例

运算符	名称	说明	实例	运算结果
+	加	两个数相加	21+10	31
−	减	得到负数或是一个数减去另一个数	21-10	11
*	乘	两个数相乘或是返回一个被重复若干次的字符串	21*10	210
/	除	一个数除以另一个数	21/10	2.1
%	取余	返回除法的余数，如果除数（第 2 个操作数）是负数，那么结果也是一个负数	21%10	1
			21%(−10)	−9
**	幂	返回 x 的 y 次幂	21**2	441
//	取整除	返回商的整数部分	21//2	10
			21.0//2.0	10.0
			−21//2	−10

2. Python 的算术表达式

Python 的算术表达式由数值类型数据与+、−、*、/等算术运算符组成，括号可以用来为运算分组。

2.4.2　Python 的赋值运算符与变量定义

1. Python 的赋值运算符

Python 的赋值运算符如表 2-7 所示，其中变量 x 的初始值为 0。

表 2-7　Python 的赋值运算符

运算符	描述	实例	等效形式	赋值后变量 x 的值
=	简单赋值运算符	x=21+10	将 21+10 的运算结果赋值给 x	31
+=	加法赋值运算符	x+=10	x=x+10	41
−=	减法赋值运算符	x-=10	x=x-10	31
*=	乘法赋值运算符	x*=10	x=x*10	310
/=	除法赋值运算符	x/=10	x=x/10	31.0
%=	取余赋值运算符	x%=10	x=x%10	1.0
**=	幂赋值运算符	x**=10	x=x**10	1.0
//=	取整除赋值运算符	x//=10	x=x//10	0.0

2. 变量定义及赋值

Python 中的变量不需要声明数据类型，每个变量在使用前都必须赋值，赋值以后该变量才会被创建。在 Python 中，变量本身没有"类型"的概念，我们所说的"类型"是变量所指的内存中被赋值对象的类型。同一变量可以被反复赋值，而且可以被赋予不同类型的值，这也是 Python 称为动态语言的原因之一。

赋值运算符用于给变量赋值，变量赋值的基本语法格式如下：

`<变量名>=<变量值>`

赋值运算符左边是一个变量名，赋值运算符右边是存储在变量中的值。变量名应遵循 Python 一般标识符的命名规则，变量中的值可以是任意数据类型。

变量赋值之后，Python 解释器不会显示任何结果。

例如：

```
>>>width = 20
>>>height = 5*9
>>>width * height
900
```

2.4.3 Python 的比较运算符与比较表达式

比较运算符也称为关系运算符，用于对变量或表达式的结果进行大小、真假等比较，如果比较结果为真，则返回 True；如果比较结果为假，则返回 False。

Python 的比较运算符及实例如表 2-8 所示。所有比较运算的结果都是布尔类型，返回 1 表示真，返回 0 表示假，1 和 0 分别与布尔值 True 和 False 等价，True 和 False 的首字母必须大写。表 2-8 中的实例假设变量 x 为 21，变量 y 为 10，即 $x=21$，$y=10$。

表 2-8 Python 的比较运算符及实例

运算符	名称	说明	实例	运算结果
==	等于	比较 x 和 y 两个对象是否相等	$x == y$	False
!=	不等于	比较 x 和 y 两个对象是否不相等	$x != y$	True
>	大于	比较 x 是否大于 y	$x > y$	True
<	小于	比较 x 是否小于 y	$x < y$	False
>=	大于等于	比较 x 是否大于等于 y	$x >= y$	True
<=	小于等于	比较 x 是否小于等于 y	$x <= y$	False

注意 运算符"=="是两个等号"="，属于比较运算符。而运算符"="是赋值运算符。Python 3 已不支持运算符"<>"，可以使用运算符"!="代替。

例如：

```
>>>x = 5
>>>y = 8
>>>print(x == y)
>>>print(x != y)
```

输出结果为：

```
False
True
```

比较运算符与比较对象（变量或表达式）构成比较表达式，也称为关系表达式。比较表达式通常用在条件语句和循环语句中作为条件表达式。

2.4.4 Python 的逻辑运算符与逻辑表达式

逻辑运算符用于对 True 和 False 两种布尔值进行运算，运算后的结果仍是一个布尔值。

Python 支持逻辑运算符，Python 的逻辑运算符及实例如表 2-9 所示。表 2-9 中的实例假设变量 x 为 21，y 为 10，z 为 0，即 $x=21$，$y=10$，$z=0$。

表 2-9　Python 的逻辑运算符及实例

运算符	名称	逻辑表达式	结合方向	说明	实例	运算结果
and	逻辑与	x and y	从左到右	如果 x 为 False 或 0，则返回 False 或 0，否则返回 y 的值	x and y	10
					x and z	0
					z and x	0
or	逻辑或	x or y	从左到右	如果 x 为 True，则返回 x 的值，否则返回 y 的值	x or y	21
					x or z	21
					z or x	21
not	逻辑非	not x	从右到左	如果 x 为 True，则返回 False；如果 x 为 False，则返回 True	not x	False
					not y	False
					not (x and y)	False
					not (x or y)	False
					not z	True

2.4.5　Python 的成员运算符

Python 中，要判断特定的值是否存在于序列中，可以使用成员运算符 in；要判断特定的值不存在于序列中，可以使用成员运算符 not in。Python 的成员运算符如表 2-10 所示。

表 2-10　Python 的成员运算符

运算符	描述
in	如果在指定的序列中找到元素，则返回 True，否则返回 False
not in	如果在指定的序列中没有找到元素，则返回 True，否则返回 False

【技能训练 2-1】编写代码计算并输出购买商品的实付总额与平均价格
【训练要求】

在 Jupyter Notebook 开发环境中创建 j2-01.ipynb，然后编写代码计算并输出购买商品的实付总额与平均价格。

【实施过程】

扫描二维码，计算并输出购买商品的实付总额与平均价格。

电子活页 2-14

计算并输出购买商品
的实付总额与
平均价格

2.4.6　Python 运算符优先级

所谓运算符的优先级，是指在 Python 程序中哪一个运算符先运行，哪一个运算符后运行，这与数学的四则运算应遵循"先算乘除，后算加减"是一个道理。

Python 的运算规则是：优先级高的运算符先运行，优先级低的运算符后运行，同一优先级的运算符则按照从左到右的顺序运行。也可以使用圆括号改变运算顺序，圆括号内的运算最先运行。编写程序时尽量使用圆括号来主动控制运算顺序，以免因运算顺序不确定而发生错误。

Python 所有运算符从高到低的优先级如表 2-11 所示。表 2-11 中同一行中的运算符具有相同优先级，此时它们的结合方向决定运算顺序。

表 2-11　Python 所有运算符从高到低的优先级

序号	运算符	说明
1	**	幂
2	~、+、-	位运算符中的位非、正号和负号
3	*、/、%、//	算术运算符：乘、除、取余和取整除
4	+、-	算术运算符：加、减
5	>>、<<	位运算符中的右移、左移运算符
6	&	位运算符中的位与
7	|、^	位运算符中的位或、位异或
8	<=、<、>、>=	比较运算符
9	==、!=	等于、不等于运算符
10	=、+=、-=、*=、**=、/=、//=、%=	赋值运算符
11	Is、is not	身份运算符
12	In、not in	成员运算符
13	Not、or、and	逻辑运算符

【技能训练 2-2】演示 Python 运算符优先级的操作
【训练要求】

在 Jupyter Notebook 开发环境中创建 j2-02.ipynb，然后编写代码演示 Python 运算符优先级的操作。

电子活页 2-15

演示 Python 运算符
优先级的操作

【实施过程】
（1）演示算术运算符优先级的操作
（2）演示逻辑运算符优先级的操作
扫描二维码，浏览演示 Python 运算符优先级的操作的代码。

2.5　Python 基本结构及应用

计算机程序主要有 3 种基本结构：顺序结构、选择结构、循环结构。

2.5.1　顺序结构与流程控制

1. Python 的顺序结构

如果没有流程控制的话，整个程序都将按照语句的编写顺序（从上至下的顺序）来运行，而不能根据需求决定程序运行的顺序。

2. Python 的流程控制

流程控制对于任何一门编程语言来说都是非常重要的，因为它提供了控制程序运行的方法。

Python 3 根据条件表达式的运算结果选择不同的运行路径。Python 条件语句通过一条或多条语句的输出结果（True 或者 False）来决定运行的代码块。

可以通过图 2-1 来简单了解条件语句的运行过程。如果条件表达式的值为 True，则执行代码块，否则不执行代码块。

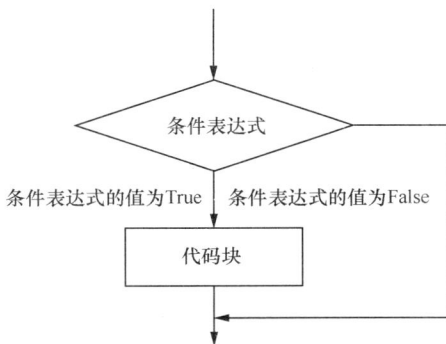

图 2-1　条件语句的运行过程

这里的条件表达式通常使用比较（关系）表达式或逻辑表达式。

2.5.2　Python 选择结构及其应用

Python 的选择结构是根据条件表达式的结果，选择运行不同语句的流程控制结构，选择语句也称为条件语句，即按照条件选择运行不同的代码块。Python 中选择语句主要有 3 种形式：if 语句、if…else 语句和 if…elif…else 语句。通常使用 if…elif…else 多分支语句或者 if 语句的嵌套结构实现多重选择。

1．if 语句及其应用

Python 中使用 if 关键字来构成选择语句，if 语句的一般形式如下：

```
if  <条件表达式>：
    <语句块>
```

条件表达式可以是一个布尔值或变量，也可以是比较表达式或逻辑表达式。如果条件表达式的值为 True，则运行语句块；如果条件表达式的值为 False，就跳过语句块，继续运行后面的语句。

2．if…else 语句及其应用

Python 中 if…else 语句的一般形式如下：

```
if  <条件表达式>：
    <语句块 1>
else：
    <语句块 2>
```

if…else 语句主要实现二选一的问题，使用 if…else 语句时，条件表达式可以是一个布尔值或变量，也可以是比较表达式或逻辑表达式。如果条件表达式的值为 True，则运行 if 后面的语句块 1，否则运行 else 后面的语句块 2。

3．if…elif…else 语句及其应用

Python 中 if…elif…else 语句的一般形式如下：

```
if  <条件表达式 1>：
    <语句块 1>
elif  <条件表达式 2>：
    <语句块 2>
else：
    <语句块 3>
```

Python 中用 elif 代替 else if，所以多分支选择结构的关键字为 if…elif…else。

if…elif…else 语句运行的规则如下。

条件表达式 1 和条件表达式 2 可以是一个布尔值或变量，也可以是比较表达式或逻辑表达式。

如果条件表达式 1 的值为 True，则运行语句块 1。

如果条件表达式 1 的值为 False，将判断条件表达式 2，如果条件表达式 2 的值为 True，则运行语句块 2。

如果条件表达式 1 和条件表达式 2 的值都为 False，则运行语句块 3。

4. 选择语句的嵌套结构

前面介绍了 3 种形式的选择语句，这 3 种形式的选择语句可以互相进行嵌套。选择语句可以有多种嵌套方式，编写程序时可以根据需要选择合适的嵌套方式，例如：if 语句可以嵌套 if…else 语句；if…else 语句可以嵌套 if…else 语句；if…elif…else 语句可以嵌套 if…elif…else 语句。选择语句的嵌套一定要严格控制好不同级别代码块的缩进量。

Python 中选择语句的嵌套结构的一般形式如下：

```
if <表达式 11>:
    <语句 11>
    if <表达式 21>:
        <语句 21>
    elif <表达式 22>:
        <语句 22>
    else:
        <语句 23>
elif <表达式 12>:
    <语句 12>
else:
    <语句 13>
```

【技能训练 2-3】演示 Python 选择结构及其应用

【训练要求】

在 Jupyter Notebook 开发环境中创建 j2-03.ipynb，然后编写代码演示 Python 选择结构的 3 种形式及其应用。

电子活页 2-16

【实施过程】

扫描二维码，浏览演示 Python 选择结构及其应用的代码。

演示 Python 选择
结构及其应用

2.5.3 for 循环语句及其应用

循环结构是在一定条件下反复运行某段程序的流程控制结构，被反复运行的语句块称为循环体，决定循环是否终止的判断条件称为循环条件。

Python 中的循环语句有 for 和 while 两种类型。for 循环也称为计次循环，其循环语句可以遍历任何序列对象，例如一个列表或者一个字符串。while 循环也称为条件循环，可以一直进行循环，直到条件不满足时才结束循环。

1. for 循环语句

for 循环语句通常适用于枚举或遍历序列对象，以及迭代序列对象中的元素，一般应用于循环次数已知的情况下。

for 循环语句的基本语法格式如下：

```
for  <循环变量> in  <序列结构>:
    <语句块>
```

循环变量用于保存取出的值，序列结构为要遍历或迭代的序列对象，例如字符串、列表、元组等，语句块为一组被重复运行的语句。

2. for…else 语句

Python 中的 for 循环语句可以结合 else 语句，它在 for 循环穷尽序列导致循环终止时运行，但循环被 break 语句终止时不运行。

for…else 语句的基本语法格式如下：

```
for <变量> in <序列结构>:

    <语句块 1>

else:

    <语句块 2>
```

当 for 循环终止且没有被 break 语句退出时，运行 else 语句。

【技能训练 2-4】演示 for 循环语句及其应用

【训练要求】

在 Jupyter Notebook 开发环境中创建 j2-04.ipynb，然后编写代码演示 for 循环语句及其应用。

【实施过程】

扫描二维码，浏览演示 for 循环语句及其应用的代码。

电子活页 2-17

演示 for 循环语句及其应用

2.5.4　while 循环语句及其应用

Python 中的 while 循环通过一个条件表达式来控制是否反复运行循环体中的语句。

1. while 循环语句

Python 中 while 循环语句的一般形式如下：

```
while <条件表达式>:

    <语句块>
```

while 循环语句的条件表达式的值为 True 时，则运行循环体中的语句；循环体运行一次后，重新判断条件表达式的值，直到条件表达式的值为 False 时，退出 while 循环。

2. while…else 语句

Python 中的 while 循环语句也可以结合 else 语句，它在 while 循环语句的条件表达式的值为 False 导致循环终止时运行，但循环被 break 语句终止时不运行。

while…else 语句的基本语法格式如下：

```
while <条件表达式>:

    <语句块 1>

else:

    <语句块 2>
```

当 while 循环的条件表达式为 False，且 while 循环没有被 break 语句退出时，运行 else 后面的语句块 2。else 语句可以理解为"正常完成循环的奖励"。

【技能训练 2-5】演示 while 循环语句及其应用

【训练要求】

在 Jupyter Notebook 开发环境中创建 j2-05.ipynb，然后编写代码演示 while 循环语句及其

应用。

【实施过程】

扫描二维码，浏览演示 while 循环语句及其应用的代码。

2.5.5　Python 循环结构中的跳转语句

Python 循环中的 break 语句用于跳出并结束当前整个循环，运行循环语句后的语句。continue 语句用于结束本轮循环，继续运行下一轮循环。

1. for 循环中使用 break 语句

break 语句用于提前终止当前的 for 循环，一般结合 if 语句使用，表示在某种条件下，跳出循环。如果是嵌套循环，break 语句将会跳出最内层的循环。

2. while 循环中使用 break 语句

使用 break 语句可以跳出 while 循环，如果 while 循环由 break 语句终止，则 while 循环中的 else 语句将不运行。

3. for 循环中使用 continue 语句

continue 语句只能终止本轮循环而提前进入下一轮循环中，一般结合 if 语句使用，表示在某种条件下，跳过当前循环的剩余语句，然后继续运行下一轮循环。如果是嵌套循环，continue 语句将只跳过最内层循环中的剩余语句。

4. while 循环中使用 continue 语句

使用 continue 语句可以跳过当前循环中的剩余语句，然后继续进行下一轮循环。

【技能训练 2-6】演示循环结构中的跳转语句及其应用

【训练要求】

在 Jupyter Notebook 开发环境中创建 j2-06.ipynb，然后编写代码演示循环结构中的跳转语句及其应用。

【实施过程】

扫描二维码，浏览演示循环结构中的跳转语句及其应用的代码。

2.6　Python 常用内置函数及应用

一段 Python 程序中，如果实现所需功能的某段代码需要被多次使用，那么可以将该段代码多次复制，但这种做法势必会影响软件开发效率。在实际软件项目开发过程中，可以使用函数来实现代码重用的功能。我们可以把实现所需功能的代码定义为一个函数，在需要使用该功能时，调用该函数。

Python 3 函数可以分为内置函数和自定义函数，Python 3 提供了常用的内置函数，例如 abs()、min()、str()、print()、max()、len()、list()、tuple()、map()、type()、input()等，这些内置函数的名字不应该作为标识符。如果使用内置函数的名字作为标识符，Python 解释器不会报错，只是该内置函数就会被这个标识符覆盖，不能使用该内置函数。

2.6.1　Python 数学运算函数及应用

1. Python 数学常量

Python 数学常量主要包括数学常量 pi（圆周率，一般以 π 来表示）和数学常量 e（自然常数）。

2. Python 常用数学运算函数

扫描二维码，浏览 Python 常用数学运算函数的具体介绍。

电子活页 2-20

Python 常用数学
运算函数

2.6.2 Python 输入输出函数及应用

1. print()函数及应用

在 Python 中，使用内置函数 print()可以将结果输出到集成开发和学习环境（Integrated Development and Learning Environment，IDLE）或者标准控制台中。

（1）print()函数的基本语法格式

print()函数的基本语法格式如下：

```
print(输出内容)
```

其中，输出内容可以是数值，也可以是字符串。如果是字符串则需要使用单引号或双引号标注，此类内容将直接输出。如果输出内容是包含运算符的表达式，则此类内容将以计算结果的形式输出。

输出内容也可以是 ASCII 表示的字符，但需要使用 chr()函数进行转换，例如输出字符 A 使用 print("A")或者使用 print(chr(65))都可以实现。

（2）换行输出与不换行输出

默认情况下，print()函数的输出内容会自动换行，如果想要一次输出多个内容，而且不换行，则需要 print()函数后加上 end=""，也可以将要输出的内容使用逗号"，"分隔后输出。

（3）将输出的值转成字符串

如果希望将 print()函数输出的值转成字符串，可以使用 str()或 repr()函数来实现。str()函数用于返回一个用户易读的字符串。repr()函数用于产生一个解释器易读的字符串。

2. input()函数及应用

Python 提供了 input()函数，用于从标准输入中读入一行文本，默认的标准输入是键盘。

input()函数的基本语法格式如下：

```
变量名=input("<提示文字>")
```

其中，变量名为保存输入结果的变量的名称，双引号内的提示文字用于提示要输入的内容。

在 Python 3 中，无论输入的是数字还是字符，输入内容都将被作为字符串读取。如果想要接收的是数值，需要进行类型转换。例如，要将字符串转换为整型数据，可以使用 int()函数。

【技能训练 2-7】演示 Python 输入输出函数及应用

【训练要求】

在 Jupyter Notebook 开发环境中创建 j2-07.ipynb，然后编写代码演示 Python 输入输出函数及应用。

电子活页 2-21

【实施过程】

扫描二维码，浏览演示 Python 输入输出函数及应用的代码。

演示 Python 输入
输出函数及应用

2.6.3 Python 3 日期和时间函数

Python 提供了 time、datetime 和 calendar 模块用于格式化日期和时间。

1. Struct_time 元组

很多 Python 函数使用由一个元组组合起来的 9 组数字处理时间，该元组就是 struct_time 元组，其 9 组数字的含义及取值如表 2-12 所示。

表2-12　struct_time 元组的 9 组数字

序号	含义	取值
1	年（4 位数）	0000 到 9999
2	月	1 到 12
3	日	1 到 31
4	小时	0 到 23
5	分钟	0 到 59
6	秒	0 到 61（60、61 表示闰秒）
7	星期几	0 到 6（0 表示星期一）
8	一年的第几日	1 到 366（366 表示闰年）
9	夏令时标识	1（夏令时）、0（非夏令时）、-1（不确定）

2. time 模块

time 模块提供各种日期和时间相关的功能，用于获取和转换日期及时间。

Python 的 time 模块下有很多函数可以用于转换常见日期格式，例如函数 time.time()用于获取当前时间戳，每个时间戳都以自 1970 年 1 月 1 日 0 时 0 分 0 秒经过了多长时间来表示。时间间隔是以秒为单位的浮点数。

例如：

```
>>>import time        #导入 time 模块
>>>ticks=time.time()
>>>print("当前时间戳为:",ticks)
```

输出结果为：

```
当前时间戳为:1585817589.8098445
```

时间戳适合做日期运算，但是 1970 年 1 月 1 日之前的日期就无法通过这种方式表示了。

3. datetime 模块

datetime 模块提供了处理日期和时间的类，既有简单的类，又有复杂的类。它虽然支持日期和时间算法，但其实现的重点是为输出格式化和操作提供高效的属性提取功能。datetime 模块定义了如表 2-13 所示的几个类。这些类的对象都是不可变的。

表2-13　datetime 模块中定义的类

序号	类名称	说明
1	datetime.date	表示日期，常用的属性有 year, month 和 day
2	datetime.time	表示时间，常用的属性有 hour、minute、second、microsecond
3	datetime.datetime	表示日期和时间
4	datetime.timedelta	表示两个 date、time、datetime 实例的时间间隔，分辨率（最小单位）可达到微秒
5	datetime.tzinfo	时区相关信息对象的抽象基类。它们由 datetime 和 time 类使用，以提供自定义时间的调整功能
6	datetime.timezone	Python 3.2 中新增的功能，实现 tzinfo 抽象基类的类，表示与 UTC（Universal Time Coordinated，世界协调时）的固定偏移量

2.7 Python 函数定义及应用

函数能提高应用程序的模块化程度和代码的重复利用率，降低编程难度。函数是组织好的、可重复使用的、用来实现所需功能的、执行特定的任务的代码段，一般表达特定功能。

2.7.1 定义 Python 函数

Python 提供了许多内置的标准函数，例如 print()、input()、range()等。我们也可以自己创建函数，这被称为自定义函数。

定义一个函数需要完成：指定函数的名称，指定函数里包含的参数和代码块结构。

Python 中使用 def 关键字自定义函数，定义函数的基本语法格式如下：

```
def 函数名称( [0 个或多个参数组成的参数列表] ):
    "<注释内容>"
    <函数体>
    return [表达式]
```

函数定义说明如下。

- 函数定义部分以 def 关键字开头，后接函数名称、圆括号"()"和冒号":"。函数名称在调用函数时使用。圆括号用于定义参数，任何传入参数和自变量都必须放在圆括号内，如果有多个参数，各参数使用逗号","分隔；如果不指定参数，则表示该函数没有参数，调用函数时，也不指定参数值。函数可以有参数也可以没有参数，若没有参数则必须保留空的圆括号"()"，否则会出现异常。

- 如果函数有返回值，则使用 return 语句返回。return 语句用于退出函数，并选择性地向调用方返回一个值。如果函数中没有 return 语句，或者省略了 return 语句的表达式，将返回 None，即空值。

2.7.2 调用 Python 函数

函数定义完成后，可以通过调用该函数执行函数代码，实现其功能。在编程过程中，可以将函数作为一个值赋值给指定变量。

调用函数的基本语法格式如下：

```
函数名称([0 个或多个参数组成的参数列表])
```

要调用的函数名称，必须是已经定义好的。如果已定义的函数有参数，则调用时也要指定各个参数值；如果需要传递多个参数值，则各参数值使用逗号","分隔。如果已定义的函数没有参数，则直接写圆括号"()"即可，圆括号必须保留。

调用函数时，如果函数只返回一个值，则该返回值可以被赋值给一个变量；如果返回多个值，则可以将其赋值给多个变量或一个元组。

【技能训练 2-8】编写代码定义与调用计算矩形面积的函数

【训练要求】

在 Jupyter Notebook 开发环境中创建 j2-08.ipynb，然后编写代码定义与调用计算矩形面积的函数。

【实施过程】

代码如下：

```
def area(width, height):
    '''计算矩形面积函数'''
    area=width * height
    return area
```

```
width = 4
height = 5
area= area(width, height)
print("area =", area)
```

输出结果为：

```
area = 20
```

2.7.3 Python 函数变量作用域

Python 变量的作用域是指代码能够访问该变量的区域范围。如果超出该区域范围，访问该变量时就会出现异常。在 Python 中，一般根据变量的有效范围将变量分为局部变量和全局变量两种类型。

1. 局部变量

局部变量是指在函数内部定义并使用的变量。它只在函数内部有效，即定义在函数内部的变量拥有一个局部作用域，函数内部的局部变量名称只在函数运行时才会创建。在函数运行之前或运行完毕，所有的局部变量的名称都不存在。如果在函数外部使用函数内部定义的变量，就会出现 NameError 异常。

2. 全局变量

全局变量是指能够作用于函数内部和外部的变量。全局变量主要有以下两种。

（1）在函数外部定义的变量拥有全局作用域。如果一个变量在函数外部定义，那么该变量不仅可以在函数外部访问，也可以在函数内部访问。

（2）对于在函数内部定义的变量，如果使用 global 关键字声明，则该变量也是全局变量，在函数外部也可以访问该变量，并且在函数内部还可以对其进行修改，但是在其他函数内部不能访问该变量。

> **说 明** 当局部变量与全局变量重名时，若对函数内的局部变量赋值，也不会影响函数外的全局变量。尽管 Python 允许全局变量和局部变量重名，但是在实际开发时，建议不要这样做，这样做容易让代码混乱，很难分清哪些是全局变量，哪些是局部变量。

【技能训练 2-9】编写代码演示 Python 全局变量与局部变量的使用

【训练要求】

在 Jupyter Notebook 开发环境中创建 j2-09.ipynb，然后编写代码演示 Python 全局变量与局部变量的使用。

【实施过程】

代码如下：

```
age = 20              #全局变量
def printAge1():
    age = 50          #局部变量
    print("函数 printAge1 中输出局部变量: age=", age)
def printAge2():
    print("函数 printAge2 中输出全局变量: age=", age)
printAge1()
printAge2()
print("函数外部输出全局变量: age=", age )
```

输出结果为:

函数 printAge1 中输出局部变量: age= 50

函数 printAge2 中输出全局变量: age= 20

函数外部输出全局变量: age= 20

2.8 创建与导入 Python 模块

Python 的模块(Module)是一个包含函数定义和变量定义的 Python 文件,其扩展名是.py。一个.py 文件就称为一个模块,一般把能够实现一定功能的代码放置在一个 Python 文件中作为一个模块,模块可以被其他程序导入并使用,方便其他程序使用该模块中的函数等。另外,使用模块也可以避免函数名称和变量名称产生冲突。

模块中除了函数定义,还可以包括可执行的代码,这些代码一般用来初始化这个模块,这些代码只有在第 1 次被导入时才会被执行。

Python 提供了强大的模块支持,不仅 Python 自身提供了大量的标准模块,还有很多第三方提供的模块,也允许自定义模块。强大的模块支持提高了代码的可重用性、可维护性,即编写好一个模块后,只要是实现该功能的程序,都可以导入这个模块来实现所需的功能,这样可极大地提高程序的开发效率。所以我们在编写程序的时候,会经常引用其他模块,包括 Python 内置的模块和来自第三方的模块。

每个模块有各自独立的符号表,在模块内部被所有的函数当作全局符号表来使用。所以在模块内部可以放心地使用全局变量,而不用担心与其他模块中的全局变量搞混。

2.8.1 创建 Python 模块

创建模块时可以将相关的变量定义和函数定义编写在一个独立的 Python 文件中,并且将该文件命名为"模块名称.py"。设置的模块名称尽量不要与 Python 自带的标准模块名称重复。模块创建完成后,就可以在其他程序中导入并使用该模块了。

2.8.2 导入 Python 模块

Python 的内置模块不需要安装,但在使用内置模块的时候需要导入,例如 import sys 表示导入 sys 模块。

Python 的模块或程序文件中可以导入其他模块,可以使用 import 或者 from…import 语句来导入相应的模块。通常在一个模块或程序文件的最前面使用 import 语句来导入所需模块,当然这只是一个惯例,而不是强制的,被导入的模块名称将被导入当前操作模块的符号表中。

1. 使用 import 语句导入模块
2. 使用 from…import 语句导入模块
3. 使用 from…import＊ 语句导入模块中的所有对象

扫描二维码,浏览 Python 模块的多种导入方法。

电子活页 2–22

导入 Python 模块

2.8.3 下载与安装第三方模块

Python 程序开发时,除了可以使用 Python 内置的标准模块,还有很多第三方模块可以使用。使用第三方模块前,需要先下载并安装对应模块,然后就可以像使用 Python 内置的标准模块一样导入并使用了。下载和安装第三方模块可以使用 Python 提供的 pip 命令实现。pip 命令的基本语法格式如下:

```
pip <command>  [modulename]
```

其中，command 用于指定要执行的命令，常用命令有 install（用于安装第三方模块）、uninstall（用于卸载已经安装的第三方模块）、list（用于显示已经安装的第三方模块）等。modulename 为可选参数，用于指定要安装或者卸载的模块名称，有时还可以包括版本号。当 command 为 install 或者 uninstall 时不能省略 modulename。

pip install <模块名称>	#安装模块
pip install--upgrade <模块名称>	#更新模块
pip uninstall <模块名称>	#卸载模块

例如，安装第三方模块 NumPy 时，可以在命令提示符窗口中输入以下代码：

```
pip install numpy
```

执行上面的代码，将开始在线安装 NumPy 模块。

【说明】必须通过设置环境参数配置好可执行文件 pip.exe 的路径，否则在命令提示符窗口无法识别 pip 命令。

也可以在 Jupyter Notebook 的单元格中执行 pip 命令，只需在命令前加半角感叹号"!"，例如执行!pip install numpy 命令进行模块安装。

在使用第三方模块前需要进行导入，例如执行 import pandas 命令。

2.9　创建与使用 Python 包

使用模块可以避免函数名称、变量名称产生冲突，但如果模块也重名应该怎么办呢？ Python 的包（Package）可以解决模块名称的冲突问题。包是一个分层的目录结构，它将一组功能相近的模块组织在一个文件夹中，这样既可以起到规范代码的作用，又能避免模块的命名冲突。

电子活页 2-23

包可以简单理解为文件夹，只不过在该文件夹下必须存在一个名称为"_init_.py"的文件。实际软件项目开发时，通常会创建多个包用于存放不同类型的文件。

包提供了一种管理 Python 模块命名空间的形式，即"包名称.模块名称"的形式。例如一个模块的名称是 A.B，它表示包 A 中的模块 B。与使用模块的时候不用担心不同模块之间的全局变量相互影响一样，采用"包名称.模块名称"这种形式也不用担心出现不同包之间的模块重名的问题。

创建与使用
Python 包

扫描二维码，浏览创建与使用 Python 包的具体方法。

应用与实战

【任务 2-1】计算与输出购买商品的优惠金额与应付金额

【任务描述】

① 在 Jupyter Notebook 开发环境中创建 t2-01.ipynb。

② 在 Python 程序文件 t2-01.ipynb 中编写代码实现以下功能：计算与输出购买商品的总金额、运费、返现金额、折扣率、优惠金额、应付金额。

③ 在 Jupyter Notebook 开发环境中运行 Python 程序文件 t2-01.ipynb，输出购买商品的总金额、运费、返现金额、折扣率、优惠金额、实付总额等数据。

【任务实现】

在 PyCharm 开发环境中创建文件 t2-01.py，然后编写代码与输出对应的结果。

扫描二维码，浏览计算与输出购买商品的优惠金额与应付金额的实现过程、程序代码与输出结果。

【任务 2-2】应用 for 循环语句显示进度的百分比

【任务描述】

① 在 PyCharm 开发环境中创建 Python 程序文件 t2-02.py。

② 编写程序，应用 for 循环语句实现在一行中显示下载百分比进度。

【任务实现】

在 PyCharm 开发环境中创建文件 t2-02.py，然后编写代码与输出对应的结果。

扫描二维码，浏览应用 for 循环语句显示进度的百分比的实现过程、程序代码与输出结果。

【任务 2-3】自定义与应用实现要求功能的函数

【任务描述】

自定义函数实现以下功能。

① 定义与应用根据消费次数计算得分的函数 frequency()。

② 定义与应用将日期格式转换为时间戳的函数 get_timestamp()。

③ 定义与应用从字符串中获取日期格式数据的函数 sptime()。

【任务实现】

在 Jupyter Notebook 开发环境中创建文件 t2-03.ipynb，然后在单元格中编写代码与输出对应的结果。

扫描二维码，浏览自定义与应用实现要求功能的函数的实现过程、程序代码与输出结果。

【任务 2-4】使用 Collections 实现数据统计

【任务描述】

Counter 类是字典的子类，其功能是统计可迭代序列中各个元素出现的次数。它是一个无序的容器类型，以字典的键值对形式存储，其中元素作为键，其计数作为值。

在 Jupyter Notebook 开发环境中创建文件 t2-04.ipynb，然后在单元格中编写代码使用 Collections 实现数据统计。

【任务实现】

在 Jupyter Notebook 开发环境中创建文件 t2-04.ipynb，然后在单元格中编写代码与输出对应的结果。

扫描二维码，浏览使用 Collections 实现数据统计的实现过程、程序代码与输出结果。

在线练习与考核

扫描二维码，完成本模块的在线练习与考核。

模块 3
NumPy基础

03

NumPy 是 Numerical Python 的缩写，它是一个由多维数组对象（ndarray）和处理这些数组的函数（Function）组成的模块。使用 NumPy 模块，可以对数组执行数学运算和逻辑运算。NumPy 不仅是 Python 第三方扩展包，也是 Python 科学计算的基础包。

学习与训练

3.1 初识 NumPy

3.1.1 NumPy 概述

1. NumPy 是什么?

NumPy 是一个开源的、功能强大的 Python 科学计算包，主要用于对多维数组执行科学计算与快速处理，也可实现更高级的数据操作和科学计算。NumPy 的前身是 Numeric 软件包，该包由吉姆·胡古宁（Jim Hugunin）开发，在这之后，他还开发了另一个类似的软件包 Numarray，相比前者而言，Numarray 具有更加全面的功能。2005 年，特拉维斯·奥利芬特（Travis Oliphant）整合 Numeric 与 Numarray 软件包的功能，开发出 NumPy。NumPy 作为一个开源项目，由许多协作者共同维护，这也是 NumPy 的优势之一。

NumPy 的特点主要包括如下内容。

- NumPy 提供了一个多维数组对象，用于存储和处理大型数据集。
- NumPy 的广播功能允许在不同形状的数组之间执行数字运算。
- NumPy 的数值操作通常比 Python 的内置列表操作更快，更高效。
- NumPy 具有强大的线性代数运算、傅里叶变换和生成随机数功能。

NumPy 提供了大量的函数，可以帮助程序员轻松地进行向量和矩阵计算。NumPy 支持常见的数组和矩阵操作，还提供了多种数据结构。对于同样的数值计算任务，使用 NumPy 不仅代码要简洁得多，而且 NumPy 的性能远远优于原生 Python 的计算性能，并且数据量越大，NumPy 的优势就越明显。

NumPy 核心的数据类型是多维数组对象 ndarray，该对象相当于一个快速而灵活的大数据容器，使用 ndarray 对象可以处理一维、二维和多维数组。ndarray 对象中的每个元素在内存中都占有相同存储大小。

NumPy 底层代码使用 C 语言编写，因此 ndarray 对象在存储数据的时候，数据与数据的地址都是连续的，这样就使得 NumPy 的数组操作速度很快，远远优于 Python 中的内置列表的操作速度。另外，ndarray 对象提供了更多的方法来处理数据，尤其是和统计相关的方法，这些方法也是 Python 原生列表没有的。

2. NumPy 库的数值计算广泛应用的方面

NumPy 库的数值计算广泛用于以下 3 个方面。

（1）机器学习

在编写机器学习算法时，需要对矩阵进行各种数值计算，例如矩阵乘法、换位、加法等。NumPy 提供了一些非常好的函数，用于简单计算（在编写代码方面）和快速计算（在运行代码方面）。NumPy 数组可以用于存储训练数据和机器学习模型的参数。

（2）图像处理和计算机图形学

NumPy 提供了一些优秀的函数来快速处理图像，完成图像处理任务，例如镜像图像、按特定角度旋转图像等。

（3）执行各种数学任务

NumPy 对于执行各种数学任务非常有用，例如数值积分、微分、内插、外推等。因此，当涉及执行数学任务时，它便成了一种基于 Python 的 MATLAB 的快速替代。

3.1.2　安装 NumPy

NumPy 是 Python 的第三方扩展包，没有包含在 Python 标准模块中，因此用户需要单独安装它。

1. 使用 pip 命令安装 NumPy

在计算机上安装 NumPy 最快也是最简单的方法之一是在命令提示符窗口使用 pip 命令安装 NumPy。安装 NumPy 需要的基础环境是 Python，NumPy 安装之前必须成功安装 Python 和 pip。

安装命令如下：

```
pip install numpy
```

执行该命令将在计算机上安装最新的、稳定的 NumPy。

在实际项目开发中，NumPy 通常与 SciPy 软件包一起使用，SciPy 可以看作 NumPy 的扩展包，它在 NumPy 的基础上增加了许多工程计算函数。如有需要，可同时安装 SciPy。

> **注意** 在 Windows 系统中直接使用 pip 命令安装 SciPy 会报错，错误将提示需要解决 SciPy 的依赖项问题，所以不推荐使用 pip 命令安装 SciPy。可以通过安装 Anaconda 的方式间接安装 SciPy。

2. 验证 NumPy 是否安装成功

打开 Python 交互式界面，使用命令 import numpy 导入 NumPy，如果未出现错误提示，则表示 NumPy 已安装成功。

NumPy 安装成功后，就可以导入并使用 NumPy，代码如下：

```
import nurnpy
numpy.__version__    # 查看版本
```

导入 NumPy 时，我们一般为其设置别名 np，代码如下：

```
import numpy as np
np.__version__    # 查看版本
```

【技能训练 3-1】在 Python 交互式界面使用 eye() 函数输出矩阵

【训练要求】

使用 NumPy 的 eye() 函数输出 3 行 3 列的矩阵，其中主对角线元素值为 1、其他元素值为 0。

【实施过程】

（1）在 Windows 系统的命令提示符窗口中安装 NumPy

```
pip install numpy
```

（2）在命令提示符窗口中进入 Python 交互式界面

```
python
```

（3）在 Python 交互式界面中导入 NumPy 中的对象

```
import numpy as np
```

（4）调用 NumPy 的函数 eye()

```
np.eye(3)
```

在 Python 交互式界面输出的结果如下：

```
array([[1., 0., 0.],
       [0., 1., 0.],
       [0., 0., 1.]])
```

3.2　使用多种方法创建 NumPy 数组对象

3.2.1　初识 ndarray 对象

NumPy 数组是 Python 数组的扩展，NumPy 数组配备了大量的函数和运算符，可以帮助用户快速编写用于各种类型计算的高性能代码。

NumPy 定义了一个称为 ndarray 的数组。该数组是由相同类型的数据按有序的形式组织而成的一个集合，组成数组的各个数据称为数组元素，数组中的每个元素都占有大小相同的内存空间，可以使用索引或切片的方式获取数组中的每个元素。与 Python 中的数组相比，ndarray 对象可以处理结构更复杂的数据。

ndarray 对象采用了数组的索引机制，将数组中的每个元素映射到内存空间上，并且按照一定的布局对内存空间进行排列。

通过 NumPy 的内置函数 numpy.array() 可以方便地创建 ndarray 对象，其语法格式如下：

```
numpy.array(object, dtype = None, copy = True, order = None, ndim = 0)
```

内置函数 numpy.array() 的参数说明如下：

- object：一个数组序列。
- dtype：可选参数，通过它可以更改数组的数据类型。
- copy：可选参数，表示数组能否被复制，默认是 True。
- order：以哪种内存布局方式创建数组，有 3 个可选值，分别是 C（按行）、F（按列）、A（默认）。
- ndim：用于指定数组的维度。

3.2.2　熟悉与使用 NumPy 数据类型

1. 熟悉 NumPy 数据类型

NumPy 作为 Python 的扩展包，它提供了比 Python 更加丰富的数据类型。扫描二维码，浏览 NumPy 的数据类型名称、类型标识缩写字符及数据类型说明。

电子活页 3-1

NumPy 数据类型

2. 熟悉 NumPy 数据类型标识字符

NumPy 中每种数据类型都有唯一的标识字符，如表 3-1 所示。

表 3-1　NumPy 数据类型标识字符

类型标识字符	对应的数据类型	类型标识字符	对应的数据类型
b	布尔型	M	日期和时间（datetime）
i	带符号整型	O	Python 对象
u	无符号整型	S	字节串
f	浮点型	a	字符串
c	复数浮点型	U	Unicode
m	时间间隔（timedelta）	V	原始数据（void）

3. 熟悉 NumPy 数据类型对象

NumPy 的数据类型对象（Data Type Object）又称 dtype 对象，主要用来描述 NumPy 数组元素的数据类型、大小以及字节顺序。例如常见的 int64、float32 都是 dtype 对象的实例，其语法格式如下：

```
import numpy as np
np.dtype(object)
```

创建一个 dtype 对象可以使用下列方法：

```
dt= np.dtype(np.int64)
```

dtype 对象可以用来创建结构化数据。通常情况下，结构化数据使用字段的形式来描述某个对象的特征。例如描述课程的成绩，该结构化数据可以包含字段 score。

【技能训练 3-2】定义 NumPy 数据类型对象与结构化数据

【训练要求】

在 Jupyter Notebook 开发环境中创建 j3-02.ipynb，然后编写代码定义一组 NumPy 数据类型对象与结构化数据。

【实施过程】

扫描二维码，浏览定义 NumPy 数据类型对象与结构化数据的实现过程、程序代码与输出结果。

【技能训练 3-3】定义描述教师特征的结构化数据

【训练要求】

使用结构化数据描述一位教师的姓名、年龄、工资的特征，该结构化数据包含以下字段。

str 字段：name。

int 字段：age。

float 字段：salary。

在 Jupyter Notebook 开发环境中创建 j3-03.ipynb，然后编写代码定义与输出结构化数据。

【实施过程】

扫描二维码，浏览定义描述教师特征的结构化数据的实现过程、程序代码与输出结果。

电子活页 3-2

定义 NumPy 数据类型对象与结构化数据

电子活页 3-3

定义描述教师特征的结构化数据

3.2.3 创建 NumPy 一维数组对象

1. 快速定义与使用一维 NumPy 数组

【技能训练 3-4】在 Python 交互式界面定义与使用一维 NumPy 数组

【训练要求】

在 Python 交互式界面定义与使用一维 NumPy 数组。

【实施过程】

在 Python 交互式界面输入以下代码与观察代码输出结果：

```
import numpy as np
np_array = np.array([1, 2, 3, 4, 5])
print(np_array)
```

代码输出结果如下：

```
[1 2 3 4 5]
```

在上面的代码中，首先使用 import numpy 命令导入 NumPy 库，接着创建一个包含 5 个整数的简单 NumPy 数组，然后将其在交互式界面输出。

下面尝试使用这个特定的 NumPy 数组。

```
print(np_array.shape)     # 输出结果为(5, )
```

这里输出所创建数组的元素个数，输出结果的意思就是 np_array 是一个包含 5 个元素的数组。

也可以输出各个元素，就像普通的 Python 数组一样。NumPy 数组的起始索引编号为 0。

```
print(np_array[0])     # 输出结果为 1
print(np_array[1])     # 输出结果为 2
```

执行上述代码将分别在命令提示符窗口输出 1 和 2。

还可以修改 NumPy 数组的元素，例如：

```
np_array[0] = 0
print(np_array)          # 输出结果为[0 2 3 4 5]
```

接下来创建一个长度为 5 的 NumPy 数组，但所有元素都为 0。NumPy 提供了 np.zeros()函数来实现。

```
zero_array = np.zeros((5))
print(zero_array)          # 输出结果为[0. 0. 0. 0. 0.]
```

与 np.zeros()函数类似，使用 np.ones()函数可以快速生成各元素均为 1 的数组。

```
one_array = np.ones((5))
print(one_array)          # 输出结果为[1. 1. 1. 1. 1.]
```

如果想创建一个随机值数组，可以使用 np.random.random()函数。

```
random_array = np.random.random((5))
print(random_array)
```

本书编著者的计算机中命令提示符窗口的输出结果为：[0.37819185 0.71955013 0.84267723 0.33564411 0.354168]。不同计算机获得的输出结果可能有所不同，因为使用的是随机函数，它为每个元素分配 0 到 1 的随机值。

2. 使用多种方法定义一维 NumPy 数组

【技能训练 3-5】使用多种方法定义一维 NumPy 数组

【训练要求】

在 Jupyter Notebook 开发环境中创建 j3-05.ipynb，然后编写代码使用多种方法定义一维 NumPy

数组。

【实施过程】

方法 1：使用 array() 函数，通过列表创建数组对象。

代码如下：

```
import numpy as np
array1 = np.array([1, 2, 3, 4, 5])
array1
```

输出结果：

```
array([1, 2, 3, 4, 5])
```

方法 2：使用 array() 函数，通过元组创建数组对象。

代码如下：

```
array2 = np.array((1, 2, 3, 4, 5))
array2
```

输出结果：

```
array([1, 2, 3, 4, 5])
```

方法 3：使用 asarray() 函数定义数组对象。

asarray() 函数与 array() 函数类似，但是它比 array() 函数更为简单。asarray() 函数能够将一个 Python 序列转化为 ndarray 对象，其语法格式如下：

```
numpy.asarray(sequence, dtype = None , order = None )
```

asarray() 函数的参数说明如下。

- sequence：接收一个 Python 序列，可以是列表或者元组。
- dtype：可选参数，指定数组元素的数据类型。
- order：指定数组元素在计算机内存中的存储顺序，可以设置为 "C" 或者 "F"。"C" 代表以行优先顺序存储，"F" 代表以列优先顺序存储。默认顺序是 "C"。

（1）将列表转化为 NumPy 数组

代码如下：

```
list1=[1,2,3,4,5]
array3 = np.asarray(list1);
print(type(array3))
print(array3)
```

输出结果：

```
<class 'numpy.ndarray'>
[1 2 3 4 5]
```

（2）使用元组创建 NumPy 数组

```
tuple1=(1,2,3,4,5)
array4 = np.asarray(tuple1);
print(type(array4))
print(array4)
```

输出结果：

```
<class 'numpy.ndarray'>
[1 2 3 4 5]
```

方法 4：使用 numpy.random 模块的函数生成随机数创建数组对象。

（1）用 10 个[0,1)范围内的随机小数构成数组

代码如下：

```
array5 = np.random.rand(10)
array5
```

输出结果：

```
array([0.8969475 , 0.97089261, 0.21031662, 0.28808488, 0.72439078,
       0.14509999, 0.86817111, 0.70109715, 0.42410238, 0.73514301])
```

（2）用 10 个[1, 100)范围内的随机整数构成数组

代码如下：

```
array6 = np.random.randint(1, 100, 10)
array6
```

输出结果：

```
array([ 1, 37, 30, 20, 7, 79, 20, 47, 88, 44])
```

（3）用 20 个服从均值为 50、标准差为 10 的正态分布的随机数构成数组

代码如下：

```
array7 = np.random.normal(50, 10, 20)
array7
```

输出结果：

```
array([48.21208835, 52.38164355, 59.2929955, 70.34438672, 69.50330366,
       53.81310949, 57.28636963, 57.44288934, 34.36502921, 38.51738226,
       48.88941337, 42.86920252, 38.55449893, 50.91313093, 59.92106879,
       39.19545305, 49.23353137, 68.12442987, 43.84258941, 43.96987277])
```

3.2.4　创建 NumPy 二维数组对象

1. 快速定义与使用二维 NumPy 数组

【技能训练 3-6】在 Python 交互式界面定义与使用二维 NumPy 数组

【训练要求】

在 Python 交互式界面定义与使用二维 NumPy 数组。

【实施过程】

在 Python 交互式界面输入以下代码与观察代码输出结果：

```
import numpy as np
my_2d_array = np.zeros((2, 3))
print(my_2d_array)
```

运行上述代码将在屏幕上输出以下内容：

```
[[0. 0. 0.]
 [0. 0. 0.]]
```

猜猜以下代码的输出结果如何：

```
my_2d_array_new = np.ones((3, 4))
print(my_2d_array_new)
```

使用函数 np.zeros()或 np.ones()时，可以指定表示数组形状的元组。在上面的两段代码中，我们使用元组(2, 3)和(3, 4)分别表示 2 行 3 列和 3 行 4 列。由此创建的多维数组可以用 np_array[i][j]来索

引，其中 i 表示行索引，j 表示列索引，i 和 j 都从 0 开始。

在 Python 交互式界面输入以下代码与观察代码输出结果。

代码如下：

```
np_array = np.array([[4, 5], [6, 1]])
print(np_array)
```

输出结果如下：

```
[[4 5]
 [6 1]]
```

代码如下：

```
print(np_array[0][1])
```

输出结果如下：

```
5
```

因为输出的是行索引为 0（第 1 行）和列索引为 1（第 2 列）的元素。

运行以下代码输出 np_array 的行数、列数：

```
print(np_array.shape)
```

输出结果如下：

```
(2, 2)
```

该输出结果表示数组中有 2 行 2 列。

NumPy 提供了一种提取多维数组的行和列的方法。例如，对于前面定义的 np_array 数组[[4 5] [6 1]]，如果想从该数组中提取第 2 列（列索引为 1）的所有元素，可以执行以下代码：

```
np_array_column_2 = np_array[:, 1]
print(np_array_column_2)
```

输出结果如下：

```
[5 1]
```

可以看出，第 2 列由 5 和 1 两个元素组成。

> **注意**
>
> 这里使用了半角冒号(:)而不是行索引，而对于列索引，使用了值 1，最终输出结果是[5 1]。

可以类似地从多维 NumPy 数组中提取一行，执行以下代码：

```
np_array_row_2 = np_array[1 , : ]
print(np_array_row_2)
```

输出结果如下：

```
[6 1]
```

2. 使用多种方法定义二维 NumPy 数组

【技能训练 3-7】使用多种方法定义二维 NumPy 数组

【训练要求】

在 Jupyter Notebook 开发环境中创建 j3-07.ipynb，然后编写代码使用多种方法定义二维 NumPy 数组。

【实施过程】

方法 1：使用 array()函数，通过嵌套的列表创建数组对象。

代码如下：

```
import numpy as np
array1 = np.array([[1, 2, 3], [4, 5, 6]])
array1
```

输出结果：

```
array([[1, 2, 3],
       [4, 5, 6]])
```

方法 2：使用 zeros()、ones()、full()函数指定数组的形状创建数组对象。

（1）使用 zeros()函数指定数组的形状创建数组对象

zeros()函数用来创建元素均为 0 的数组，同时可以指定数组的形状，其语法格式如下：

```
numpy.zeros(shape, dtype=float, order="C")
```

该函数的参数说明如下：

- shape：指定数组的形状。
- dtype：可选参数，指定数组元素的数据类型，默认数据类型为 float。
- order：指定数组元素在计算机内存中的存储顺序，可以设置为 "Ｃ" 或者 "Ｆ" 。 "Ｃ" 代表以行优先顺序存储， "Ｆ" 代表以列优先顺序存储，默认顺序是 "Ｃ" 。

代码如下：

```
array2 = np.zeros((3, 4))
array2
```

输出结果：

```
array([[0., 0., 0., 0.],
       [0., 0., 0., 0.],
       [0., 0., 0., 0.]])
```

（2）使用 ones()函数指定数组的形状创建数组对象

ones()函数返回指定形状与数据类型的新数组，并且新数组中每项元素均用 1 填充，其语法格式如下：

```
numpy.ones(shape, dtype = None, order = "Ｃ")
```

代码如下：

```
array3 = np.ones((3, 4))
array3
```

输出结果：

```
array([[1., 1., 1., 1.],
       [1., 1., 1., 1.],
       [1., 1., 1., 1.]])
```

（3）使用 full()函数指定数组的形状创建数组对象

代码如下：

```
array4 = np.full((3, 4), 6)
array4
```

输出结果：

```
array([[6, 6, 6, 6],
       [6, 6, 6, 6],
       [6, 6, 6, 6]])
```

方法 3：使用 eye()函数创建单位矩阵。

代码如下：

```
array5 = np.eye(3)
array5
```

输出结果：

```
array([[1., 0., 0.],
       [0., 1., 0.],
       [0., 0., 1.]])
```

方法 4：使用 reshape()方法将一维数组变成二维数组。

代码如下：

```
array6 = np.array([1, 2, 3, 4, 5, 6]).reshape(2, 3)
array6
```

输出结果：

```
array([[1, 2, 3],
       [4, 5, 6]])
```

提示 **reshape()**是 ndarray 对象的一个方法。使用 **reshape()**方法时需要确保变形后的数组元素个数与变形前的数组元素个数保持一致，否则程序将会产生异常。

方法 5：使用 numpy.random 模块的函数生成随机数创建数组对象。

代码如下：

```
array7 = np.random.rand(2, 3)
array7
```

输出结果：

```
array([[0.98499582, 0.53813596, 0.2682651 ],
       [0.79912701, 0.32506134, 0.90470773]])
```

代码如下：

```
array8 = np.random.randint(1, 100, (3, 4))
array8
```

输出结果：

```
array([[25, 8, 11, 6],
       [45, 44, 76, 55],
       [77, 57, 34, 9]])
```

方法 6：使用 empty()方法创建未初始化的数组。

empty()方法用于创建未初始化的数组，可以指定数组的形状和数据类型，其语法格式如下：

```
numpy.empty(shape, dtype = float, order = " C ")
```

该方法的参数说明如下：

* shape：指定数组的形状。
* dtype：指定数组元素的数据类型，默认数据类型是 float。
* order：指定数组元素在计算机内存中的存储顺序，默认顺序是 " C "，即以行优先顺序存储。

代码如下：

```
array9 = np.empty((3,2), dtype = int)
```

```
array9
```
输出结果：
```
array([[0, 0],
       [0, 0],
       [0, 0]])
```
可以看到，empty()方法并非用于创建空数组，其返回的数组元素值都为 0。

3.2.5 创建 NumPy 多维数组对象

【技能训练 3-8】使用多种方法定义多维 NumPy 数组
【训练要求】
在 Jupyter Notebook 开发环境中创建 j3-08.ipynb，然后编写代码使用多种方法定义多维 NumPy 数组。
【实施过程】
方法 1：使用 array()函数，通过嵌套的列表创建多维数组。
方法 2：使用随机数创建多维数组。

方法 3：将一维、二维的数组变形为多维数组。

电子活页 3-4

[QR Code]

使用多种方法定义
多维 NumPy 数组

扫描二维码，浏览使用多种方法定义多维 NumPy 数组的实现过程、程序代码与输出结果。

3.2.6 创建 NumPy 区间数组对象

为了方便科学计算，NumPy 支持创建区间数组。所谓区间数组，是指数组元素的取值位于某个范围内，并且数组元素可能会呈现某种规律，例如等比、递增、递减等规律。

1. 使用 arange()函数指定取值范围创建数组对象
在 NumPy 中，可以使用 arange()函数来创建指定取值范围的数组对象，其语法格式如下：
```
numpy.arange(start, stop, step, dtype)
```
其参数说明如下：

- start：起始值，默认值是 0。
- stop：终止值，注意生成的数组元素值不包含终止值。
- step：步长，默认值为 1。
- dtype：可选参数，指定 ndarray 对象的数据类型。

arange()函数根据 start 与 stop 指定的范围以及 step 值，生成一个 ndarray 对象。

【技能训练 3-9】使用 arange()函数指定取值范围创建数组对象
【训练要求】
在 Jupyter Notebook 开发环境中创建 j3-09.ipynb，然后编写代码使用 arange()函数指定取值范围创建数组对象。
【实施过程】
（1）使用 arange()函数的默认参数创建[0,10)的区间数组
代码如下：
```
import numpy as np
array1 = np.arange(10)
print(array1)
```

输出结果：

[0 1 2 3 4 5 6 7 8 9]

（2）使用 arange() 函数创建由 0~10 范围内的奇数组成的区间数组

代码如下：

```
array2 = np.arange(1,10,2)
print(array2)
```

输出结果：

[1 3 5 7 9]

（3）使用 arange() 函数创建由 0~10 范围内的偶数组成的区间数组

代码如下：

```
array3 = np.arange(2, 10, 2)
print(array3)
```

输出结果：

[2 4 6 8]

2. 使用 linspace() 函数创建等差数组对象

linspace() 函数用于创建在指定的数值区间内，以均匀间隔取值的一维等差数组，默认均分 50 份，其语法格式如下：

```
numpy.linspace(start, stop, num=50, endpoint=True, retstep=False, dtype=None)
```

其参数说明如下：

- start：数值区间的起始值。
- stop：数值区间的终止值。
- num：要在数值区间内生成多少个均匀的样本，默认值为 50。
- endpoint：默认值为 True，表示数列包含 stop 终止值，反之不包含。
- retstep：默认值为 False，表示生成的数组中不显示公差项，反之显示。
- dtype：数组元素的数据类型。

【技能训练 3-10】使用 linspace() 函数创建等差数组对象

【训练要求】

在 Jupyter Notebook 开发环境中创建 j3-10.ipynb，然后编写代码使用 linspace() 函数创建等差数组对象。

【实施过程】

扫描二维码，浏览使用 linspace() 函数创建等差数组对象的实现过程、程序代码与输出结果。

电子活页 3-5

使用 linspace() 函数
创建等差数组对象

3. 使用 logspace() 函数创建等比数组对象

logspace() 函数用于创建等比数组对象，其语法格式如下：

```
numpy.logspace(start, stop, num=50, endpoint=True, base=10.0, dtype=None)
```

其参数说明如下：

- start：数值区间的起始值。
- stop：数值区间的终止值。
- num：数值区间内样本数量，默认值为 50。
- endpoint：默认值为 True，表示包含终止值，反之不包含。
- base：对数函数的底数，默认值为 10。

- dtype：可选参数，指定 ndarray 对象的数据类型。

【技能训练 3-11】使用 logspace()函数创建等比数组对象

【训练要求】

在 Jupyter Notebook 开发环境中创建 j3-11.ipynb，然后编写代码使用 logspace()函数创建等比数组对象。

【实施过程】

代码如下：

```
import numpy as np
array1 = np.logspace(1,10, num =10,base=2)
print(array1)
```

输出结果：

```
[    2.    4.    8.   16.   32.   64.  128.  256.  512.  1024.]
```

3.3 使用 ndarray 对象的属性

ndarray 对象中定义了一些重要的属性，部分常用属性及其功能说明如表 3-2 所示。

表 3-2 ndarray 对象中定义的部分常用属性及其功能说明

序号	属性	功能说明
1	ndarray.ndim	秩，即轴的数量或维度
2	ndarray.shape	数组形状，矩阵为 n 行 m 列
3	ndarray.size	用于获取数组元素的总个数，相当于 shape 属性中 n*m 的值
4	ndarray.dtype	用于获取数组元素的数据类型
5	ndarray.itemsize	ndarray 对象中每个元素的大小，以字节为单位
6	ndarray.flags	ndarray 对象的内存信息
7	ndarray.real	Ndarray 对象中元素的实部
8	ndarray.imag	Ndarray 对象中元素的虚部
9	ndarray.data	包含实际数组元素的缓冲区。由于一般通过数组的索引获取元素，所以通常不需要使用这个属性

3.3.1 使用 size 属性和 dtype 属性

1. 使用 size 属性

size 属性用于获取数组元素个数。

2. 使用 dtype 属性

dtype 属性用于获取数组元素的数据类型。

【技能训练 3-12】获取与使用 NumPy 数组对象的属性

【训练要求】

在 Jupyter Notebook 开发环境中创建 j3-12.ipynb，然后编写代码获取与使用 NumPy 数组对象的属性。

【实施过程】

扫描二维码，浏览使用 size 属性和 dtype 属性的示例代码与输出结果。

3.3.2　使用 shape 属性

电子活页 3–6

使用 size 属性和 dtype 属性

数组形状可以理解为数组的维度，例如一维、二维等。以二维数组为例，改变数组形状就是交换数组的行和列，即将数组旋转 90 度。

shape 属性用于获取数组形状，即数组的行数和列数。其返回值是一个由数组维度构成的元组，这个元组的元素数量就是维度。例如 2 行 3 列的二维数组，其形状可以表示为(2,3)，2 和 3 分别为行数和列数。shape 属性也可以用来调整数组形状。

1. 输出数组形状

代码如下：

```
import numpy as np
array3 = np.array([[2,4,6],[3,5,7]])
print(array3.shape)
```

输出结果：

```
(2, 3)
```

2. 通过 shape 属性修改数组形状

代码如下：

```
array3.shape = (3,2)
print(array3)
```

输出结果：

```
[[2 4]
 [6 3]
 [5 7]]
```

NumPy 还提供了一个调整数组形状的 reshape()函数。

代码如下：

```
array4 = np.array([[1,2,3],[4,5,6]])
array5 = array4.reshape(3,2)
print(array5)
```

输出结果：

```
[[1 2]
 [3 4]
 [5 6]]
```

3.3.3　使用 ndim 属性

ndim 属性用于获取 NumPy 数组的维度。例如，一维数组的维度是 1，二维数组的维度是 2。在 NumPy 中，数组的维度称为秩（Rank），秩就是轴的数量，一维数组的秩为 1，二维数组的秩为 2，以此类推。

在 NumPy 中，一维数组只有一个维度，只有一根轴，即 axis=0，其内部的所有数据沿同一方向依次排列。一维数组的轴如图 3-1 所示。二维数组的结构类似表格，有两个维度，它有沿行和列方向的两根轴，其中 axis=0，表示沿着轴 0 进行操作，即对每一列进行操作；axis=1，表示沿着轴 1 进行操作，即对每一行进行操作。二维数组的轴如图 3-2 所示。三维数组的结构类似立方体，有 3 个维度，它有沿 x、y、z 方向的 3 根轴，这 3 根轴依次对应 axis=0、axis=1、axis=2。三维数组的轴如图 3-3 所示。

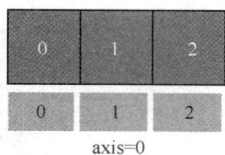

图 3-1　一维数组的轴

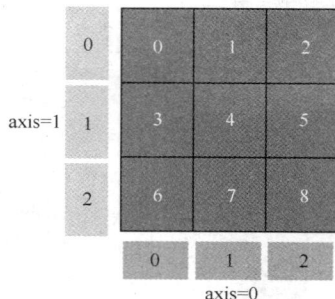

图 3-2　二维数组的轴

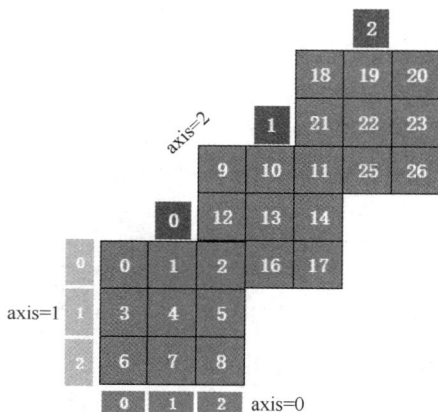

图 3-3　三维数组的轴

下面我们直接在图 3-3 所示的三维数组上执行索引操作。例如输出数组元素 array[1,2,1]的值，索引[1,2,1]的顺序为从高维到低维，即 axis=2、axis=1、axis=0，其中"1"指三维上的第 2 个元素，是一个二维数组；"2"指二维上的第 3 个元素，是一个一维数组；"1"指一维上的第 2 个元素，即数组元素"16"。

不同维度的 ndarray 的形状可以通俗地理解为：点-面-块。一维数组对应 n 个元素的列表，表示为(n,)；二维数组对应 m 行 n 列的面，表示为(m,n)；三维数组对应 k 个 m 行 n 列的块，k 可以理解为深度，表示为(k,m,n)。

扫描二维码，浏览一维数组变维操作的示例代码与输出结果。

电子活页 3-7

一维数组的变维操作

3.3.4　使用 itemsize 属性

itemsize 属性用于获取数组中每个元素占用内存空间的字节数。

代码如下:

```
#数据类型为 int8，代表 1 字节
array9 = np.array([1,2,3,4,5], dtype = np.int8)
print(array9.itemsize)
#数据类型为 int32，代表 4 字节
array10 = np.array([1,2,3,4,5], dtype = np.int32)
print(array10.itemsize)
#数据类型为 int64，代表 8 字节
array11 = np.array([1,2,3,4,5], dtype = np.int64)
print(array11.itemsize)
```

输出结果:

```
1
4
8
```

说明 在使用 **arange()** 函数创建数组对象时，可通过 **dtype** 参数指定元素的数据类型。从上述代码中可以看出，**np.int8** 代表的是 8 位有符号整数，只占用 1 个字节的内存空间。

3.3.5　使用 nbytes 属性

nbytes 属性用于获取数组中所有元素占用内存空间的字节数。
代码如下:

```
print(array9.nbytes,array10.nbytes,array11.nbytes)
```

输出结果:

```
5 20 40
```

通过以下技能训练使用 NumPy 数组对象的属性。
【技能训练 3-13】使用 NumPy 数组对象的属性
【训练要求】
　　在 Jupyter Notebook 开发环境中创建 j3-13.ipynb，然后编写代码使用 NumPy 数组对象的属性。
　　【实施过程】
代码如下:

```
import numpy as np
array1 = np.array([[11, 12, 13, 14, 15],
                   [16, 17, 18, 19, 20],
                   [21, 22, 23, 24, 25],
                   [26, 27, 28 ,29, 30]])
print(type(array1))        # <class 'numpy.ndarray'>
print(array1.dtype)        # int32
print(array1.size)         # 20
```

```
print(array1.shape)      # (4, 5)
print(array1.itemsize)   # 4
print(array1.ndim)       # 2
print(array1.nbytes)     # 80
```

输出结果如下：

```
<class 'numpy.ndarray'>
int32
20
(4, 5)
4
2
80
```

从上面代码的输出结果可以看出，NumPy 数组对象实际上是一个 ndarray 对象。数组的形状表示它有多少行和多少列，上面的数组有 4 行和 5 列，所以它的形状是(4, 5)。itemsize 属性是数组中每个元素占用的字节数，这个数组的数据类型是 int32，一个 int32 元素中有 32 位，一个字节中有 8 位，32 除以 8，就可以得到元素占用的字节数，这里是 4。ndim 属性是数组的维度，这里为 2。nbytes 属性是数组中的所有元素占用的字节数。

3.4　NumPy 数组对象基本操作

NumPy 数组对象基本操作包括索引、切片、遍历、变维、转置、连接、分割、元素增/删/改/查等多项操作，本节将逐一进行介绍。

3.4.1　NumPy 数组索引和切片

与 Python 的列表类似，NumPy 的 ndarray 对象可以进行索引和切片操作。通过索引可以访问或修改数组中的元素，通过切片可以取出数组的一部分。

电子活页 3-8

实现普通索引运算

1. 普通索引运算

【技能训练 3-14】实现普通索引运算

【训练要求】

在 Jupyter Notebook 开发环境中创建 j3-14.ipynb，然后编写代码实现普通索引运算。

【实施过程】

扫描二维码，浏览实现普通索引运算的示例代码与输出结果。

2. 切片索引运算

NumPy 数组的切片的语法格式是[开始索引:结束索引:步长]开发者。通过指定开始索引（默认值为无穷小）、结束索引（默认值为无穷大）和步长（默认值为 1），从数组中取出指定部分的元素并构成新的数组。开始索引、结束索引和步长都有默认值，所以在实际操作过程中它们都可以省略，如果不指定步长，第 2 个冒号也可以省略。如果指定结束索引，则其前面的 1 个冒号必须保留；如果指定步长，则其前面的 2 个冒号必须保留。

【技能训练 3-15】实现切片索引运算

【训练要求】

在 Jupyter Notebook 开发环境中创建 j3-15.ipynb，然后编写代码实现切片索引运算。

【实施过程】

（1）使用 NumPy 内置函数 slice()构造切片对象

NumPy 内置函数 slice()可以用来构造切片对象，使用该函数需要传递 3 个参数值，分别是 start、stop 和 step，通过该函数可以从原数组中生成一个新的切片对象。

代码如下：

```
import numpy as np
arr1 = np.arange(10)
print(arr1)
#生成切片对象
s1 = slice(2,9,2)     #从索引 2 开始到索引 9 停止，步长为 2
print(arr1[s1])
```

输出结果：

```
[0 1 2 3 4 5 6 7 8 9]
[2 4 6 8]
```

（2）使用冒号分隔切片参数

可以使用半角冒号来分隔切片参数，最终也能实现数组切片。

代码如下：

```
arr2 = np.arange(10)
print(arr2)
print(arr2[2:9:2])
```

输出结果：

```
[0 1 2 3 4 5 6 7 8 9]
[2 4 6 8]
```

下面对冒号切片做简单的说明。

① 如果仅有一个切片参数，则将返回与索引相对应的元素。上述代码中，arr2[3]会返回 3。

代码如下：

```
print(arr2)
print(arr2[3])
```

输出结果：

```
[0 1 2 3 4 5 6 7 8 9]
3
```

② 如果在一个切片参数前面插入 ":"，例如 arr2[:9]，则会返回索引值为 0~8 的所有元素，但不包含索引值为 9 的元素。

代码如下：

```
print(arr2[:9])
```

输出结果：

```
[0 1 2 3 4 5 6 7 8]
```

③ 如果在一个切片参数后面插入 ":"，例如 arr2[2:]，则会返回索引值为 2~9 的所有元素。

代码如下：

```
print(arr2[2:])
```

输出结果：

```
[2 3 4 5 6 7 8 9]
```

④ 如果在两个切片参数之间插入 "："，例如 arr2[2:9]，则会对索引值为 2~9 的所有元素进行切片，不包括索引值为 9 的元素。

代码如下：

```
print(arr2[2:9])
```

输出结果：

```
[2 3 4 5 6 7 8]
```

【技能训练 3-16】对 3 行 3 列的二维数组进行索引与切片

【训练要求】

在 Jupyter Notebook 开发环境中创建 j3-16.ipynb，然后编写代码对 3 行 3 列的二维数组进行索引与切片。

【实施过程】

（1）对 3 行 3 列的二维数组进行索引与切片

代码如下：

```
import numpy as np
array1 = np.array([[1, 2, 3], [4, 5, 6], [7, 8, 9]])
print(array1)
```

输出结果：

```
[[1 2 3]
 [4 5 6]
 [7 8 9]]
```

3 行 3 列的二维数组及各个元素的索引值如图 3-4 所示。

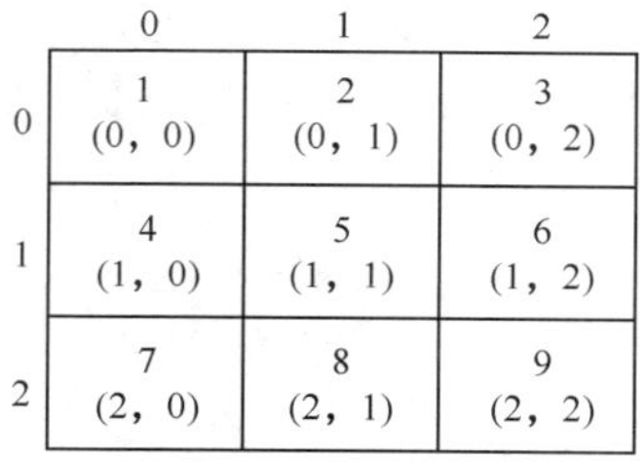

图 3-4　3 行 3 列的二维数组及各个元素的索引值

该 3 行 3 列的二维数组切片运算的表达式与输出结果如表 3-3 所示。

表 3-3　3 行 3 列的二维数组切片运算的表达式与输出结果

切片示意图	切片运算表达式	输出结果	切片结果的形状
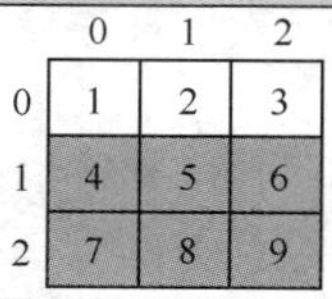	array1[1:]	[[4 5 6] [7 8 9]]	(2, 3)

续表

切片示意图	切片运算表达式	输出结果	切片结果的形状
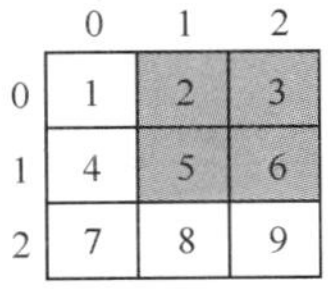	array1[:2, 1:]	[[2 3] [5 6]]	(2,2)
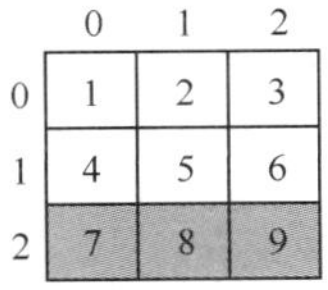	array1[2] array1[2, :] array1[2:, :]	[7 8 9]	(3,) (3,) (1,3)
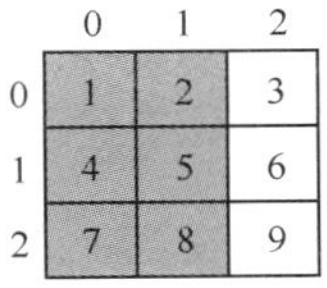	array1[:, :2]	[[1 2] [4 5] [7 8]]	(3,2)
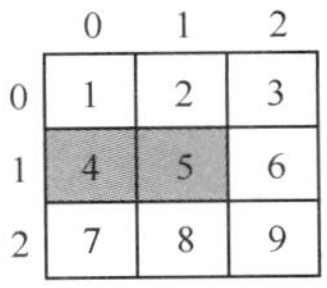	array1[1, :2] array1[1:2, :2]	[4 5]	(2,) (1,2)
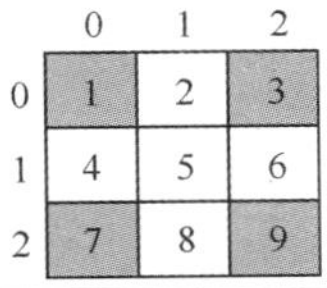	array1[::2, ::2]	[[1 3] [7 9]]	(2,2)

切片参数中的步长还可以为负数，表示逆向进行切片操作。

代码如下：

```
print(array1[::-2, ::-2])
```

输出结果：

```
[[9 7]
 [3 1]]
```

（2）使用省略号实现二维数组的切片操作

二维数组的切片操作还可以使用省略号"…"实现。如果在行位置使用省略号，那么返回值将包含所有行元素；如果在列位置使用省略号，那么返回值将包含所有列元素。

① 返回二维数组的第 2 列元素。

代码如下：

```
print(array1[...,1])
```

输出结果：

```
[2 5 8]
```

② 返回二维数组的第 2 行元素。

代码如下：

```
print(array1[1,...])
```

输出结果：

```
[4 5 6]
```

③ 返回二维数组第 2 列及之后的所有元素。

代码如下：

```
print(array1[...,1:])
 [[2 3]
  [5 6]
  [8 9]]
```

3.4.2　NumPy 副本和视图

对 NumPy 数组执行函数操作时，其中一部分函数会返回数组的副本，而另一部分函数则会返回数组的视图。从内存角度来说，数组的副本就是对原数组进行深拷贝，新产生的副本与原数组具有不同的存储位置；而数组的视图可理解为对数组的引用，它和原数组有着相同的存储位置。

1．赋值操作

赋值操作是数组引用的一种方法。例如，将 array1 数组赋值给变量 array2，被赋值后的变量 array2 与 array1 数组具有相同的存储位置。因此，无论操作 array1、array2 中哪个数组，另一个数组总会受到影响。

【技能训练 3-17】NumPy 数组的赋值操作

【训练要求】

在 Jupyter Notebook 开发环境中创建 j3-17.ipynb，然后编写代码实现 NumPy 数组的赋值操作。

【实施过程】

扫描二维码，浏览 NumPy 数组的赋值操作的示例代码与输出结果。

电子活页 3-9

NumPy 数组的赋值操作

2．通过数组切片创建数组视图

切片操作返回的是数组视图，对数组视图进行修改会影响原数组。

【技能训练 3-18】使用切片创建数组视图

【训练要求】

在 Jupyter Notebook 开发环境中创建 j3-18.ipynb，然后编写代码使用切片创建数组视图。

【实施过程】

代码如下：

```
import numpy as np
arr = np.arange(10)
print('数组 arr：')
print(arr)
#创建切片修改原数组 arr
array1=arr[3:]
print(array1)
array2=arr[3:]
print(array2)
array1[1]=40
array2[2]=50
print(arr)
```

输出结果：

数组 arr：

[0 1 2 3 4 5 6 7 8 9]

[3 4 5 6 7 8 9]

[3 4 5 6 7 8 9]

[0 1 2 3 40 50 6 7 8 9]

从以上输出结果可以看出，对数组视图所作的更改会反映到原数组 arr 上。

3．使用 ndarray 对象的 view()方法返回一个新生成的数组副本

ndarray 对象的 view()方法用于返回一个新生成的数组副本，对该数组副本的操作不会影响原数组。

【技能训练 3-19】使用 ndarray 对象的 view()方法返回一个数组副本
【训练要求】

在 Jupyter Notebook 开发环境中创建 j3-19.ipynb，然后编写代码使用 ndarray 对象的 view()方法返回一个新生成的数组副本。

【实施过程】

扫描二维码，浏览使用 ndarray 对象的 view()方法返回一个数组副本的示例代码与输出结果。

电子活页 3-10

使用 ndarray 对象的 view()方法返回一个数组副本

4．使用 ndarray 对象的 copy()方法返回原数组的副本

ndarray 对象的 copy()方法用于返回原数组的副本，对该副本的修改不会影响原数组。

【技能训练 3-20】使用 ndarray 对象的 copy()方法返回原数组的副本
【训练要求】

在 Jupyter Notebook 开发环境中创建 j3-20.ipynb，然后编写代码使用 ndarray 对象的 copy()方法返回原数组的副本。

【实施过程】

扫描二维码，浏览使用 ndarray 对象的 copy()方法返回原数组的副本的示例代码与输出结果。

电子活页 3-11

使用 ndarray 对象的 copy()方法返回原数组的副本

3.4.3　NumPy 数组高级索引

与 Python 相比，NumPy 提供了更多的索引方式。除了在 3.4.1 小节所用到的索引方式，在 NumPy 中还可以使用高级索引方式，主要包括整数数组索引、布尔索引以及花式索引，本小节主要介绍这 3 种索引方式。

高级索引返回的是数组的副本（深拷贝），对副本的修改不会影响原数组。而切片操作返回的是数组视图（浅拷贝），对数组视图的修改会影响原数组。

切片操作虽然创建了新的数组对象，但是新数组对象和原数组对象共享了数组中的数据。简单地说，通过新数组对象或原数组对象修改数组中的数据，其实是同一块数据。布尔索引和花式索引也会创建新的数组对象，而且新数组复制了原数组的元素，但是新数组和原数组并不是共享数据的关系。

1．利用整数数组进行索引

可以利用整数数组进行索引，这里所说的整数数组可以是 NumPy 的 ndarray 对象，也可以是 Python 中内置的列表、元组等可迭代类型。

利用整数数组进行索引可以选择数组中的任意一个元素。

① 对于一维数组，可以使用正向或负向索引值选择一维数组中的任意一个元素，例如 array1[[0, 1, -1]]，表示分别取数组 array1 的第 1、第 2 以及最后一个元素。

② 对于二维数组，可以通过数组元素的行索引值选择二维数组中的任意一行，例如 array2[[0, 2]]，表示分别取 array2 的第 1 行和第 3 行。

也可以通过数组元素的列索引值选择二维数组中的任意一列，这时行索引值使用"："或"…"替代，例如 array2[...,[0, 2]]、array2[:,[0, 2]]，均表示分别取 array2 的第 1 列和第 3 列。

③ 对于二维数组，可以通过数组元素的行索引值与列索引值的组合选择二维数组中的任意一个元素，例如 array2[[0,1,2],[0,1,0]]，其中 [0,1,2]代表行索引值，[0,1,0]代表列索引值，将行、列索引值组合会得到(0,0)、(1,1)和(2,0)，它们分别对应原数组中相应索引位置上的数组元素，即第 1 行第 1 列数组元素、第 2 行第 2 列数组元素、第 3 行第 1 列数组元素。

电子活页 3-12

灵活利用整数数组
进行索引操作

【技能训练 3-21】灵活利用整数数组进行索引操作

【训练要求】

在 Jupyter Notebook 开发环境中创建 j3-21.ipynb，然后编写代码灵活利用整数数组进行索引操作。

【实施过程】

扫描二维码，了解灵活利用整数数组进行索引操作的示例代码与输出结果。

2. 利用布尔类型的数组进行索引

当输出的结果需要经过布尔运算（例如比较运算）时，会使用到布尔索引。布尔索引通过布尔类型的数组对数组元素进行索引。布尔类型的数组可以通过手动设置布尔值构造，也可以通过关系运算来产生。

电子活页 3-13

灵活利用布尔类型的
数组进行索引操作

【技能训练 3-22】灵活利用布尔类型的数组进行索引操作

【训练要求】

在 Jupyter Notebook 开发环境中创建 j3-22.ipynb，然后编写代码灵活利用布尔类型的数组进行索引操作。

【实施过程】

扫描二维码，了解灵活利用布尔类型的数组进行索引操作的示例代码与输出结果。

3. 花式索引

花式索引也可以理解为整数数组索引，但是它们又略有不同，花式索引也会生成一个新的副本。下面通过技能训练予以介绍。

【技能训练 3-23】灵活使用花式索引

【训练要求】

在 Jupyter Notebook 开发环境中创建 j3-23.ipynb，然后编写代码灵活使用花式索引。

【实施过程】

（1）一维数组使用花式索引

当原数组是一维数组时，如果使用一维整数数组作为索引数组，那么索引结果就是相应索引位置上的元素。

代码如下：

```
import numpy as np
array1=np.array([1,2,3,4])
print(array1[0])
```

输出结果：

```
1
```

（2）二维数组使用花式索引

如果原数组是二维数组，那么索引数组也需要是二维的，索引数组的元素值与原数组的每一行相对应。

代码如下：

```
array2=np.arange(24).reshape((6,4))
print(array2)
```

```
#分别对应第 5 行、第 3 行、第 2 行数组元素
print(array2[[4,2,1]])
```

输出结果:

```
[[ 0  1  2  3]
 [ 4  5  6  7]
 [ 8  9 10 11]
 [12 13 14 15]
 [16 17 18 19]
 [20 21 22 23]]
[[16 17 18 19]
 [ 8  9 10 11]
 [ 4  5  6  7]]
```

（3）使用倒序索引数组实现花式索引

代码如下:

```
print(array2[[-4,-2,-1]])
```

输出结果:

```
[[ 8  9 10 11]
 [16 17 18 19]
 [20 21 22 23]]
```

（4）同时使用多个索引数组调整原数组元素的顺序

可以同时使用多个索引数组调整原数组元素的顺序，但在这种情况下需要添加 np.ix_。

代码如下:

```
print(array2[np.ix_([1,5,4,2],[0,3,1,2])])
```

输出结果:

```
[[ 4  7  5  6]
 [20 23 21 22]
 [16 19 17 18]
 [ 8 11  9 10]]
```

其中[1,5,4,2]代表行索引值，[0,3,1,2]代表与行索引值相对应的列索引值，也就是行中的元素值会按照列索引值进行排序。例如，输出结果中的第 1 行元素未排序前是 [4 5 6 7]，经过列索引值排序后变成了[4 7 5 6]。使用多个索引数组调整原数组元素顺序的过程如图 3-5 所示。

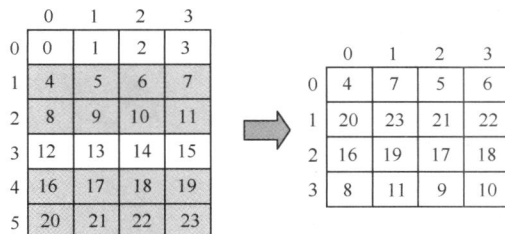

图 3-5　使用多个索引数组调整原数组元素顺序的过程

3.4.4　NumPy 数组遍历

NumPy 提供了一个迭代器对象 nditer，它可以配合 for 循环完成对 NumPy 数组元素的遍历操作。

1．以默认遍历顺序遍历 NumPy 数组

【技能训练 3-24】使用 nditer 迭代器结合 for 循环遍历 NumPy 的数组元素

【训练要求】

在 Jupyter Notebook 开发环境中创建 j3-24.ipynb，然后使用 arange()函数编写代码，创建一个 3×4 数组，并使用 nditer 迭代器结合 for 循环遍历 NumPy 的数组元素。

【实施过程】

（1）使用 arange()函数创建一个 3×4 数组

代码如下：

```
import numpy as np
array1 = np.arange(0,60,5)
array2 = array1.reshape(3,4)
print(array2)
```

输出结果：

```
[[ 0 5 10 15]
 [20 25 30 35]
 [40 45 50 55]]
```

（2）使用 nditer 迭代器结合 for 循环进行遍历

代码如下：

```
for item in np.nditer(array2):
    print(item,end=" ")
```

输出结果：

```
0 5 10 15 20 25 30 35 40 45 50 55
```

（3）对二维数组进行转置操作

代码如下：

```
array3 = array2.T
print(array3)
```

输出结果：

```
#对数组 array3 进行转置
[[ 0 20 40]
 [ 5 25 45]
 [10 30 50]
 [15 35 55]]
```

（4）对二维数组 array3 进行遍历并输出

代码如下：

```
for item in np.nditer(array3):
    print(item,end=" ")
```

输出结果：

```
0 5 10 15 20 25 30 35 40 45 50 55
```

从以上代码的输出结果可以看出，原数组 array2 和转置后的数组 array3 的遍历顺序是一样的，也就是说，它们在内存中的存储顺序是一样的。

2．以指定的遍历顺序遍历 NumPy 数组

在内存中，NumPy 数组提供了两种存储数据的方式，分别是"C"（行优先顺序）与"F"（列优先顺序）。那么 nditer 迭代器如何处理具有特定存储顺序的数组呢？为了提升数据的访问效率，nditer 迭代器选择了一种与数组内存布局一致的顺序来遍历 NumPy 数组。在默认情况下，当遍历数组中元素的时候，不需要考虑数组的存储顺序，这一点通过遍历上述数组的转置数组已经得以验证。

【技能训练 3-25】以指定的遍历顺序使用 nditer 迭代器结合 for 循环遍历 NumPy 的数组元素

【训练要求】

在 Jupyter Notebook 开发环境中创建 j3-25.ipynb，然后编写代码使用 arange()函数创建一个 3×4 数组，并以指定的遍历顺序使用 nditer 迭代器结合 for 循环遍历 NumPy 的数组元素。

【实施过程】

扫描二维码，浏览以指定的遍历顺序使用 nditer 迭代器结合 for 循环遍历 NumPy 的数组元素的实现过程、示例代码与输出结果。

电子活页 3-14

以指定的遍历顺序
遍历 NumPy 的
数组元素

3. 遍历数组时控制能否修改数组元素值

Nditer 迭代器提供了一个可选参数 op_flags，它表示能否在遍历数组时对元素进行修改。它提供了以下 3 种模式。

（1）只读模式

在只读（Read-Only）模式下，遍历时不能修改数组中的元素。

（2）读写模式

在读写（Read-Write）模式下，遍历时可以读取、修改数组中的元素。

（3）只写模式

在只写（Write-Only）模式下，遍历时可以修改数组中的元素。

【技能训练 3-26】以指定模式使用 nditer 迭代器结合 for 循环遍历 NumPy 的数组元素

【训练要求】

在 Jupyter Notebook 开发环境中创建 j3-26.ipynb，然后编写代码使用 arange()函数创建一个 3×4 数组，并以指定模式（只读模式、读写模式、只写模式）使用 nditer 迭代器结合 for 循环遍历 NumPy 的数组元素。

【实施过程】

扫描二维码，浏览遍历数组时控制能否修改数组元素值的示例代码与输出结果。

电子活页 3-15

遍历数组时控制能否
修改数组元素值

3.4.5 NumPy 数组变维操作

【技能训练 3-27】实现 NumPy 数组的变维操作

【训练要求】

在 Jupyter Notebook 开发环境中创建 j3-27.ipynb，然后编写代码使用 NumPy 数组的 ndim 属性查看数组的维度，实现 NumPy 数组的变维操作。

【实施过程】

1. 使用 NumPy 数组的 ndim 属性查看数组的维度

代码如下：

```
import numpy as np
array1 = np.array([[1, 2, 3, 4], [4, 5, 6, 7], [9, 10, 11, 23]])
print(array1.ndim)
```

输出结果：

```
2
```

2. 使用 ndim 参数创建不同维度的数组

代码如下：

```
#输出一个二维数组
array2 = np.array([1,2,3,4,5,6],ndmin =2)
print(array2)
print(array2.ndim)
```

输出结果：

```
[[1 2 3 4 5 6]]
2
```

3. 使用 reshape()函数实现数组变维

数组的形状指的是多维数组的行数和列数。NumPy 库提供的 reshape()函数可以在不改变数组元素的前提下，修改数组的形状，从而达到数组变维的目的，即对数组形状进行重塑。将 3 行 2 列的数组变维为 2 行 3 列的数组的示例如图 3-6 所示。

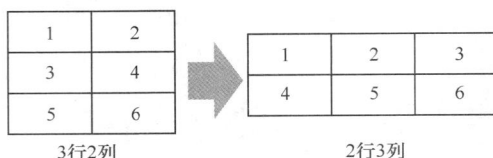

图 3-6　3 行 2 列数组变维为 2 行 3 列数组

reshape()函数可以接收一个元组作为参数，用于指定新数组的行数和列数。
代码如下：

```
array3 = np.array([[1,2],[3,4],[5,6]])
print("原数组：\n", array3)
array4= array3.reshape(2,3)
print("新数组：\n", array4)
```

输出结果：

```
原数组：
[[1 2]
 [3 4]
 [5 6]]
新数组：
[[1 2 3]
 [4 5 6]]
```

3.4.6　NumPy 数组转置操作

1. 使用 numpy.transpose()函数和 ndarray.T 方法实现数组转置

numpy.transpose()函数用于将数组形状进行变换，例如二维数组形状(2,4)使用该函数变换后即可变为(4,2)。

使用 numpy.transpose()函数可以实现二维数组的转置，其语法格式如下：

```
numpy.transpose(array, axes)
```

其参数说明如下：

- array：待转置的数组。
- axes：可选参数，可以是元组或者整数列表，转置将会按照该参数进行。

ndarray.T 的使用方法与 numpy.transpose()函数的类似，这里不赘述。

2. 使用 numpy.rollaxis() 函数实现沿着指定的轴向后滚动至规定的位置

numpy.rollaxis() 函数的语法格式如下：

numpy.rollaxis(array, axis, start)

其参数说明如下：

- array：NumPy 数组。
- axis：沿着哪根轴向后滚动，其他轴的相对位置不会改变。
- start：默认以轴 0 开始，可以根据数组维度调整数值。

3. 使用 numpy.swapaxes() 函数对数组的轴进行变换

numpy.swapaxes() 函数的语法格式如下：

numpy.swapaxes(array, axis1, axis2)

【技能训练 3-28】执行 NumPy 数组转置操作

【训练要求】

在 Jupyter Notebook 开发环境中创建 j3-28.ipynb，然后编写代码执行 NumPy 数组转置操作。

【实施过程】

扫描二维码，浏览执行 NumPy 数组转置操作的实现过程、示例代码与输出结果。

电子活页 3-16

执行 NumPy 数组
转置操作

3.4.7　连接与分割 NumPy 数组操作

连接与分割数组是数组的两种操作方式，NumPy 中常用的连接与分割数组的函数如表 3-4 所示。

表 3-4　NumPy 中常用的连接与分割数组的函数

操作类型	函数	功能说明
连接数组	concatenate()	沿指定轴连接两个或者多个相同形状的数组
	stack()	沿着新的轴连接一系列数组
	hstack()	沿水平方向（列方向）堆叠序列中的数组
	vstack()	沿垂直方向（行方向）堆叠序列中的数组
分割数组	split()	将一个数组分割为多个子数组
	hsplit()	将一个数组水平分割为多个子数组（按列）
	vsplit()	将一个数组垂直分割为多个子数组（按行）

1. 连接数组操作

【技能训练 3-29】执行 NumPy 数组连接操作

【训练要求】

在 Jupyter Notebook 开发环境中创建 j3-29.ipynb，然后编写代码创建两个数组（array1、array2），并沿指定轴将它们连接起来。注意两个数组的形状要保持一致。

【实施过程】

扫描二维码，浏览 NumPy 数组连接操作的实现过程、示例代码与输出结果。

电子活页 3-17

执行 NumPy 数组
连接操作

2. 分割数组操作

numpy.split() 函数用于沿指定的轴将数组分割为多个子数组，其语法格式如下：

numpy.split(array, indices_or_sections, axis)

其参数说明如下：

- array：被分割的数组。
- indices_or_sections：若是一个整数，则代表按该整数份平均分割；若是一个数组，则其中元素代表沿轴分割的位置（左开右闭）。
  - axis：默认为 0，表示横向分割；该参数为 1 时表示纵向分割。

【技能训练 3-30】执行 NumPy 数组分割操作

【训练要求】

在 Jupyter Notebook 开发环境中创建 j3-30.ipynb，然后编写代码对 NumPy 数组进行分割操作。

【实施过程】

扫描二维码，浏览 NumPy 数组分割操作的实现过程、示例代码与输出结果。

电子活页 3-18

执行 NumPy 数组
分割操作

3.4.8 NumPy 数组元素增、删、改、查操作

NumPy 中数组元素的增、删、改、查操作的主要函数如表 3-5 所示。

表 3-5 NumPy 中数组元素的增、删、改、查操作的主要函数

序号	函数	功能说明
1	numpy.resize()	返回指定形状的新数组
2	numpy.append()	将数组元素值添加到数组的末尾
3	numpy.insert()	沿规定的轴将数组元素值插入指定的数组元素前
4	numpy.delete()	删除某个轴上的子数组，并返回删除后的新数组
5	numpy.argwhere()	返回数组内符合条件的数组元素的索引值

1. 使用 numpy.resize()函数和 numpy.reshape()函数修改数组的形状

numpy.resize()函数用于返回指定形状的新数组，其语法格式如下：

```
numpy.resize(array, shape)
```

我们需要区分 numpy.resize()函数和 numpy.reshape()函数，它们看起来相似，实则不同。numpy.reshape()函数仅对原数组进行修改，没有返回值；而 numpy.resize()函数不仅对原数组进行修改，同时返回修改后的结果。

【技能训练 3-31】使用 numpy.resize()和 numpy.reshape()函数修改数组的形状

【训练要求】

在 Jupyter Notebook 开发环境中创建 j3-31.ipynb，然后编写代码使用 numpy.resize()和 numpy.reshape()函数修改数组的形状。

【实施过程】

扫描二维码，浏览使用 numpy.resize()函数和 numpy.reshape()函数修改数组的形状的实现过程、示例代码与输出结果。

电子活页 3-19

使用 numpy.
resize()函数和
numpy.reshape()
函数修改数组的形状

2. 使用 numpy.append()函数在数组的末尾添加元素值

numpy.append()函数用于在数组的末尾添加元素值，且返回一个一维数组。其语法格式如下。

```
numpy.append(array, values, axis=None)
```

其参数说明如下：

- array：待添加元素值的数组。

- values：向 array 中添加的值，需要和 array 的形状保持一致。
- axis：默认为 None，返回的是一维数组；当 axis =0 时，添加的值会被添加到行，而列数保持不变；当 axis=1 时，添加的值会被添加到列，而行数保持不变。

【技能训练 3-32】使用 numpy.append() 函数在数组的末尾添加元素值

【训练要求】

在 Jupyter Notebook 开发环境中创建 j3-32.ipynb，然后编写代码使用 numpy.append() 函数在数组的末尾添加元素值。

【实施过程】

扫描二维码，浏览使用 numpy.append() 函数在数组的末尾添加元素值的实现过程、示例代码与输出结果。

电子活页 3-20

使用 numpy.
append() 函数在数组的末尾添加元素值

3. 使用 numpy.insert() 函数沿指定轴在给定索引值的前一个位置插入相应的元素值

numpy.insert() 函数用于沿指定的轴在给定索引值的前一个位置插入相应的元素值，如果没有提供 axis 参数，则原数组会被展开为一维数组，其语法格式如下：

```
numpy.insert(array, obj, values, axis)
```

其参数说明如下：

- array：待插入元素值的数组。
- obj：索引值，在该索引值之前插入 values。
- values：待插入的值。
- axis：指定的轴，如果未提供，则原数组会被展开为一维数组。

【技能训练 3-33】使用 numpy.insert() 函数沿指定轴在给定索引值的前一个位置插入相应的元素值

【训练要求】

在 Jupyter Notebook 开发环境中创建 j3-33.ipynb，然后编写代码使用 numpy.insert() 函数沿指定轴在给定索引值的前一个位置插入相应的元素值。

【实施过程】

扫描二维码，浏览使用 numpy.insert() 函数沿指定轴在给定索引值的前一个位置插入相应的元素值的实现过程、示例代码与输出结果。

电子活页 3-21

使用 numpy.insert()
函数沿指定轴插入相应的元素值

4. 使用 numpy.delete() 函数从数组中删除指定的子数组

numpy.delete() 函数用于从数组中删除指定的子数组，并返回一个新数组。它与 numpy.insert() 函数相似，若不提供 axis 参数，则原数组会被展开为一维数组，其语法格式如下：

```
numpy.delete(array, obj, axis)
```

其参数说明如下：

- array：待删除子数组的数组。
- obj：整数或者整数数组，表示要被删除的数组元素或者子数组。
- axis：指定的轴，沿着这根轴删除子数组。

【技能训练 3-34】使用 numpy.delete() 函数从数组中删除指定的子数组

【训练要求】

在 Jupyter Notebook 开发环境中创建 j3-34.ipynb，然后编写代码使用 numpy.delete() 函数从数组中删除指定的子数组。

【实施过程】

扫描二维码，浏览使用 numpy.delete() 函数从数组中删除指定的子数组的实现过程、示例代码与输出结果。

电子活页 3-22

使用 numpy.delete()
函数从数组中删除指定的子数组

5. 使用 numpy.argwhere()函数获取数组中非 0 元素的索引

numpy.argwhere()函数用于返回数组中非 0 元素的索引，若是多维数组则返回由行、列索引组成的索引坐标。

【技能训练 3-35】使用 numpy.argwhere()函数获取数组中非 0 元素的索引

【训练要求】

在 Jupyter Notebook 开发环境中创建 j3-35.ipynb，然后编写代码使用 numpy.argwhere()函数获取数组中非 0 元素的索引。

【实施过程】

代码如下：

```
import numpy as np
array1 = np.arange(6).reshape(2,3)
print(array1)
#返回所有大于 1 的元素索引
array2=np.argwhere(array1>1)
print(array2)
```

输出结果：

```
[[0 1 2]
 [3 4 5]]
#返回数组中非 0 元素的索引坐标
[[0 2]
 [1 0]
 [1 1]
 [1 2]]
```

3.4.9 NumPy 字符串处理

NumPy 提供了许多字符串处理函数来对字符串进行必要的处理，这些函数被定义在 numpy.char 类中，这些函数的操作对象是 string_ 或者 unicode_ 字符串数组。这些函数的名称与功能说明如表 3-6 所示。

表 3-6　NumPy 处理字符串数组的函数

序号	函数	功能说明
1	add()	对两个字符串数组相应位置的字符串做连接操作
2	multiply()	返回多个字符串副本，例如将字符串 " try " 乘以 3，则返回字符串 " trytrytry "
3	center()	将字符串居中显示，并将指定的字符填充在原字符串的左右两侧
4	capitalize()	将字符串第一个字母转换为大写字母
5	title()	将每个字符串的第一个字母转换为大写字母
6	lower()	将字符串数组中所有的字符串的大写字母转换为小写字母
7	upper()	将字符串数组中所有的字符串的小写字母转换为大写字母
8	split()	通过指定分隔符对字符串进行分割，并返回一个字符串数组，默认分隔符为空格
9	splitlines()	以换行符作为分隔符来分割字符串，并返回一个字符串数组

续表

序号	函数	功能说明
10	strip()	删除字符串开头和结尾处的空字符
11	join()	返回一个新的字符串,该字符串以指定分隔符来连接原数组中的所有元素
12	replace()	用新的字符串替换原数组中指定的字符串
13	decode()	用指定的编码格式对数组中元素依次执行解码操作
14	encode()	用指定的编码格式对数组中元素依次执行编码操作

【技能训练 3-36】对 NumPy 字符串进行必要的操作

【训练要求】

在 Jupyter Notebook 开发环境中创建 j3-36.ipynb,然后编写代码对 NumPy 字符串进行必要的操作。

【实施过程】

扫描二维码,浏览对 NumPy 字符串进行必要的操作的实现过程、示例代码与输出结果。

电子活页 3-23

对 NumPy 字符串
进行必要的操作

3.5 NumPy 数组算术运算与矩阵乘法

3.5.1 NumPy 数组广播机制

NumPy 中的广播(Broadcast)机制旨在解决不同形状数组的算术运算问题。我们知道,如果两个数组形状完全相同,它们就直接可以做相应的运算。但如果两个数组的形状不同,它们就不能做算术运算了吗?当然不是!为了保持数组形状相同,NumPy 设计了一种广播机制,其原理是对形状较小的数组,在横向或纵向上进行一定次数的重复,使其与形状较大的数组拥有相同的形状。当进行运算的两个数组形状不同时,NumPy 会自动触发广播机制。

【技能训练 3-37】验证 NumPy 一维数组广播机制的实现过程

【训练要求】

在 Jupyter Notebook 开发环境中创建 j3-37.ipynb,然后编写代码验证 NumPy 一维数组广播机制的实现过程。

【实施过程】

1. 求元素数量相同的两个一维数组的乘积

代码如下:

```
import numpy as np
array1 = np.array([0.1, 0.2, 0.3, 0.4])
array2 = np.array([10, 20, 30, 40])
array3 = array1 * array2
print(array3)
```

输出结果:

```
[ 1. 4. 9. 16.]
```

2. 验证 NumPy 一维数组在轴 0 上的广播机制的实现过程

代码如下:

```
array_a = np.array([[ 0, 0, 0],
```

```
                    [1,1,1],
                    [2,2,2],
                    [3,3,3]])
# array_b 数组与 array_a 数组形状不同
array_b = np.array([1,2,3])
print(array_a + array_b)
```

输出结果：

```
[[1 2 3]
 [2 3 4]
 [3 4 5]
 [4 5 6]]
```

NumPy 一维数组在轴 0 上的广播过程如图 3-7 所示。

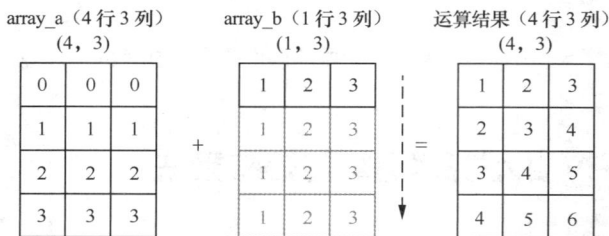

图 3-7　NumPy 一维数组在轴 0 上的广播过程

4 行 3 列的二维数组 array_a 与 1 行 3 列的一维数组 array_b 相加，本质上可以理解为 array_b 数组在竖直方向向下拓展 3 次（将第 1 行重复 3 次），生成与 array_a 数组相同形状的数组后，再与 array_a 数组进行运算。

3. 验证 NumPy 一维数组在轴 1 上的广播机制的实现过程

代码如下：

```
array_c = np.array([[1], [2], [3], [4]])
print(array_a + array_c)
```

输出结果：

```
[[1 1 1]
 [3 3 3]
 [5 5 5]
 [7 7 7]]
```

NumPy 一维数组在轴 1 上的广播过程如图 3-8 所示。

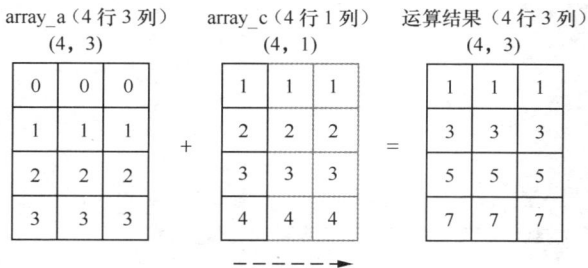

图 3-8　NumPy 一维数组在轴 1 上的广播过程

4. 验证三维数组在轴 0 上的广播机制的实现过程

扫描二维码，浏览验证三维数组在轴 0 上的广播机制的实现过程、示例代码与输出结果。

分析 NumPy 数组广播机制的实例，我们可以发现形状不同的数组仍然有机会进行二元运算，但也绝对不是任意的数组都可以进行二元运算。简单地说，只有两个数组后缘维度相同或者其中一个数组后缘维度为 1 时，这两个数组才能进行二元运算。所谓后缘维度，指的是数组 shape 属性对应的元组中最后一个元素的值，例如，3 行 4 列二维数组的后缘维度为 4；有 5 个元素的一维数组的后缘维度为 5。

电子活页 3-24

验证三维数组在轴 0
上的广播机制的
实现过程

3.5.2 NumPy 数组的算术运算

NumPy 中可以轻松地在数组上执行数学运算。NumPy 数组的加、减、乘、除运算，分别对应 add()、subtract()、multiple()以及 divide()函数。

注意 做算术运算时，输入数组必须具有相同的形状，或者符合数组的广播机制规则，才可以执行运算。

---

1. NumPy 数组的四则运算

加、减、乘、除四则运算都是对数组进行逐元素运算，例如[a b c] + [d e f]的结果就是[a+d b+e c+f]。运算过程中先对元素进行配对，然后再对它们进行运算。该运算返回的结果仍然是一个数组。需要注意的是，NumPy 数组的四则运算中的乘法运算指的是逐元素乘法而不是矩阵乘法。

【技能训练 3-38】实现 NumPy 数组的四则运算

【训练要求】

在 Jupyter Notebook 开发环境中创建 j3-38.ipynb，然后编写代码实现 NumPy 数组的四则运算。

电子活页 3-25

【实施过程】

扫描二维码，浏览 NumPy 数组的四则运算的实现过程、示例代码与输出结果。

2. NumPy 数组常见的算术运算

（1）对 NumPy 数组中的每个元素求倒数

numpy.reciprocal()函数用于对数组中的每个元素取倒数，并以数组的形式将

实现 NumPy 数组的
四则运算

它们返回。当数组元素的数据类型为整型时，对于绝对值小于 1 的元素，返回值为 0；而当数组中包含 0 元素时，返回值将出现 overflow（inf）溢出提示，提示信息如下：

RuntimeWarning: divide by zero encountered in reciprocal

（2）对 NumPy 数组中的每个元素求幂

numpy.power()函数用于将 array_a 数组中的元素作为底数，把 array_b 数组中与 array_a 相对应的元素作为指数求幂，最后以数组形式返回两者的计算结果。

（3）求两个数组对应位置上元素相除后的余数

numpy.mod()函数用于返回两个数组对应位置上元素相除后的余数，它与 numpy.remainder()函数的作用相同。

【技能训练 3-39】实现 NumPy 数组常见的算术运算

【训练要求】

在 Jupyter Notebook 开发环境中创建 j3-39.ipynb，然后编写代码实现 NumPy 数组常见的算术运算。

【实施过程】

（1）对 NumPy 数组中的每个元素求倒数

（2）对 NumPy 数组中的每个元素求幂

（3）求两个数组对应位置上元素相除后的余数

扫描二维码，浏览 NumPy 数组常见的算术运算的实现过程、示例代码与输出结果。

3. 使用 NumPy 的舍入函数实现数组元素的舍入运算

NumPy 提供了 3 个舍入函数。

（1）使用 numpy.around()函数实现数组元素的舍入运算

numpy.around()函数用于返回十进制数，并将数值四舍五入到指定的小数位上，其语法格式如下：

numpy.around(array,decimals)

其参数说明如下：

- array：数组。
- decimals：要舍入到的小数位数。其默认值为 0，如果为负数，则小数点将移到整数左侧。

（2）使用 numpy.floor()函数实现数组元素的舍入运算

numpy.floor()函数用于对数组中的每个元素值向下取整数，即返回不大于数组中每个元素值的最大整数。

（3）使用 numpy.ceil()函数实现数组元素的舍入运算

numpy.ceil()函数与 numpy.floor()函数相反，用于向上取整数，即返回不小于数组中每个元素值的最小整数。

【技能训练 3-40】使用 NumPy 的舍入函数实现数组元素的舍入运算

【训练要求】

在 Jupyter Notebook 开发环境中创建 j3-40.ipynb，然后编写代码使用 NumPy 的舍入函数实现数组元素的舍入运算。

【实施过程】

扫描二维码，浏览使用 NumPy 的舍入函数实现数组元素的舍入运算的实现过程、示例代码与输出结果。

3.5.3　NumPy 数组的矩阵乘法运算

矩阵乘法是将 A 矩阵的行与 B 矩阵的列对应位置上的元素相乘再相加，从而生成一个新矩阵。矩阵乘法运算被称为向量化操作，向量化的主要目的是减少使用的循环次数或者不使用循环，从而加速程序的计算。

矩阵乘法的运算规则如下。

设 $A=(a_{ij})_{m \times s}$，$B=(b_{ij})_{s \times n}$，则 A 与 B 的乘积 C 具有以下特点。

① 行数与 A（左矩阵）相同，列数与 B（右矩阵）相同，即 $C=(c_{ij})_{m \times n}$。

② C 的第 i 行第 j 列的元素 c_{ij} 由 A 的第 i 行元素与 B 的第 j 列元素对应相乘，再取乘积之和得到。

矩阵乘法示意如图 3-9 所示。

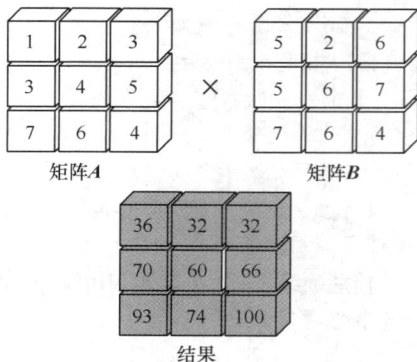

图 3-9　矩阵乘法示意

> **注意**
> 必须确保 **A** 矩阵中的行数等于 **B** 矩阵中的列数，否则不能进行矩阵乘法运算。

1. NumPy 数组的逐元素乘法

numpy.multiple()函数用于计算两个数组的逐元素乘法。

2. NumPy 数组的矩阵乘积

numpy.matmul()函数用于计算两个数组的矩阵乘积。

3. NumPy 数组的矩阵点积

numpy.dot()函数用于计算两个数组的矩阵点积。

【技能训练 3-41】实现 NumPy 数组的矩阵乘法运算

【训练要求】

在 Jupyter Notebook 开发环境中创建 j3-41.ipynb，然后编写代码实现 NumPy 数组的矩阵乘法运算。

【实施过程】

扫描二维码，浏览 NumPy 数组的矩阵乘法运算的实现过程、示例代码与输出结果。

电子活页 3-28

实现 NumPy 数组的
矩阵乘法运算

3.6 NumPy 统计计算与分析

3.6.1 NumPy 数组统计计算

NumPy 提供了许多具有统计功能的函数，例如计算数组元素的最大值、最小值、百分位数、方差以及标准差等的函数。

1. 计算 NumPy 数组沿指定轴的最小值与最大值

numpy.amin()和 numpy.amax()这两个函数分别用于获取数组沿指定轴的最小值与最大值。

① numpy.amin()函数沿指定的轴，获取数组中元素的最小值，并以数组形式返回。

② numpy.amax()函数沿指定的轴，获取数组中元素的最大值，并以数组形式返回。

对于二维数组来说，axis=1 表示沿着水平方向，axis=0 表示沿着垂直方向，如图 3-10 所示。

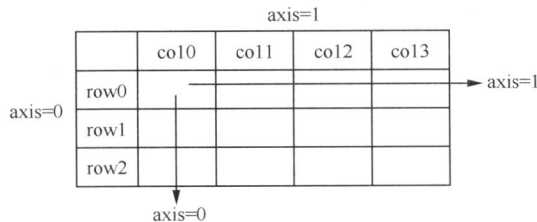

图 3-10 axis 水平轴和垂直轴

2. 计算 NumPy 数组元素中最大值与最小值的差值

numpy.ptp()函数用于计算数组元素中最大值与最小值的差值，即最大值-最小值。

3. 沿指定轴计算 NumPy 数组中指定的百分位数

百分位数是统计学中使用的一种度量单位。numpy.percentile()函数用于沿指定轴计算数组中指定的百分位数，其语法格式如下：

```
numpy.percentile(array, q, axis)
```

其参数说明如下：

- array：NumPy 数组。
- q：要计算的百分位数，取值范围为 0~100。
- axis：沿着指定的轴计算百分位数。

4．计算 NumPy 数组元素的中位数

numpy.median()函数用于计算数组元素的中位数（中值）。

5．沿指定的轴计算 NumPy 数组元素的算术平均值

numpy.mean()函数用于沿指定的轴计算数组元素的算术平均值，即元素的总和除以元素数量。

6．使用 numpy.average()函数计算 NumPy 数组元素的加权平均值

加权平均值的计算是将数组中各元素乘以相应的权重，再对该乘积求总和，最后以数组元素与权重之积的总和除以权重的总和。

例如，现有数组[1,2,3,4] 和相应的权重数组[4,3,2,1]，其加权平均值计算方法如下：

加权平均值=(1×4 + 2×3 + 3×2 + 4×1)/(4 + 3 + 2 + 1)=2

numpy.average()函数用于根据给出的权重，计算数组元素的加权平均值。该函数可以接收一个 axis 参数，如果未指定该参数，则原数组会被展开为一维数组，其语法格式如下：

```
numpy.average(array, axis = 1, weights = wt, returned = True))
```

其参数说明如下：

- array：NumPy 数组。
- axis：沿着指定的轴计算加权平均值。
- weights：指定的权重，未指定时权重默认为 1。
- returned：指定是否返回权重的和，该参数为 True 则返回权重的和。

7．使用 numpy.var()函数计算方差

方差在统计学中也称样本方差。如何求得方差呢？首先我们要知道全体样本的平均值 M，再求得每个样本值与平均值之差的平方和，最后对差的平方和求均值。方差的计算公式如图 3-11 所示，其中 n 表示样本个数。

$$s^2 = \frac{(x_1 - M)^2 + (x_2 - M)^2 + (x_3 - M)^2 + \cdots + (x_n - M)^2}{n}$$

图 3-11　方差计算公式

8．使用 numpy.std()函数计算标准差

标准差是方差的算术平方根，用于描述一组数据平均值的分散程度。若一组数据的标准差较大，则说明大部分的数据与其平均值的差异较大；若标准差较小，则代表这组数据均比较接近其平均值。标准差的计算公式如下：

```
numpy.std = sqrt(mean((x - x.mean())**2))
```

numpy.std()函数用于计算标准差。

电子活页 3-29

实现 NumPy 数组的统计计算

【技能训练 3-42】实现 NumPy 数组的统计计算

【训练要求】

在 Jupyter Notebook 开发环境中创建 j3-42.ipynb，然后编写代码实现 NumPy 数组的统计计算。

【实施过程】

扫描二维码，浏览 NumPy 数组的统计计算的实现过程、示例代码与输出结果。

3.6.2　NumPy 数组线性代数运算

NumPy 提供了 numpy.linalg 模块，该模块中包含一些常用的线性代数运算函数。NumPy 中常用的线性代数运算函数如表 3-7 所示。

表 3-7　NumPy 中常用的线性代数运算函数

序号	函数	功能说明
1	numpy.dot()	计算两个数组的点积
2	numpy.vdot()	计算两个向量的点积
3	numpy.inner()	计算两个数组的内积
4	numpy.matmul()	计算两个数组的矩阵乘积
5	numpy.linalg.det()	计算输入矩阵的行列式
6	numpy.linalg.solve()	求解线性矩阵方程
7	numpy.linalg.inv()	计算矩阵的逆矩阵，逆矩阵与原始矩阵相乘会得到单位矩阵

1.　使用 numpy.dot()函数计算两个数组的点积

numpy.dot()函数按照矩阵乘法的规则，计算两个数组的点积。点积运算就是将 array1 数组的每一行元素与 array2 数组的每一列元素相乘再相加。

当输入一维数组时返回一个结果值，若输入多维数组则返回一个多维数组结果。

2.　使用 numpy.vdot()函数计算两个向量的点积

numpy.vdot()函数用于计算两个向量的点积，与 numpy.dot()函数不同。

3.　使用 numpy.inner()函数计算两个数组的内积

numpy.inner()函数用于计算两个数组的内积。当计算的数组是一维数组时，它与 numpy.dot()函数相同，若输入的是多维数组则两者不同。

4.　使用 numpy.matmul()函数计算两个数组的矩阵乘积

numpy.matmul()函数用于计算两个数组的矩阵乘积，如果两个数组的形状不一致，就会产生错误。

5.　使用 numpy.linalg.det()函数来计算矩阵的行列式

numpy.linalg.det()函数使用对角线元素来计算矩阵的行列式。

计算 2×2（两行两列）矩阵的行列式，示例如下：

```
[[1,2],
 [3,4]]
```

通过对角线元素求行列式的结果：

```
1×4-2×3=-2
```

可以使用 numpy.linalg.det()函数来完成上述计算。

6.　使用 numpy.linalg.inv()函数计算矩阵的逆矩阵

numpy.linalg.inv()函数用于计算矩阵的逆矩阵，逆矩阵与原矩阵相乘会得到单位矩阵。

电子活页 3-30

实现 NumPy 数组的线性代数运算

【技能训练 3-43】实现 NumPy 数组的线性代数运算

【训练要求】

在 Jupyter Notebook 开发环境中创建 j3-43.ipynb，然后编写代码实现 NumPy 数组的线性代数运算。

【实施过程】

扫描二维码，浏览 NumPy 数组的线性代数运算的实现过程、示例代码与输出结果。

3.6.3 NumPy 数组排序

NumPy 提供了多种排序函数，这些排序函数可以实现不同的排序算法。排序算法的特征主要体现在以下 4 个方面：执行速度、最坏情况下的复杂度、所需的工作空间以及算法的稳定性。表 3-8 列举了 3 种排序算法。

表 3-8　NumPy 中常用排序算法的比较

种类	速度	最坏情况下的复杂度	工作空间	稳定性
quicksort（快速排序）	较快	$O(n^2)$	0	不稳定
mergesort（归并排序）	一般	$O(n*\log(n))$	~n/2	稳定
heapsort（堆排序）	较慢	$O(n*\log(n))$	0	不稳定

1. 使用 numpy.sort() 函数对数组执行排序操作

numpy.sort() 函数用于对数组执行排序操作，并返回一个数组副本，其语法格式如下：

numpy.sort(array, axis, kind, order)

其参数说明如下：

- array：待排序的数组。
- axis：沿着指定轴进行排序，如果没有指定 axis，默认沿最后一个轴排序，axis=0 表示按列排序，axis=1 表示按行排序。
- kind：排序算法，默认为 quicksort。
- order：若数组设置了字段，则 order 表示要排序的字段。

2. 使用 numpy.argsort() 函数沿着指定的轴对数组的元素值进行排序

numpy.argsort() 函数用于沿着指定的轴对数组的元素值进行排序，并返回排序后的索引数组。

3. 使用 numpy.lexsort() 函数按键序列对数组进行排序

numpy.lexsort() 函数用于按键序列对数组进行排序，并返回一个已排序的索引数组，类似 numpy.argsort() 函数。

电子活页 3-31

实现 NumPy 数组的排序操作

【技能训练 3-44】实现 NumPy 数组的排序操作
【训练要求】

在 Jupyter Notebook 开发环境中创建 j3-44.ipynb，然后编写代码实现 NumPy 数组的排序操作。

【实施过程】

扫描二维码，浏览 NumPy 数组排序操作的实现过程、示例代码与输出结果。

3.6.4 NumPy 数组搜索

NumPy 提供了许多可以在数组内执行搜索功能的函数，例如查找最大值、最小值或者满足一定条件的元素的函数。

1. 使用 numpy.nonzero() 函数从数组中获取非零元素的索引

numpy.nonzero() 函数用于从数组中获取非零元素的索引。

2. 使用 numpy.where() 函数从数组中获取满足给定条件的数组元素的索引

numpy.where() 函数用于返回满足给定条件的数组元素的索引。

3. 使用 numpy.extract() 函数从数组中获取满足给定条件的数组元素值

numpy.extract() 函数用于返回满足给定条件的数组元素值。

4. 使用 numpy.argmax() 函数从数组中获取最大值的索引

numpy.argmax() 函数用于返回数组中最大值的索引。

5. 使用 numpy.argmin() 函数从数组中获取最小值的索引

numpy.argmin() 函数用于返回数组中最小值的索引。

【技能训练 3-45】在 NumPy 数组中实现搜索操作

【训练要求】

在 Jupyter Notebook 开发环境中创建 j3-45.ipynb，然后编写代码在 NumPy 数组中实现搜索操作。

【实施过程】

扫描二维码，浏览在 NumPy 数组中实现搜索操作的过程、示例代码与输出结果。

电子活页 3-32

在 NumPy 数组中
实现搜索操作

3.6.5 删除 NumPy 数组中的重复元素

numpy.unique() 函数用于删除数组中重复的元素，并按查找的唯一元素进行排序后返回一个新数组。该函数的语法格式如下：

numpy.unique(array, return_index, return_inverse, return_counts)

其参数说明如下：

- array：待删除重复元素的数组，若是多维数组则以一维数组形式展开。
- return_index：如果为 True，则返回新数组元素在原数组中的位置（索引）。
- return_inverse：如果为 True，则返回原数组元素在新数组中的位置（索引）。
- return_counts：如果为 True，则返回去重后的数组元素在原数组中出现的次数。

【技能训练 3-46】删除 NumPy 数组中的重复元素

【训练要求】

在 Jupyter Notebook 开发环境中创建 j3-46.ipynb，然后编写代码删除 NumPy 数组中的重复元素。

【实施过程】

扫描二维码，浏览删除 NumPy 数组中的重复元素的实现过程、示例代码与输出结果。

电子活页 3-33

删除 NumPy 数组中
的重复元素

3.7 使用 NumPy 读写文件

通常情况下，数据是以文件形式存储的，常用的格式文件主要有 TXT 文件、CSV 文件、NPY 或 NPZ 文件、HDF5 文件、二进制格式文件等。将 NumPy 数组存入文件时，有多种文件类型可供选择，对应的就有不同的读写方法。

3.7.1 常见的数据文件格式

TXT 和 CSV 文件只能用来存储一维或二维 NumPy 数组。NPY 文件用来存储单个 NumPy 数组，NPZ 文件可以同时存储多个 NumPy 数组，并且两者都不限制 NumPy 数组的维度，都可以保持 NumPy 数组的 shape 和 dtype 属性，写文件时若原文件存在则只能覆盖原文件内容。当 NumPy 数组很大时，最好使用 HDF5 文件存储，HDF5 文件占用空间相对小一些。当 NumPy 数组很大时，对整个 NumPy 数组进行运算容易发生错误，此时可以选择对 NumPy 数组进行切片，然后将切片后的数组保存到 HDF5 文件中。

1. 认知 CSV 文件格式

逗号分隔值（Comma-Separated Values，CSV）是一种通用的、相对简单的文件格式，在商业和科学领域广泛应用。其常见的应用是在程序之间转移表格数据。由于大多数软件支持这个文件格式，所以其常用于数据的存储与交互。

CSV 有时也称为字符分隔值，因为分隔符也可以不是逗号。CSV 是一种非常流行的表格存储文件格式，这种格式适合存储中型或小型数据规模的数据。CSV 文件由任意数目的记录组成，每条记录由字段组成，记录以某种分隔符分隔为字段，常见的是字段间的分隔符逗号或制表符。通常，每条记录都有完全相同的字段序列，相当于一个结构化表的纯文本形式，纯文本意味着该文件是一个字符序列。

CSV 文件通常使用半角逗号分隔字段，如果数据中含有逗号，就要用双引号将整个数包括起来。使用记事本、Excel 都可以打开 CSV 文件。

2. 认知 NPY 和 NPZ 文件格式

NPY 和 NPZ 文件实质上是二进制格式文件。NPY 文件可以保存任意维度的 NumPy 数组，不限于一维和二维数组；NPY 文件可以保存 NumPy 数组的结构，并保持 NumPy 数组的 shape 和 dype 属性。

NPZ 文件实际上是 NumPy 提供的数组存储方式，可以看作一系列 NPY 文件的组合，可以利用 load()函数读取后得到一个类似字典的对象，可以通过关键字进行值查询（关键字对应的值其实就是一个 NPY 文件）。

3. 认知 HDF5 文件格式

分层数据格式（Hierarchical Data Format，HDF）是一种为存储和处理大量科学数据设计的文件格式，当前流行的版本是 HDF5。HDF5 拥有一系列的优异特性，特别适合进行大量科学数据的存储和操作，例如它支持多种数据类型、灵活、通用、跨平台、可扩展、具有高效的 I/O 性能。

Python 中有一系列的工具可以操作和使用 HDF5 数据，其中常用的是 h5py 和 PyTables。h5py 是一个 HDF5 文件，是存储以下两类对象的容器。

- dataset：类似数组的数据集合。
- group：类似文件夹的容器，其中可以包含一个或多个 dataset 和其他的 group。

一个 HDF5 文件从一个命名为"/"的 group 开始，所有的 dataset 和其他 group 都包含在此 group 下，当操作 HDF5 文件时，没有显式指定 group 的 dataset 都是默认指"/"下的 dataset，另外相对文件路径下的 group 都是相对于"/"的。

使用 h5py 操作 HDF5 文件，可以像使用文件夹一样使用 group，像使用 NumPy 数组一样使用 dataset，像使用字典一样使用属性，非常方便。

3.7.2 使用 numpy.loadtxt()和 numpy.savetxt()函数读写 TXT 或 CSV 文件

在 NumPy 中，可以使用 numpy.loadtxt()函数读取 TXT 文件和 CSV 文件，从 TXT 文件中加载数据要求 TXT 文件中每行必须具备相同的元素个数。可以使用 numpy.savetxt()函数将数组写入 TXT 文件和 CSV 文件，numpy.savetxt()函数只能保存一维和二维 NumPy 数组，当 NumPy 数组 array 为多维数组时，需要使用 array.reshape((a.shape[0], -1))函数将其变换后才能保存。

numpy.savetxt()函数不能追加保存数据，即每次执行 numpy.savetxt()函数都会覆盖之前的内容。

numpy.loadtxt()函数的语法格式如下：

```
numpy.loadtxt(fname, dtype=<class 'float'>, comments='#', delimiter=None,
           converters=None, skiprows=0, usecols=None,
           unpack=False, ndim=0, encoding='bytes')
```

除 fname 参数为必选参数外，其他参数均为可选参数，各参数及说明如表 3-9 所示。

表 3-9　numpy.loadtxt()函数的参数及说明

序号	参数名称	类型	默认值	参数说明
1	fname	file、str、pathlib.path	-	如果扩展名是.gz 或者是.bz2，则先进行解压缩
2	dtype	data-type	float	如果是 structured 数据类型，则返回一维数组，每行解释为数组的一个元素
3	comments	str、sequence of str	#	注释标识符
4	delimiter	str	空格	数据分隔符
5	converters	dict	None	转换器
6	skiprows	int	0	跳过的行数
7	usecols	int、sequence	None	读取哪些列
8	unpack	bool	False	如果该参数的值为 True，则读入的属性将被分别写入不同变量
9	ndim	int	0	数组至少具有的维度，值可以为 0、1、2
10	encoding	str	bytes	用于文件解码的编码

【技能训练 3-47】使用 numpy.loadtxt()和 numpy.savetxt()函数读写 TXT 或 CSV 文件

【训练要求】

在 Jupyter Notebook 开发环境中创建 j3-47.ipynb，然后编写代码使用 numpy.loadtxt()和 numpy.savetxt()函数读写 TXT 或 CSV 文件。

【实施过程】

扫描二维码，浏览使用 numpy.loadtxt()和 numpy.savetxt()函数读写 TXT 或 CSV 文件的实现过程、示例代码与输出结果。

电子活页 3-34

使用 numpy.loadtxt()和 numpy.savetxt()函数读写 TXT 或 CSV 文件

3.7.3　使用 load()和 save()函数读写 NPY 或 NPZ 文件

在 NumPy 中，load()和 save()函数专门用于读写二进制格式文件，它们具有自动处理数组元素类型和形状的功能。在 NumPy 中，可以使用 load()函数读取 NPY 或 NPZ 文件，使用 save()函数和 savez()函数将数组写入 NPY 或 NPZ 文件。

save()函数用于将一个数组保存为 NPY 文件，使用 save()函数保存的文件的扩展名为.npy，NPY 文件可以保存 NumPy 数组的结构；但其只能保存一个 NumPy 数组，每次保存会覆盖之前文件中存在的内容（如果有的话）。

savez()函数用于将多个数组保存到一个非压缩的 NPZ 文件中，使用 savez()函数保存的文件的扩展名为.npz。使用 savez()函数保存多个 NumPy 数组时，可以指定保存 NumPy 数组的 key，这样读取的时候很方便，不会混乱。使用解压程序打开 NPZ 文件可以看到里面是若干个以"数组名称"命名的 NPY 文件，数组名称默认为"arr_数字"的形式，在 savez()函数中可以通过指定参数来命名数组。

3.7.4　使用 h5py 读写 HDF5 文件

使用 h5py 读写 HDF5 文件不限制 NumPy 数组维度，可以保持 NumPy 数组结构和数据类型，适合 NumPy 数组很大的情况。可以通过 key 来访问 dataset（可以理解为 numpy.array），读取的时候很方便，不会混乱。写入 HDF5 文件时可以不覆盖原文件中含有的内容。

可以使用 File 方法读写 HDF5 文件，写文件时设置参数为 w，读文件时设置参数为 r。

3.7.5 使用 NumPy 的 genfromtxt()函数从文本文件中读取数据

NumPy 的 genfromtxt()函数用于从一个文本文件读取数据并将其插入数组中，当存在缺失值时则进行特殊处理。通常情况下，genfromtxt()函数主要接收 3 个参数：存放数据的文件名、用于分隔值的字符和是否含有列标题。

✍ 应用与实战

【任务 3-1】计算两个二维数组的矩阵乘积

【任务描述】

编写程序完成以下功能。

① 创建一个包含 12 个元素的一维数组 arr1。

电子活页 3-35

② 将一维数组 arr1 重塑为 3 行 4 列的二维数组 arr2。

③ 将 3 行 4 列的二维数组 arr2 转置为二维数组 arr3。

④ 计算两个二维数组 arr2 和 arr3 的矩阵乘积。

计算两个二维数组的矩阵乘积

【任务实现】

在 Jupyter Notebook 开发环境中创建文件 t3-01.ipynb，然后在单元格中编写代码与输出对应的结果。

扫描二维码，浏览计算两个二维数组的矩阵乘积的实现过程、示例代码与输出结果。

【任务 3-2】统计、分析粮食播种面积和粮食产量数据

【任务描述】

2001 年至 2020 年这 20 年的粮食播种面积（千公顷）和粮食产量（万吨）数据存放在 CSV 文件 GrainYield.csv 中，该文件中包含的数据列有序号、统计年度、粮食播种面积（千公顷）、粮食产量（万吨）。编写程序统计、分析 2001 年至 2020 年这 20 年的粮食播种面积和粮食产量数据。

① 使用 NumPy 的 numpy.loadtxt()函数将 CSV 文件 GrainYield.csv 中的粮食播种面积、粮食产量这两列数据分别读取并存储到 area 数组和 yield_total 数组中。读取数据时，numpy.loadtxt()函数中需要使用 delimiter（数据列的分隔符）、usecols（读取文件的列数）、dtype（数据类型）、skiprows（跳过的行数）等参数。

② 计算这 20 年中粮食播种面积和粮食产量的最大值、最小值、平均值和中位数。考虑到粮食产量数据中有可能会出现数据缺失现象，计算粮食产量的平均值时，先使用 sum()函数求出粮食产量总和，再使用 count_nonzero()函数求出粮食产量不为 0 的总个数，然后将粮食产量总和与总个数相除，得到粮食产量平均值。

③ 使用 NumPy 的 numpy.unique()函数统计不同粮食播种面积出现的次数。

④ 使用 NumPy 的 numpy.where()和 numpy.nonzero()函数统计粮食产量在 60000 万吨以上的年度出现的总次数。

⑤ 使用 NumPy 的 numpy.where()函数获取 110000 千公顷以上粮食播种面积对应的年度及粮食产量。

⑥ 以年度为横坐标，以粮食产量为纵坐标，绘制 2001 年至 2020 年的粮食产量柱形图。

【任务实现】

在 Jupyter Notebook 开发环境中创建 t3-02.ipynb，然后在单元格中编写代码与输出对应的结果。

扫描二维码，浏览统计、分析粮食播种面积和粮食产量数据的实现过程、示例代码与输出结果。

电子活页 3-36

统计、分析粮食播种面积和粮食产量数据

✎ 在线练习与考核

扫描二维码，完成本模块的在线练习与考核。

电子活页 3-37

在线练习与考核

模块 4
数据结构应用与数据读写操作

04

  pandas 是一个开源的第三方 Python 模块，从 NumPy 和 Matplotlib 的基础上构建而来，被称为数据分析"三剑客"之一。pandas 是一个强大的分析结构化数据的工具集，主要用于数据分析和数据挖掘，也提供数据清洗功能。在数据分析中，pandas 和 NumPy 这两个模块经常被一起使用。

  pandas 提供了 Series 和 DataFrame 两大数据结构。Series 是一种类似一维数组的数据结构，由一组 NumPy 数据类型的数据以及一组与之相关的数据标签（即索引）组成。仅由一组数据也可产生简单的 Series 对象。DataFrame 是 pandas 中的一个表格型的数据结构，包含一组有序的列，每列可以是数值、字符串等不同的数据类型。DataFrame 既有行索引也有列索引，也可以被看作由 Series 组成的字典。

学习与训练

4.1 初识 pandas

  pandas 最初由韦斯·麦金尼（Wes McKinney）于 2008 年开发，并于 2009 年实现开源。pandas 这个名字源于面板数据（Panel Data）与数据分析（Data Analysis）这两个名词的组合。pandas 最初被应用于金融量化交易领域，现在它的应用领域更加广泛，涵盖农业、工业、交通运输业等许多领域。

  在 pandas 出现之前，Python 在数据分析任务中主要承担数据采集和数据预处理的工作，但是 Python 对数据分析的支持十分有限。pandas 的出现使得 Python 的数据分析能力得到了大幅度提升，它主要实现了数据分析的 5 个重要环节：加载数据、整理数据、操作数据、构建数据模型和分析数据。

1. pandas 主要特点
pandas 主要有以下几个特点。
- 提供了一个简单、高效、带标签的 Series 对象。
- 能够快速从不同格式的文件（例如 Excel、CSV、SQL、JSON 文件）中加载数据，然后将其转换为可处理的对象。
- 能够按数据的行、列索引进行分组，并对分组后的对象执行聚合和转换操作。
- 能够方便地实现数据归一化操作和缺失值处理。
- 能够方便地对 DataFrame 的数据列进行增加、修改或者删除操作。
- 能够处理不同格式的数据集，例如矩阵数据、异构数据表、时间序列等。
- 提供了多种处理数据集的方式，例如构建子集、切片、过滤、分组以及重新排序等。

2. pandas 主要优势

与其他编程语言的数据分析包相比，pandas 具有以下优势。

- pandas 的 DataFrame 和 Series 构建了适用于数据分析的存储结构。
- pandas 具有按轴自动数据对齐的功能，这可以防止产生许多由于数据未对齐以及数据来自不同数据源（索引方式不同）而导致的常见错误。
- pandas 简洁的 API 能够让用户专注于代码的核心层面。
- pandas 实现了与其他模块的集成，例如 SciPy、scikit-learn 和 Matplotlib 等模块。
- pandas 集成了时间序列处理功能，既能处理非时间序列数据，也能处理时间序列数据。
- pandas 官方网站提供了完善的资料支持及良好的社区环境。

3. pandas 内置数据结构

构建和处理二维、多维数组是一项烦琐的任务，pandas 为解决这一问题，在 ndarray 数组的基础上构建出了两种不同的数据结构，分别是 Series（一维数据结构）和 DataFrame（二维数据结构）。

Series 和 DataFrame 两大数据结构的概述如表 4-1 所示。

表 4-1　Series 和 DataFrame 两大数据结构的概述

数据结构名称	维度	说明
Series	1	用于存储一个序列的一维数据结构，是带标签的一维数据结构，这里的标签可以理解为索引，但这个索引并不局限于整数，也可以是字符，例如 a、b、c 等。它是由一组数据以及与之相关的数据标签组成的。 该结构能够存储各种数据类型，例如字符串、整数、浮点数、Python 对象等。Series 使用 name 和 index 属性来描述数据值
DataFrame	2	用于存储复杂数据的二维数据结构，是一种表格型的数据结构，它既有行索引，又有列索引。 其中，行索引是 index，列索引是 columns。在创建该结构时，可以指定相应的索引值

由于上述数据结构的存在，使得处理多维数组的任务变得简单。

4. pandas 模块下载和安装

Python 官方标准发行版并没有自带 pandas 模块，因此需要单独安装 pandas 模块。除标准发行版外，还有一些第三方机构发布的 Python 发行版，它们在官方版本的基础上开发而来，并有针对性地提前安装了一些 Python 模块，从而满足某些特定领域的需求。例如，Anaconda 便是一个开源的 Python 发行版。Anaconda 除了支持 Windows 系统，也支持 Linux 和 macOS 系统。Anaconda 自带 pandas 模块，安装 Anaconda 便会同时安装 pandas 模块，无须另行安装。

安装 pandas 模块需要的基础环境是 Python，pandas 模块安装之前必须成功安装 Python 和 pip。

Windows 系统中使用 pip 安装 pandas 模块，安装命令如下：

```
pip install pandas
```

pandas 模块安装成功后，就可以导入 pandas 模块并使用，代码如下：

```
>>>import pandas
>>>pandas.__version__   # 查看版本
```

导入 pandas 模块时一般会为其设置别名 pd，代码如下：

```
>>>import pandas as pd
>>>pd.__version__   # 查看版本
```

///// 4.2　熟悉 pandas 的 Series 结构

　　Series 结构，也称为 Series 序列，是 pandas 常用的数据结构之一，它是一种类似一维数组的结构，由一组索引标签（index）和一组数据值（value）组成，其中索引标签与数据值之间是一一对应的关系，通过标签可以更加直观地了解数据值所在的索引位置。Series 可以保存任何数据类型，包括整数、字符串、浮点数、Python 对象等，它的标签默认为整数，从 0 开始依次递增。Series 结构示意如图 4-1 所示。

　　Series 对象是由两个相互关联的数组组成的，其中用于存放数据值的是主数组。主数组的每个元素都有一个与之关联的标签（即索引），这些标签存储在另外一个叫作 index 的数组中。

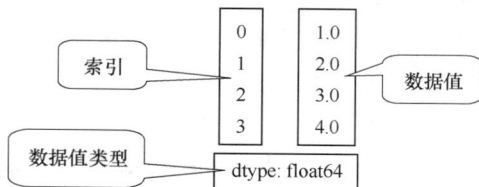

图 4-1　Series 的结构示意

4.2.1　创建 Series 对象

　　pandas 中使用 Series() 函数来创建 Series 对象，通过 Series 对象可以调用相应的方法和属性，从而达到处理数据的目的。

　　Series() 函数的语法格式如下：

```
import pandas as pd
s=pd.Series( data, index, dtype, copy)
```

　　该函数参数说明如下：

* data：一组数据，可以是列表、常量、数组等。
* index：索引，如果没有指定索引，则默认以从 0 开始依次递增的数值作为索引，此时，其与 Series 对象中元素的索引（在数组中的位置）是一致的。索引值必须是唯一的，如果没有传递索引，则默认为 np.arrange(n)。
* dtype：数据类型，如果没有提供，则会自动判断并确定数据类型。
* copy：对 data 进行复制，默认为 False。

　　可以使用数组、字典、标量值、Python 对象来创建 Series 对象。下面展示创建 Series 对象的不同方法。

【技能训练 4-1】使用多种方法创建 Series 对象

【训练要求】

　　在 Jupyter Notebook 开发环境中创建 j4-01.ipynb，然后编写代码使用多种方法创建 Series 对象。

【实施过程】

1. 创建一个空的 Series 对象

　　代码如下：

```
import pandas as pd
#输出数据为空
s1 = pd.Series()
print(s1)
```

输出结果：

Series([ ], dtype: float64)

同时会显示以下警告信息：

The default dtype for empty Series will be 'object' instead of 'float64' in a future version. Specify a dtype explicitly to silence this warning.

```
s1 = pd.Series()
```

2. 创建并调用 Series 对象

（1）通过数组创建 Series 对象

以数组形式传入要存放在 Series 对象中的数据。

代码如下：

```
# 如果没有指定 index 参数，默认使用数字索引
import pandas as pd
s1 = pd.Series(data=[320, 200, 300, 405])
print(s1)
```

输出结果：

```
0    320
1    200
2    300
3    405
dtype: int64
```

（2）通过 index 参数指定数据的索引

调用 Series()函数时，指定 index 参数，把存放索引的数组赋值给 index 参数。

代码如下：

```
# data 参数表示数据，index 参数表示数据的索引
import pandas as pd
s1 = pd.Series(data=[320, 200, 300, 405], index=['一季度', '二季度', '三季度', '四季度'])
print(s1)
```

输出结果：

```
一季度    320
二季度    200
三季度    300
四季度    405
dtype: int64
```

3. 使用 ndarray 创建 Series 对象

ndarray 是 NumPy 中的数组类型，当 data 是 ndarray 时，传递的索引必须具有与数组相同的长度。如果没有显式地给出 index 参数，在默认情况下，索引值将使用 range(n)生成，其中 n 代表数组长度，如下：

```
[0,1,2,3,…,range(len(array))−1]
```

（1）使用默认索引创建 Series 对象

代码如下：

```
import pandas as pd
import numpy as np
data = np.array(['a','b','c','d'])
```

```
s2 = pd.Series(data)
print(s2)
```

输出结果：

```
0    a
1    b
2    c
3    d
dtype: object
```

上述代码中没有传递任何索引，所以索引默认从 0 开始分配，其范围为 0 到 len(data)-1，即 0 到 3。这种索引被称为"隐式索引"。

（2）使用"显式索引"创建 Series 对象

除上述方法外，也可以使用显式索引的方法定义索引。

代码如下：

```
import pandas as pd
import numpy as np
data = np.array(['a','b','c','d'])
#自定义索引（即显式索引）
s3 = pd.Series(data,index=[100,101,102,103])
print(s3)
```

输出结果：

```
100    a
101    b
102    c
103    d
dtype: object
```

4. 使用字典创建 Series 对象

如果数据存放在字典中，字典中的键与值的映射关系可以被看作 Series 对象中的索引与数据值的映射关系。因此，可以使用字典创建 Series 对象。

使用字典创建 Series 对象时，可以把字典作为输入数据，如果没有传递索引，则按照字典的键来构造索引；反之，当传递了索引时需要将索引与字典的值一一对应。

（1）按照字典的键来构造索引

如果没有传递索引，则按照字典的键来构造索引。

代码如下：

```
import pandas as pd
import numpy as np
data = {'a' : 0., 'b' : 1., 'c' : 2.}
s4 = pd.Series(data)
print(s4)
```

输出结果：

```
a    0.0
b    1.0
c    2.0
dtype: float64
```

（2）为 index 参数传递索引

为 index 参数传递索引时，索引要与字典的值一一对应。

代码如下：

```
import pandas as pd
import numpy as np
data = {'a' : 0., 'b' : 1., 'c' : 2.}
s5 = pd.Series(data,index=['b','c','d','a'])
print(s5)
```

输出结果：

```
b    1.0
c    2.0
d    NaN
a    0.0
dtype: float64
```

当传递的索引无法找到与其对应的值时，则使用 NaN 填充。

5. 使用标量值创建 Series 对象

如果 data 是标量值，则必须提供 index 参数。

代码如下：

```
import pandas as pd
import numpy as np
s6 = pd.Series(6, index=[0, 1, 2, 3])
print(s6)
```

输出结果：

```
0    6
1    6
2    6
3    6
dtype: int64
```

标量值按照 index 参数中元素的数量进行重复，并与其一一对应。

4.2.2 访问 Series 数据

访问 Series 序列中的元素有两种方式，一种是使用索引位置访问，另一种是使用索引标签访问。

【技能训练 4-2】使用多种方法访问 Series 数据

【训练要求】

在 Jupyter Notebook 开发环境中创建 j4-02.ipynb，然后编写代码使用多种方法访问 Series 数据。

【实施过程】

1. 使用索引位置访问 Series 序列中的元素

这种访问方式与 ndarray 和列表的相同，是通过使用元素自身的索引进行访问。Series 序列的索引从 0 开始，这表示第一个元素存储在第 0 个索引位置上，依此类推，就可以获得 Series 序列中的每个元素。

代码如下：

```
import pandas as pd
s1 = pd.Series([1,2,3,4,5],index = ['a','b','c','d','e'])
```

```
print(s1[0])      #索引位置
print(s1['a'])      #索引标签
```

输出结果：

```
1
1
```

2. 通过索引的切片方式访问 Series 序列中的元素

在 Series 序列中，通过索引的切片来选择多个元素时，切片"[起始值:终止值:步长]"所指定的元素是不包含终止值的元素，若没有指定终止值，则终止值是包含 Series 最后索引的元素。

（1）切片时同时指定起始值和终止值

代码如下：

```
import pandas as pd
s2 = pd.Series([1,2,3,4,5],index = ['a','b','c','d','e'])
print(s2[0:2])
```

输出结果：

```
a    1
b    2
dtype:int64
```

（2）切片时只指定起始值

代码如下：

```
print(s2[2:])
```

输出结果：

```
c    3
d    4
e    5
dtype: int64
```

（3）切片时只指定终止值

代码如下：

```
print(s2[:3])
```

输出结果：

```
a    1
b    2
c    3
dtype: int64
```

（4）切片时起始值使用负数

如果想要获取最后 3 个元素，也可以使用下面的方式。

代码如下：

```
print(s2[-3:])
```

输出结果：

```
c    3
d    4
e    5
dtype: int64
```

3. 使用索引标签访问 Series 序列中的元素

Series 类似固定大小的字典，把 index 参数中的索引标签当作字典的键（key），把 Series 序列中的元素值当作字典的值（value），然后可以通过 index 参数中的索引标签来访问或者修改元素值。

（1）使用索引标签访问单个元素值

代码如下：

```
import pandas as pd
s3 = pd.Series([6,7,8,9,10],index = ['a','b','c','d','e'])
print(s3['a'])
```

输出结果：

```
6
```

（2）使用索引标签访问多个元素值

可以使用元素对应的索引标签访问 Series 对象的多个元素值，只不过要把多个索引标签放在数组中，例如 s4[['a','c','d']]，不能写成 s4['a','c','d']。

代码如下：

```
import pandas as pd
s4 = pd.Series([6,7,8,9,10],index = ['a','b','c','d','e'])
print(s4[['a','c','d']])
```

输出结果：

```
a    6
c    8
d    9
dtype: int64
```

（3）使用索引标签进行切片

使用索引标签的切片来选择多个元素时，使用切片形式"[起始标签:终止标签]"所指定的元素是包含终止标签对应的元素，如果切片形式为"[起始标签:]"，即没有指定终止标签，则切片所指定的元素是包含 Series 最后标签对应的元素。

代码如下：

```
print(s4['b':'d'])
```

输出结果：

```
b    7
c    8
d    9
dtype: int64
```

如果使用了 index 参数中不包含的索引标签，则会触发异常，示例代码如下：

```
import pandas as pd
s5 = pd.Series([6,7,8,9,10],index = ['a','b','c','d','e'])
#不包含 f
print(s5['f'])
```

输出结果：

```
……
KeyError: 'f'
```

4.2.3 使用 Series 的常用属性

Series 对象的常用属性如表 4-2 所示。

表 4-2 Series 对象的常用属性

序号	属性名称	说明
1	axes	以列表的形式返回所有索引标签
2	dtype	返回 Series 对象的数据类型
3	empty	返回一个布尔值，用于判断 Series 对象是否为空
4	ndim	返回 Series 对象的维度，Series 是一维数据结构，因此它始终返回 1
5	size	返回 Series 对象的大小（长度）
6	values	以 ndarray 的形式返回 Series 对象中的数据，通过属性 values 可以查看 Series 对象的值
7	index	用于查看 Series 对象中索引的取值范围，返回一个 RangeIndex 对象

电子活页 4-1

创建 Series 对象与
使用 Series 常用属性

【技能训练 4-3】创建 Series 对象与使用 Series 常用属性
【训练要求】
在 Jupyter Notebook 开发环境中创建 j4-03.ipynb，然后编写代码创建一个 Series 对象，并使用 Series 的常用属性。
【实施过程】
扫描二维码，浏览创建 Series 对象与使用 Series 常用属性的实现过程、示例代码与输出结果。

4.2.4 使用 Series 的常用方法与函数

1. 使用方法 head()和 tail()查看数据

如果想要查看 Series 对象的某一部分数据，可以使用方法 head()或者 tail()，其中 head()返回的是前 n 行数据，默认为前 5 行数据；tail()返回的是后 n 行数据，默认为后 5 行数据。

2. 使用方法 isnull()和 notnull()检测缺失值

方法 isnull()和 notnull()用于检测 Series 对象中的缺失值。所谓缺失值，顾名思义，就是值不存在、缺失等。

① 方法 isnull()：如果值不存在或者缺失，则返回 True。

② 方法 notnull()：如果值不存在或者缺失，则返回 False。

在实际的数据分析任务中，数据的收集往往要经历一个烦琐的过程。在这个过程中可能会因为一些人为因素导致数据丢失的现象发生。这时，我们可以使用相应的方法对缺失值进行处理，例如均值插值、数据补齐等方法。

3. 使用函数 unique()获取由 Series 对象去重后的元素所组成的数组

要统计 Series 对象包含多少个不同的元素，可使用 Series 对象的 unique()函数返回一个由 Series 对象去重后的元素所组成的数组，但是该数组中的元素不会自动排序。

4. 使用函数 value_counts()获取由 Series 对象去重后的元素所组成的数组

使用 Series 对象的 value_counts()函数，不仅能返回各个不同的元素，还能计算每个元素在 Series 对象中的出现次数。

5. 使用函数 isin() 判断指定元素在 Series 数据结构中是否存在

使用 isin() 函数可以判断给定的一个或多个元素是否包含在 Series 数据结构中，如果给定的元素包含在 Series 数据结构中，isin() 函数返回 True，否则返回 False。利用此函数可以筛选 Series 或 DataFrame 列中的数据。

【技能训练 4-4】创建 Series 对象与使用 Series 的常用方法和函数

【训练要求】

在 Jupyter Notebook 开发环境中创建 j4-04.ipynb，然后编写代码创建一个 Series 对象，并使用 Series 的常用方法和函数。

【实施过程】

扫描二维码，浏览创建 Series 对象与使用 Series 的常用方法和函数的实现过程、示例代码与输出结果。

电子活页 4-2

创建 Series 对象与
使用 Series 的常用
方法和函数

4.3 熟悉 pandas 的 DataFrame 结构

DataFrame 是 pandas 的重要数据结构之一，也是在使用 pandas 进行数据分析过程中常用的数据结构。DataFrame 是一个表格型的数据结构，既有行索引（index），又有列索引（columns），它也被称为异构数据表。所谓异构，指的是表格中每列的数据类型可以不同，例如可以是字符串、整数或者浮点数等。DataFrame 的结构示意如图 4-2 所示。

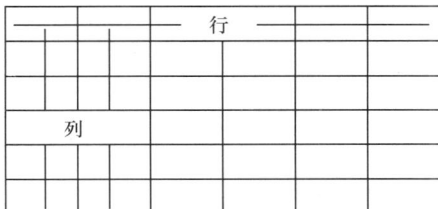

图 4-2　DataFrame 的结构示意

表 4-3 列出了某学习小组个人信息和得分的相关数据。数据以行和列形式来表示，其中每一列表示一个属性，而每一行表示一条信息。

表 4-3　某学习小组个人信息和得分的相关数据

	name	sex	age	score
0	安静	女	21	86.0
1	路远	男	20	82.5
2	温暖	男	19	95.0
3	向北	女	22	90.5

表 4-3 中每一列所描述数据的数据类型如下。

name：字符串型。

sex：字符串型。

age：整型。

score：浮点型。

DataFrame 是一个二维数据结构，类似二维数组。DataFrame 结构的每一列数据都可以看成一个 Series 对象，可以使用列索引进行获取。

与 Series 一样，DataFrame 自带行索引，默认为隐式索引，即行索引从 0 开始依次递增，行索引与 DataFrame 中的数据一一对应。表 4-3 中的行索引为 0 到 3，共记录了 4 条数据。当然也可以使用显式索引的方式来设置行索引。

DataFrame 数据结构的特点如下。

- DataFrame 结构每一列允许使用不同的数据类型。
- DataFrame 结构是表格型的数据结构，具有行和列。
- DataFrame 结构中的每个数据值都可以被修改。
- DataFrame 结构的行、列允许增加或者删除。
- DataFrame 结构有两个方向的索引，分别是行索引和列索引。
- DataFrame 结构可以对行和列执行算术运算。

4.3.1 创建 DataFrame 对象

创建 DataFrame 对象的语法格式如下：

```
import pandas as pd
pd.DataFrame( data, index, columns, dtype, copy)
```

该函数参数说明如下：

- data：一组数据，可以是 ndarray、Series、列表、字典、标量以及其他 DataFrame 对象。
- index：行索引，也可以称为行标签，如果没有指定 index 参数，则默认行索引是 np.arange(n)，n 代表 data 的元素个数。
- columns：列索引，如果没有指定 columns 参数，则默认列索引是 np.arange(n)。
- dtype：每一列的数据类型。
- copy：默认为 False，表示复制 data。

pandas 提供了多种创建 DataFrame 对象的方法，主要包含以下 5 种，下面分别进行介绍。

【技能训练 4-5】使用多种方法创建 DataFrame 对象

【训练要求】

在 Jupyter Notebook 开发环境中创建 j4-05.ipynb，然后编写代码使用多种方法创建 DataFrame 对象。

【实施过程】

1. 创建一个空 DataFrame 对象

使用下列方法创建一个空 DataFrame 对象，这也是 DataFrame 对象基本的创建方法。

代码如下：

```
import pandas as pd
df1 = pd.DataFrame()
print(df1)
```

输出结果：

```
Empty DataFrame
Columns: [ ]
Index: [ ]
```

2. 使用二维数组创建 DataFrame 对象

代码如下：

```
import pandas as pd
import numpy as np
```

```
scores = np.random.randint(60, 101, (5, 3))
courses = ['语文', '数学', '英语']
ids = [1001, 1002, 1003, 1004, 1005]
df1 = pd.DataFrame(data=scores, columns=courses, index=ids)
print(df1)
```

输出结果：

```
      语文  数学  英语
1001   71   81   74
1002  100   69   66
1003   64   91   99
1004   70   75   89
1005   69   81   66
```

3. 使用列表创建 DataFrame 对象

可以使用单一列表或嵌套列表来创建 DataFrame 对象。

（1）使用单一列表创建 DataFrame 对象

代码如下：

```
import pandas as pd
data = [1,2,3,4,5]
df2 = pd.DataFrame(data)
print(df2)
```

输出结果：

```
   0
0  1
1  2
2  3
3  4
4  5
```

（2）使用嵌套列表创建 DataFrame 对象

代码如下：

```
import pandas as pd
data2 = [['安静',21],['路远',20],['温暖',19] ,['向北',22]]
df2 = pd.DataFrame(data2,columns=['Name','Age'])
print(df2)
```

输出结果：

```
   Name  Age
0   安静   21
1   路远   20
2   温暖   19
3   向北   22
```

代码如下：

```
import pandas as pd
data3 = [['安静',86.0],['路远',82.5],['温暖',95.0] ,['向北',90.5]]
```

```
df3 = pd.DataFrame(data3,columns=['Name','Score'])
print(df3)
```

输出结果：

```
    Name   Score
0   安静    86.0
1   路远    82.5
2   温暖    95.0
3   向北    90.5
```

4. 使用字典嵌套列表创建 DataFrame 对象

字典中各个键对应值的元素个数必须相同（也就是字典值的列表长度相同）。如果传递了行索引，那么行索引的个数应该等于列表的长度。

（1）使用默认行索引创建 DataFrame 对象

如果没有传递行索引，那么默认情况下行索引将是 range(n)，其中 n 代表列表长度。

代码如下：

```
import pandas as pd
data4 = { 'Name':['安静', '路远', '温暖', '向北'], 'Age':[21,20,19,22] }
df4 = pd.DataFrame(data4)
print(df4)
```

输出结果：

```
    Name   Age
0   安静    21
1   路远    20
2   温暖    19
3   向北    22
```

如果只需要用字典对象中部分列来创建 DataFrame 对象，可通过 columns 参数指定字典对象列名，示例代码如下：

```
df4 = pd.DataFrame(data4,columns=['Name'])
```

> **注意** 这里使用了默认行索引，也就是 range(n)，它生成了 0,1,2,3，并分别对应列表中的每个元素值。

（2）使用自定义的行索引创建 DataFrame 对象

与创建 Series 对象相同，如果创建 DataFrame 对象时没有明确指定 index 参数，pandas 会自动为其添加从 0 开始的数值作为行索引。如果想指定 DataFrame 对象的行索引，则将行索引放到数组中，并将该数组赋值给 index 参数即可。

代码如下：

```
import pandas as pd
data5 = {'Name':['安静', '路远', '温暖', '向北'], 'Age':[21,20,19,22]}
df5= pd.DataFrame(data5, index=['stu1','stu2','stu3','stu4'])
print(df5)
```

输出结果：

```
      Name   Age
```

stu1	安静	21
stu2	路远	20
stu3	温暖	19
stu4	向北	22

> **注意**
>
> index 参数为 DataFrame 对象的每行分配了一个行索引。

5. 使用列表嵌套字典创建 DataFrame 对象

列表嵌套字典可以作为输入数据传递给 DataFrame()构造函数。默认情况下，字典的键被用作列索引。

（1）使用默认行索引创建 DataFrame 对象

代码如下：

```python
import pandas as pd
data6 = [{'name': '安静', 'age': 21},{'name': '路远', 'age': 20, 'score': 82.5}]
df6 = pd.DataFrame(data6)
print(df6)
```

输出结果：

```
   name  age  score
0  安静   21   NaN
1  路远   20   82.5
```

> **注意**
>
> 如果字典中某个元素值缺失，也就是字典的键无法找到对应的值，将使用 NaN 代替。

（2）添加自定义的行索引创建 DataFrame 对象

代码如下：

```python
import pandas as pd
data7 = [{'name': '安静', 'age': 21},{'name': '路远', 'age': 20, 'score': 82.5}]
df7= pd.DataFrame(data7, index=['stu1','stu2'])
print(df7)
```

输出结果：

```
      name  age  score
stu1  安静   21   NaN
stu2  路远   20   82.5
```

（3）综合使用列表嵌套字典以及行、列索引创建 DataFrame 对象

代码如下：

```python
import pandas as pd
data8 = [{'name': '安静', 'age': 21},{'name': '路远', 'age': 20, 'score': 82.5}]
df8= pd.DataFrame(data8)
print(df8)
```

输出结果：

```
   name  age  score
```

```
0   安静   21   NaN
1   路远   20   82.5
df8= pd.DataFrame(data8, index=['stu1','stu2'] , columns=['name', 'age'])
print(df8)
```

输出结果：

```
      name   age
stu1   安静   21
stu2   路远   20
```

代码如下：

```
df9= pd.DataFrame(data8, index=['stu1','stu2'] , columns=['name', 'score'])
print(df9)
```

输出结果：

```
      name   score
stu1   安静    NaN
stu2   路远    82.5
```

注意

指定的索引在字典中对应的键不存在时，则指定索引的对应值为 NaN。

6. 使用嵌套字典创建 DataFrame 对象

使用嵌套字典也可以创建 DataFrame 对象，例如使用嵌套字典表示学生姓名和年龄。

如果将这种数据结构直接作为参数传递给 DataFrame()构造函数，pandas 就会将外部的键解释成列索引，将内部的键解释为行索引。解释嵌套字典时，可能并非所有的位置都有相应的元素存在，pandas 会用 NaN 表示缺失的元素。

代码如下：

```
import pandas as pd
data9 = {'Name':{'stu1':'安静', 'stu2':'路远', 'stu3':'温暖', 'stu4':'向北'},
         'Age':{'stu1':21,'stu2':20,'stu3':19,'stu4':22}}
df10= pd.DataFrame(data9)
print(df10)
```

输出结果：

```
      Name   Age
stu1   安静    21
stu2   路远    20
stu3   温暖    19
stu4   向北    22
```

7. 使用 Series 创建 DataFrame 对象

若通过给 DataFrame()构造函数传递一个由 Series 对象组成的字典的方式，创建一个 DataFrame 对象，则 DataFrame 对象的行索引是所有 index 参数的并集。

代码如下：

```
import pandas as pd
data10 = {'name' : pd.Series(['安静', '路远', '温暖', '向北'], index=['stu1', 'stu2', 'stu3', 'stu4']),
```

```
        'age' : pd.Series([21, 20, 19, 22], index=['stu1', 'stu2', 'stu3', 'stu4']),
        'score' : pd.Series([86.0, 82.5, 95.0,90.5], index=['stu1', 'stu2', 'stu3', 'stu4'])}
df11 = pd.DataFrame(data10)
print(df11)
```

输出结果：

	name	age	score
stu1	安静	21	86.0
stu2	路远	20	82.5
stu3	温暖	19	95.0
stu4	向北	22	90.5

从上述输出结果可以看出，DataFrame 对象的每一列都是一个 Series 对象，DataFrame 对象的行索引是由每个 Series 对象的索引合并组成的。与用嵌套字典生成 DataFrame 对象相同，在解释 Series 数据结构时，可能并非所有的位置都有相应的元素存在，pandas 会用 NaN 表示缺失的元素，即如果某一列设置了行索引，但没有设置与其对应的值，则它的值为 NaN。

4.3.2 使用列索引操作 DataFrame

DataFrame 可以使用列索引来完成数据的选取、添加和删除操作，列索引可通过 columns 属性获取。

【技能训练 4-6】使用列索引操作 DataFrame

【训练要求】

在 Jupyter Notebook 开发环境中创建 j4-06.ipynb，然后编写代码使用列索引操作 DataFrame。

【实施过程】

1. 使用列索引选取 DataFrame 数据列

（1）选择单列数据

可以使用列索引轻松实现数据选取，如果想选择一列数据，可把这一列的名称作为索引。

代码如下：

```
import pandas as pd
data = {'name' : pd.Series(['安静', '路远', '温暖', '向北'], index=['stu1', 'stu2', 'stu3', 'stu4']),
        'age' : pd.Series([21, 20, 19, 22], index=['stu1', 'stu2', 'stu3', 'stu4']),
        'score' : pd.Series([86.0, 82.5, 95.0,90.5], index=['stu1', 'stu2', 'stu3', 'stu4'])}
df1 = pd.DataFrame(data)
print(df1['name'])
```

输出结果：

```
stu1    安静
stu2    路远
stu3    温暖
stu4    向北
Name: name, dtype: object
```

也可以用列名称作为 DataFrame 对象的属性，print(df1.name)与 print(df1['name'])的输出结果相同，返回值为 Series 对象的 name 列的内容。

（2）选择多列数据

如果要选择多列数据，可把这些列的名称构成一个列表。

代码如下：

```
print(df1[['name','score']])
```

输出结果：

```
      name    score
stu1   安静    86.0
stu2   路远    82.5
stu3   温暖    95.0
stu4   向北    90.5
```

（3）选取 DataFrame 中的一个数据

如果想获取存储在 DataFrame 对象中的一个元素，需要依次指定该元素的列索引和行索引。例如，使用 df1['name'][2]可以选择 DataFrame 对象中的元素"温暖"。

代码如下：

```
print(df1['name'][2])
```

输出结果：

```
温暖
```

（4）选取 DataFrame 中某个范围内的数据

如果想获取存储在 DataFrame 对象中某个范围内的元素，可用切片的方式指定这些元素的列索引的范围和行索引的范围。例如，使用 df1['name'][1:3]可以选择 DataFrame 对象中的元素"路远"和"温暖"。

代码如下：

```
print(df1['name'][1:3])
```

输出结果：

```
stu2    路远
stu3    温暖
Name: name, dtype: object
```

2. 使用列索引添加 DataFrame 数据列

使用列索引可以实现添加新的 DataFrame 数据列，指定 DataFrame 对象中新的列索引，并为其赋值即可。

（1）使用"df['列索引']=值"的方式插入新的 DataFrame 数据列

代码如下：

```
import pandas as pd
data = {'name' : pd.Series(['安静', '路远', '温暖', '向北'], index=['stu1', 'stu2', 'stu3', 'stu4']),
        'age' : pd.Series([21, 20, 19, 22], index=['stu1', 'stu2', 'stu3', 'stu4']),
        'score' : pd.Series([86.0, 82.5, 95.0,90.5], index=['stu1', 'stu2', 'stu3', 'stu4'])}
df2 = pd.DataFrame(data)
#使用"df['列索引']=值"插入新的数据列
df2['sex']=pd.Series(['女', '男', '男', '女'], index=['stu1', 'stu2', 'stu3', 'stu4'])
print(df2)
```

输出结果：

```
      name    age   score   sex
```

stu1	安静	21	86.0	女
stu2	路远	20	82.5	男
stu3	温暖	19	95.0	男
stu4	向北	22	90.5	女

代码如下：

```
df2['add']=pd.Series([2, 2, 2, 2], index=['stu1', 'stu2', 'stu3', 'stu4'])
#将新的数据列和已经存在的数据列做相加运算
df2['newage']= df2['age']+df2['add']
print(df2['newage'])
```

输出结果：

```
stu1    23
stu2    22
stu3    21
stu4    24
Name: newage, dtype: int64
```

（2）使用 insert()方法插入新的 DataFrame 数据列

创建 DataFrame 对象的代码如下：

```
import pandas as pd
data = [{'name': '安静', 'score1': 71,'score2':82},
        {'name': '路远', 'score1': 80,'score2':72}]
df3= pd.DataFrame(data, columns=['name', 'score1','score2'])
print(df3)
```

输出结果：

	name	score1	score2
0	安静	71	82
1	路远	80	72

使用 insert()方法插入新的 DataFrame 数据列的代码如下：

```
#注意 column 参数
#数值 1 代表插入 DataFrame 对象的索引位置，即第 2 列
df3.insert(1, column='score3', value=['86', '82.5'])
print(df3)
```

输出结果：

	name	score3	score1	score2
0	安静	86	71	82
1	路远	82.5	80	72

（3）使用 insert()方法插入计算结果

在第 4 列添加课程 1 的成绩（score1）加上课程 2 的成绩（score2）的计算结果（scoreT）。

代码如下：

```
df3.insert(3,'scoreT',df3['score1']+df3['score2'])
print(df3)
```

输出结果：

	name	score3	score1	scoreT	score2

109

| 0 | 安静 | 86 | 71 | 153 | 82 |
| 1 | 路远 | 82.5 | 80 | 152 | 72 |

3. 使用列索引删除 DataFrame 数据列

使用 del 命令、pop()函数和 drop()函数都能够删除 DataFrame 数据列。

（1）使用 del 命令删除 DataFrame 数据列

如果要删除 DataFrame 对象中一整列的所有数据，可以使用 del 命令。

代码如下：

```
import pandas as pd
data = {'name' : pd.Series(['安静', '路远', '温暖', '向北'], index=['stu1', 'stu2', 'stu3', 'stu4']),
        'age' : pd.Series([21, 20, 19, 22], index=['stu1', 'stu2', 'stu3', 'stu4']),
        'score' : pd.Series([86.0, 82.5, 95.0,90.5], index=['stu1', 'stu2', 'stu3', 'stu4'])}
df4 = pd.DataFrame(data)
#使用 del 命令删除 DataFrame 数据列
del df4['age']
print(df4)
```

输出结果：

```
      name  score
stu1   安静   86.0
stu2   路远   82.5
stu3   温暖   95.0
stu4   向北   90.5
```

（2）使用 pop()函数删除 DataFrame 数据列

使用 pop()函数可以将所选列从原数据中删除。

代码如下：

```
df4.pop('score')
print(df4)
```

输出结果：

```
      name
stu1   安静
stu2   路远
stu3   温暖
stu4   向北
```

（3）使用 drop()函数删除 DataFrame 数据列

在 drop()函数中有两个参数。一个参数是 axis，当 axis=1 时，删除列元素；当 axis=0 时，删除行元素。还有一个参数是 inplace，当 inplace 值为 True 时，drop()函数执行内部删除，不返回任何值，原数据发生改变；当 inplace 值为 False 时，原数据不会发生改变，只是输出被删除的部分数据。

代码如下：

```
df4.drop(['name'],axis=1,inplace=True)
print(df4)
```

输出结果：

```
Empty   DataFrame
Columns:[ ]
```

Index:[stul，stu2，stu3，stu4]

4.3.3　使用行索引操作 DataFrame

理解了上述的列索引操作后，行索引操作就变得简单了。行索引是通过 index 属性获取的。

1. 使用 loc[ ] 属性基于标签索引选取 DataFrame 中的数据

loc[ ] 属性的功能是基于标签索引选取数据，loc[ ]属性只能使用标签索引，不能使用整数索引。当通过标签索引的切片方式来筛选数据时，它的取值范围前闭后闭，也就是包括边界值标签（起始标签和终止标签）。

loc[ ] 属性具有以下多种访问方法。

* 一个标量标签。
* 标签列表。
* 切片对象。
* 布尔数组。

> **注意** loc[ ]属性允许接收的两个参数分别是行索引和列索引，第 1 个位置的参数表示行索引，第 2 个位置的参数表示列索引，参数之间需要使用半角逗号"，"分隔，但该属性只能接收标签索引。

2. 使用 iloc[ ] 属性基于整数索引选取 DataFrame 中的数据

iloc[ ]属性只能使用整数索引，不能使用标签索引，通过整数索引切片选择数据时，其取值范围前闭后开（不包含终止值）。与 Python 和 NumPy 一样，它们的索引都是从 0 开始的。

iloc[ ]属性提供了以下多种方式来选择数据。

* 整数索引。
* 整数列表。
* 数值范围。

> **注意** iloc[ ]属性允许接收的两个参数分别是行索引和列索引，参数之间使用半角逗号"，"分隔，但该属性只能接收整数索引。

（1）选取 DataFrame 中的单行数据

通过将数据行的索引传递给 iloc[ ]属性，可以实现数据行选取。其返回值是一个 Series 对象，其中列的名称已经变为索引数组的标签，而列中的元素变为 Series 数据部分。

（2）选取 DataFrame 中的多行数据

利用 iloc[ ]属性和一个数组的切片来指定 DataFrame 对象的索引列表的取值范围，从而可选取多行数据。

3. 通过切片操作选取 DataFrame 中的多行数据

也可以使用切片的方式同时选取 DataFrame 中的多行数据。

4. DataFrame 对象添加数据行

（1）使用 loc[ ]属性结合标签索引添加数据行

可以使用 loc[ ]属性结合标签索引为 DataFrame 对象新添加一行，并为此行赋值。

（2）使用 iloc[ ]属性结合整数索引添加数据行

可以使用 iloc[ ]属性结合整数索引为 DataFrame 对象新添加一行，并为此行赋值。

（3）使用 append()函数将新的数据行添加到 DataFrame 对象中

可以使用 append()函数将新的数据行添加到 DataFrame 对象中，该函数会在行末追加数据行。

5. 删除数据行

可以使用 drop() 函数结合行索引或行索引标签，从 DataFrame 中删除某一行或者多行数据。如果存在重复的行索引，那么它们所对应的行将被一起删除。

电子活页 4-3

使用行索引操作
DataFrame

【技能训练 4-7】使用行索引操作 DataFrame

【训练要求】

在 Jupyter Notebook 开发环境中创建 j4-07.ipynb，然后编写代码使用行索引操作 DataFrame。

【实施过程】

扫描二维码，浏览使用行索引操作 DataFrame 的实现过程、示例代码与输出结果。

4.3.4 使用 DataFrame 的常用属性和方法

DataFrame 的常用属性和方法如表 4-4 所示。

表 4-4　DataFrame 的常用属性和方法

序号	属性与方法名称	属性与方法描述
1	index	获取 DataFrame 对象的行索引列表
2	columns	获取 DataFrame 对象所有列的名称
3	T	行和列转置
4	axes	返回一个仅以行索引和列索引为成员的列表
5	dtypes	返回每列数据的数据类型
6	empty	DataFrame 对象中没有数据或者任意轴的长度为 0，则返回 True
7	ndim	返回轴的数量，即数组的维度
8	shape	返回一个元组，表示 DataFrame 的形状
9	size	返回 DataFrame 对象中的元素数量
10	values	使用 NumPy 数组表示 DataFrame 对象中的元素值
11	head()	返回前 n 行数据
12	tail()	返回后 n 行数据
13	shift()	将行或列移动指定的步幅

部分属性和方法进一步介绍如下。

1. 使用 index 属性获取 DataFrame 对象的行索引列表

使用 DataFrame 的 index 属性即可获取 DataFrame 对象的行索引列表。

2. 使用 columns 属性获取 DataFrame 对象所有列的名称

使用 DataFrame 的 columns 属性即可获取 DataFrame 对象所有列的名称。

3. 设置行索引标签和列索引标签

使用 index 属性可以指定 DataFrame 对象的行索引，使用 columns 属性可以指定 DataFrame 对象的列索引。通过对一个 DataFrame 对象的 index 属性进行 name 设置（df.index.name）就可以为 DataFrame 对象设置行索引标签名称。通过对一个 DataFrame 对象的 columns 属性进行 name 设置（df.columns.name）就可以为 DataFrame 对象设置列索引标签名称。

4. 使用 T 属性对 DataFrame 对象进行转置

使用 DataFrame 的 T 属性将返回 DataFrame 对象的转置，也就是把行和列进行交换。

5. 使用 empty 属性判断 DataFrame 对象是否为空

使用 DataFrame 的 empty 属性将返回一个布尔值，可以用于判断 DataFrame 对象是否为空。若该值为 True 则表示 DataFrame 对象为空。

6. 使用 ndim 属性获取 DataFrame 对象的维度

使用 DataFrame 的 ndim 属性将返回 DataFrame 对象的维度。

7. 使用 shape 属性获取 DataFrame 对象的形状

使用 DataFrame 的 shape 属性将返回一个代表 DataFrame 对象形状的元组，形如(m,n)，其中 m 表示行数，n 表示列数。

8. 使用 values 属性返回 DataFrame 对象中的所有数据

使用 DataFrame 的 values 属性，将以 NumPy 数组的形式返回 DataFrame 对象中的所有数据。

9. 使用 head()和 tail()方法查看数据

使用 DataFrame 的使用 head()或者 tail()方法可以查看 DataFrame 对象的部分数据，其中 head()方法返回前 n 行数据，默认为前 5 行数据；tail()方法返回后 n 行数据，默认为后 5 行数据。

10. 使用 shift()方法移动行或列

如果想要移动 DataFrame 对象中的某一行/列，可以使用 shift()方法实现。它提供了一个 periods 参数，该参数表示在特定的轴上移动指定的步幅。shift()方法的返回值是移动后的 DataFrame 副本。

shift()方法的语法格式如下：

```
DataFrame.shift(periods=1, freq=None, axis=0, fill_value)
```

该方法参数说明如下：

- periods：类型为 int，表示移动的步幅，可以是正数，也可以是负数，默认值为 1。
- freq：日期偏移量，默认值为 None，适用于时间序列，取值为符合时间规则的字符串。
- axis：如果是 0 或者"index"则表示上下移动，如果是 1 或者"columns"则表示左右移动。
- fill_value：该参数用来填充缺失值。

> **注意** fill_value 参数不仅可以填充缺失值，还可以对原数据进行替换，例如 df1.shift(periods=3, axis=1, fill_value= 0)。

【技能训练 4-8】使用 DataFrame 的常用属性和方法

【训练要求】

在 Jupyter Notebook 开发环境中创建 j4-08.ipynb，然后编写代码创建一个 DataFrame 对象，再使用 DataFrame 的常用属性和方法。

电子活页 4-4

【实施过程】

扫描二维码，浏览使用 DataFrame 的常用属性和方法的实现过程、示例代码与输出结果。

使用 DataFrame 的
常用属性和方法

4.4 pandas 创建与操作索引

索引是 pandas 的重要工具，主要用于管理轴标签和其他元数据。在 pandas 中，所有的索引都是通过 Index 对象来实现的。构建 Series 和 DataFrame 对象时，pandas 通过 Index 类来表示基本索引对象，所用到的数组或其他序列的标签都会被转换成一个 Index 对象。

通过索引可以从 DataFrame 中选择特定的行和列，这种数据选择的方式称为"子集选择"。

4.4.1　创建 pandas 的索引

pandas 中创建 Series 对象或 DataFrame 对象时，既可以使用自动生成的整数索引，也可以使用自定义的标签索引。无论哪种形式的索引，都是 Index 类的对象。Index 类是一个基类，它派生了许多子类。pandas 内置的 Index 类及其常见子类说明如表 4-5 所示。

表 4-5　pandas 内置的 Index 类及其常见子类说明

序号	类及其常见子类名称	说明
1	Index	泛化的 Index 对象，将轴标签表示为一个由 Python 对象组成的 NumPy 数组
2	Int64Index	针对整数的特殊 Index 对象
3	DatetimeIndex	存储纳秒级时间戳（用 NumPy 的 datetime64 类型表示）
4	PeriodIndex	针对 Period 数据（时间间隔）的特殊 Index 对象
5	MultiIndex	多层索引对象，表示单个轴上的多层索引，可以看作由元数组组成的数组

与 pandas 数据结构（Series 和 DataFrame）中其他元素不同的是，Index 对象是不可修改的（Immutable）。当不同数据结构共用 Index 对象时，该特性能够保证它的安全。

每个索引对象对外都有一些常用方法，如表 4-6 所示。

表 4-6　索引的常用方法

序号	方法	说明
1	append()	连接另一个 Index 对象，产生一个新的 Index 对象
2	diff()	计算差集，并得到一个 Index 对象
3	intersection()	计算交集
4	union()	计算并集
5	isin()	计算一个指示各值是否都包含在参数集合中的布尔型数组
6	delete()	删除索引 i 处的元素，并得到新的 Index 对象
7	drop()	删除传入的值，并得到新的 Index 对象
8	insert()	将元素插入索引 i 处，并得到新的 Index 对象
9	is_monotonic()	当各元素均大于等于前一个元素时，返回 True
10	is_unique()	当 Index 对象没有重复值时，返回 True
11	unique()	计算 Index 对象中唯一值的数组

4.4.2　获取 pandas 的索引

使用 df.index 属性就能获取索引，通过 df.index.values 属性就能获取索引的值。

4.4.3　熟知 pandas 索引的特性

（1）索引的不可修改性

索引的不可修改性是指索引是不支持修改的，但是可以重置索引的不可修改性，可以保障数据的安全。

以下代码创建了一个 Series 对象，并为其指定了索引['a', 'b', 'c']，对索引重新赋值"d"后会提示"Index 对象不支持修改操作"的信息。

代码如下：

```
import pandas as pd
s3=pd.Series([10,20,30], index=['a', 'b', 'c'])
index[1] = 'd'    #Index 对象不可修改
```

提示信息如下：

```
TypeError: Index does not support mutable operations
```

虽然 pandas 的索引是不支持部分修改的，但是可以重置索引。

代码如下：

```
s3.index=[1,2,3]
print(s3)
```

输出结果：

```
1    10
2    20
3    30
dtype: int64
```

通过这样的方式就可以"改变"索引了。

也可以使用 set_index()、reset_index()和 reindex()函数重置索引。

（2）多个数据结构之间共享 Index 对象

两个 Series 对象可以安全地共用同一个 Index 对象

代码如下：

```
import numpy as np
index3 = pd.Index(np.arange(3))
print(index3)
s3=pd.Series([10, 20, 30], index=index3)
print(s3)
s4=pd.Series(['x','y','z'], index=s3.index)
print(s4)
print(s3.index is s4.index)
```

输出结果：

```
Int64Index([0, 1, 2], dtype='int64')
0    10
1    20
2    30
dtype: int64
0    x
1    y
2    z
dtype: object
True
```

【技能训练 4-9】创建与操作索引

【训练要求】

在 Jupyter Notebook 开发环境中创建 j4-09.ipynb，然后编写代码创建与操作索引。

【实施过程】

扫描二维码，浏览创建与操作索引的实现过程、示例代码与输出结果。

4.4.4　pandas 索引设置

重置索引（Reindex）可以更改原 DataFrame 的行索引或列索引，并使更改后的行、列索引与 DataFrame 中的数据逐一匹配。通过重置索引操作，可以完成对现有数据的重新排序。如果重置的索引标签在原 DataFrame 中不存在，那么该索引标签对应的元素值将被全部填充为 NaN。

1. 使用 set_index()函数设置索引

set_index()函数的语法格式如下：

```
set_index(keys, drop=True, append=False, inplace=False, verify_integrity=False)
```

该函数参数说明如下：

- keys：列索引标签或列索引标签数组列表，即需要设置为索引的列。
- drop：默认值为 True，表示删除用作新索引的列。
- append：默认值为 False，表示不要将新索引附加到现有索引。如果其值为 True，则表示原来的索引和新索引一起被保留下来。
- inplace：默认值为 False，表示创建一个新的 DataFrame，对新的 DataFrame 进行操作，不改变原数据。如果其值为 True，则表示直接在原 DataFrame 上进行操作。
- verify_integrity：默认值为 False，表示不要检查索引是否有重复标签。如果其值为 True，则表示将检查新索引是否有重复标签，如果有，将引发异常。将其设置为 False 可以提高该函数的性能。

【技能训练 4-10】使用 set_index()函数设置索引

【训练要求】

在 Jupyter Notebook 开发环境中创建 j4-10.ipynb，然后编写代码使用 set_index()函数设置索引。

【实施过程】

扫描二维码，浏览使用 set_index()函数设置索引的实现过程、示例代码与输出结果。

2. 使用 reset_index()函数重置索引

reset_index()函数的语法格式如下：

```
reset_index(level=None, drop=False, inplace=False,
          col_level=0, col_fill='')
```

该函数参数说明如下：

- level：用于指定要重置的索引级别。其数据类型可以为 int、str、tuple 或 list，默认值为 None，表示仅从索引中删除给定级别。默认情况下删除所有级别。
- drop：默认值为 False，表示索引列会被还原为普通列如果值为 True，则会丢弃索引列。
- inplace：当前操作是否对原数据生效，默认值为 False，表示不要创建新对象。
- col_level：数据类型为 int 或 str，表示如果列有多个级别，则该参数用于确定将索引标签插入哪个级别。默认值为 0，默认情况下，将索引标签插入第 1 级。
- col_fill：对象，默认值为空，如果列有多个级别，则该参数用于确定其他级别的命名方式。如果列没有多个级别，则重复索引。

> **注意** reset_index()函数重置索引有两种类型，第一种是对原来的数据集进行重置索引；第二种是对使用过 set_index()函数的数据集进行重置索引。

【技能训练 4-11】使用 reset_index()函数重置索引

【训练要求】

在 Jupyter Notebook 开发环境中创建 j4-11.ipynb，然后编写代码使用 reset_index()函数重置索引。

【实施过程】

扫描二维码，浏览使用 reset_index()函数重置索引的实现过程、示例代码与输出结果。

电子活页 4-7

使用 reset_index() 函数重置索引

3. 使用 reindex()函数重置索引排列顺序

reindex()函数的语法格式如下：

```
obj.reindex(index=None, columns=None, axis=None, method=None, copy=True, level=NaN, fill_value=NaN, limit=None, tolerance=None)
```

如果新添加的索引没有对应的元素值，则默认将对应元素值设置为 NaN。

该函数部分参数说明如下：

- obj：pandas 对象名称。
- index：用作索引的新序列，既可以是 Index 对象，也可以是其他序列型的 Python 数据结构。
- method：插值填充方式，ffill 或 pad 表示前向填充值，bfill 或 backfill 表示后向填充值。
- fill_value：在重置索引过程中，需要引入缺失值时使用的替代值。
- limit：前向或后向填充时的最大填充量。
- level：在 MultiIndex 的指定级别上匹配简单索引，否则选取其子集。
- copy：默认值为 True，表示即使传递的索引相同，也返回新对象。如果为 False，则表示新索引与旧索引相同时则返回原对象。

【技能训练 4-12】使用 reindex()函数重置索引排列顺序

【训练要求】

在 Jupyter Notebook 开发环境中创建 j4-12.ipynb，然后编写代码使用 reindex()函数重置索引排列顺序。

【实施过程】

扫描二维码，浏览使用 reindex()函数重置索引排列顺序的实现过程、示例代码与输出结果。

电子活页 4-8

使用 reindex()函数重置索引排列顺序

4. 使用 reindex_like()函数重建行索引

现有两个 DataFrame 对象 df1 和 df2，如果想让 df1 的行索引与 df2 的行索引相同，可以使用 reindex_like()函数，df1 会按照 df2 的形式重建行索引。需要特别注意的是，df1 与 df2 的列索引标签必须相同。

reindex_like()函数的语法格式如下：

```
reindex_like(other, method=None, copy=True, limit=None, tolerance=None)
```

该函数参数说明如下：

- other：定义新索引的对象。
- method：用于指定填充相应元素值的方法，参数值为 pad/ffill 表示前向填充值；参数值为 bfill/backfill 表示后向填充值；参数值为 nearest 表示从距离最近的元素值开始填充。

- copy：即使传递的索引相同，也返回一个新对象。
    - limit：该参数用来控制填充的最大行数。
    - tolerance：不完全匹配的原始索引标签和新索引标签之间的最大距离。

电子活页 4-9

实现 pandas 的
重置索引操作

【技能训练 4-13】实现 pandas 的重置索引操作

【训练要求】

在 Jupyter Notebook 开发环境中创建 j4-13.ipynb，然后编写代码实现 pandas 的重置索引操作。

【实施过程】

扫描二维码，浏览 pandas 重置索引操作的实现过程、示例代码与输出结果。

5. 重命名 DataFrame 对象的索引标签

rename()函数可以使用某些映射（字典或 Series）或任意函数来对行、列索引标签进行重命名。

示例代码如下：

```
df6=df2.rename(columns={'date' : '日期', 'highT' : '最高气温', 'lowT' : '最低气温'},
               index = {0 : '第 1 天', 1 : '第 2 天', 2 : '第 3 天'})
print(df6)
```

输出结果：

	日期	最高气温	最低气温	AQI
第 1 天	2022/1/6	6	5	61
第 2 天	2022/1/7	7	6	54
第 3 天	2022/1/8	6	3	70

说 明 rename()函数提供了一个参数 inplace，其默认值为 False，表示复制一份原数据，并在复制后的数据上重命名。如果设置 inplace=True，则表示在原数据上重命名。

4.5 pandas 基本操作

本节主要介绍 pandas 数据显示格式设置、字符串操作、遍历操作、排序操作、排名操作与数据类型转换等。

4.5.1 pandas 数据显示格式设置

在使用 pandas 进行数据分析的过程中，经常需要输出数据分析的结果，如果数据量较大就可能会存在输出数据不全或者换行错误等问题。pandas 为了解决上述问题，允许用户对数据显示格式进行设置。pandas 中用来设置显示格式的函数如表 4-7 所示。

表 4-7 pandas 中用来设置显示格式的函数

序号	函数	功能说明
1	get_option()	用于获取解释器的默认参数值。该函数接收单一参数，用来获取显示上限的行数或者列数：参数 display.max_rows 用于获取显示上限的行数，参数 display.max_columns 用于获取显示上限的列数
2	set_option()	用于更改解释器的默认参数值，即用来更改要默认显示的行数和列数
3	reset_option()	用于将解释器的参数重置为默认值。该函数接收一个参数，并将修改后的值设置为默认值

序号	函数	功能说明
4	describe_option()	用于输出参数的描述信息
5	option_context()	用于临时设置解释器参数，当退出使用的语句块时，参数值会自动恢复为默认值

pandas 中设置显示格式函数的常用参数如表 4-8 所示。

表 4-8　pandas 中设置显示格式函数的常用参数

序号	参数名称	参数说明
1	display.max_rows	最大显示行数，超过该值时用省略号代替，为 None 时显示所有行
2	display.max_columns	最大显示列数，超过该值时用省略号代替，为 None 时显示所有列
3	display.expand_frame_repr	表示输出数据宽度超过设置宽度时，是否对其进行折叠，False 表示不折叠，True 表示折叠
4	display.max_colwidth	单列数据宽度，以字符个数计算，超过该值时用省略号表示
5	display.precision	设置输出数据的小数位数
6	display.width	数据显示区域的宽度，以总字符数计算
7	display.show_dimensions	当数据量大需要以 truncate（带引号的省略方式）显示时，该参数表示是否在最后显示数据的维度，True 表示显示，False 表示不显示，默认为 True

pandas 显示全部数据的代码如下：

```
#显示所有的列
pd.set_option('display.max_columns', None)
#显示所有的行
pd.set_option('display.max_rows', None)
#设置单列数据宽度为 100，默认为 50
pd.set_option('max_colwidth',100)
```

【技能训练 4-14】在 Jupyter Notebook 开发环境中设置 pandas 数据显示格式

【训练要求】

在 Jupyter Notebook 开发环境中创建 j4-14.ipynb，然后编写代码设置 pandas 数据显示格式。

【实施过程】

扫描二维码，浏览在 Jupyter Notebook 开发环境中设置 pandas 数据显示格式的实现过程、示例代码与输出结果。

电子活页 4-10

设置 pandas 数据
显示格式

4.5.2　pandas 字符串操作

pandas 提供了一系列的字符串操作函数，方便用户对字符串进行操作。常用的 pandas 字符串操作函数如表 4-9 所示。

表 4-9　常用的 pandas 字符串操作函数

序号	函数	功能说明
1	lower()	将字符串中的字母转换为小写字母
2	upper()	将字符串中的字母转换为大写字母

续表

序号	函数	功能说明
3	len()	获取字符串的长度
4	strip()	去除字符串两边的空格（包含换行符）
5	split()	使用指定的分隔符分割字符串
6	cat(sep="")	使用指定的分隔符连接字符串元素
7	get_dummies()	返回一个带有编码值的 DataFrame 对象
8	contains(pattern)	如果子字符串包含在元素中，则为每个元素返回 True，否则返回 False
9	replace(a,b)	将值 a 替换为值 b
10	repeat(value)	以指定的次数重复每个元素
11	count(pattern)	返回每个字符串元素出现的次数
12	startswith(pattern)	如果 Series 中的元素以指定的字符串开头，则返回 True
13	endswith(pattern)	如果 Series 中的元素以指定的字符串结尾，则返回 True
14	find(pattern)	返回指定字符在字符串中第一次出现的索引
15	findall(pattern)	以列表的形式返回出现的字符串
16	swapcase()	交换大小写字母
17	islower()	返回布尔值，判断 Series 中组成每个字符串的所有字符是否都为小写字母
18	issupper()	返回布尔值，判断 Series 中组成每个字符串的所有字符是否都为大写字母
19	isnumeric()	返回布尔值，判断 Series 中组成每个字符串的所有字符是否都为数字

注意 上述所有字符串操作函数全部适用于 Series 对象和 DataFrame 对象，也可以与 Python 内置的字符串操作函数一起使用。这些函数在处理 Series 对象或者 DataFrame 对象时，会自动忽略缺失值（NaN）。

电子活页 4-11

实现 pandas 的字符串操作

【技能训练 4-15】实现 pandas 的字符串操作

【训练要求】

在 Jupyter Notebook 开发环境中创建 j4-15.ipynb，然后编写代码实现 pandas 的字符串操作。

【实施过程】

扫描二维码，浏览 pandas 的字符串操作的实现过程、示例代码与输出结果。

4.5.3 pandas 遍历操作

对 Series 对象而言，可以把它当作一维数组进行遍历；而遍历 DataFrame 对象这种二维数据结构，则类似遍历 Python 字典。

1. 使用 for 循环进行遍历

在 pandas 中也可以使用 for 循环进行遍历。对 Series 对象进行循环遍历，可直接获取相应的数据值，而对 DataFrame 对象进行循环遍历，则会获取列索引。

2. 使用内置迭代函数进行遍历

在 pandas 中可以使用如下函数对 DataFrame 对象进行遍历。

- iteritems()函数：以键值对的形式进行遍历。
- iterrows()函数：以(row_index,row)的形式遍历行。
- itertuples()函数：以命名元组的方式遍历行。

（1）使用 iteritems()函数以键值对的形式进行遍历

iteritems()函数以键值对的形式遍历 DataFrame 对象，以列索引为键，以对应列的元素为值。

（2）使用 iterrows()函数以(row_index,row)的形式遍历行

iterrows()函数按行对 DataFrame 对象遍历后，返回一个迭代器，以行索引标签（row_index）为键，以每一行数据为值。

（3）使用 itertuples()函数以命名元组的方式遍历行

itertuples()函数同样按行对 DataFrame 对象进行遍历，遍历后返回一个迭代器，该函数会把 DataFrame 的每一行生成一个元组。

> **注意** 迭代器返回的是原对象的副本，如果在迭代过程中修改元素值，不会影响原对象。

【技能训练 4-16】实现 pandas 的遍历操作

【训练要求】

在 Jupyter Notebook 开发环境中创建 j4-16.ipynb，然后编写代码实现 pandas 的遍历操作。

【实施过程】

扫描二维码，浏览 pandas 的遍历操作的实现过程、示例代码与输出结果。

电子活页 4-12

实现 pandas 的
遍历操作

4.5.4　pandas 排序操作

Pandas 提供了两种排序方法，分别是按索引标签排序和按数值排序。

1. 使用 sort_index()函数按索引标签进行排序

默认情况下，sort_index()函数按照行索引标签顺序对所有行进行排序。也可以通过自定义参数实现根据列索引标签对所有列进行排序，或者指定某列或某几列对行进行排序的效果。

> **注意** sort_index()函数可以完成和 sort_values()函数相同的功能，但 Python 更推荐使用 sort_index()函数根据行索引标签和根据列索引标签进行排序，使用 sort_values()函数完成其他排序功能。

sort_index()函数的语法格式如下：

```
sort_index(axis=0, level=None, ascending=True, inplace=False, kind='quicksort',
           na_position='last', by=None)
```

该函数参数说明如下：

- axis：通过给 axis 参数传递 1，可以按列索引标签进行排序。默认情况下，axis=0，表示按行索引标签排序。
- level：指定根据哪一层索引标签进行排序，默认值为 None，即按最外（上）层索引标签进行排序。该值可以是数值、索引标签，或者是由这二者构成的列表。如果参数 level 有设置值，则按照给定的 level 顺序排列。
- ascending：通过将布尔值传递给 ascending 参数，可以控制排序方式（行号顺序）。该参数取值为 True 时则按照升序排列，取值为 False 时则按照降序排列，默认值为 True，即默认按照升序排列。

- inplace：默认值为 False，表示创建一个新的 DataFrame，对新的 DataFrame 进行排序操作，不改变原数据。如果其值为 True，则表示直接在原 DataFrame 上进行排序操作。
- kind：用于指定排序算法。一般有 3 种排序算法：quicksort、mergesort、heapsort。默认值为 quicksort，其中 mergesort 是最稳定的算法。
- na_position：规定缺失值的排列方式，其取值范围为{'first', 'last'}，默认值为'last'，即缺失值排在最后面。
- by：按照某一列或几列数据进行排序。

2. 使用 sort_values()函数按数值进行排序

sort_values()函数用于实现按数值排序，既可以根据列数据数值排序，也可根据行数据数值排序。

使用该函数必须指定 by 参数，即必须指定哪几行或哪几列。该函数无法根据行索引标签和列索引标签排序。

sort_values()函数的语法格式如下：

```
DataFrame.sort_values(by, axis=0, ascending=True, kind='quicksort', na_position='last')
```

该函数参数说明如下：
- by：指定排序字符串或由字符串组成的列表，如果 axis=0，那么 by="列名"，即按指定的列名称排序；如果 axis=1，那么 by="行名"，即按指定的行名称排序。如果按多列数值进行排序，by 参数为一个参数值列表。
- axis：该参数取值范围为{0 or 'index', 1 or 'columns'}，默认值为 0，即按照列排序（纵向排序）；如果取值为 1，则按照行排序"横向排序"。
- ascending：该参数值为布尔值，默认值为 True，表示升序排列；取值为 False 时，表示降序排列。如果 by=['列名 1', '列名 2']，则该参数可以是[True, False]，即第一列按升序排列，第二列按降序排列。
- kind：用于指定排序算法。一般有 3 种排序算法：quicksort、mergesort、heapsort。默认值为 quicksort，其中 mergesort 是最稳定的算法。例如：df8=df1.sort_values (by='highT', kind='mergesort')。
- na_position：指定缺失值的排列方式，其取值范围为{'first', 'last'}，默认值为'last'，即缺失值排在最后面。

> **注意** 指定多列（多行）排序时，先按排在前面的列（行）排序，如果内部有相同数据，再按下一个列（行）排序，以此类推。如果内部无相同数据，则后续排序不执行。即首先满足排在前面的列（行）的排序，再排后面的列（行）。

【技能训练 4-17】实现 pandas 的排序操作

【训练要求】

在 Jupyter Notebook 开发环境中创建 j4-17.ipynb，然后编写代码实现 pandas 的排序操作。

【实施过程】

1. 使用 sort_index()函数按索引标签进行排序

（1）创建指定行索引的 DataFrame 对象

（2）按行索引顺序排列

（3）通过 ascending 参数控制排序方式

（4）按列索引顺序排列

2. 使用 sort_values()函数按数值进行排序

（1）按 1 列的数值进行排序

（2）按多列数值的升序进行排序

（3）指定不同的排序方式对多列数值进行排序

（4）指定排序算法

（5）按 1 行的数值进行排序

扫描二维码，浏览实现 pandas 的排序操作的示例代码与输出结果。

电子活页 4-13

实现 pandas 的
排序操作

4.5.5　pandas 的元素值排名操作

排名和排序有些类似，排名会为序列的每个元素值安排一个初始值为 1 并依次加 1 的位次，位次越靠前，所使用的数值越小，通过 rank() 函数可计算元素值的位次。

pandas 提供的 rank() 函数用于按照某种规则（升序或者降序）对序列中的元素值进行排名，该函数的返回值也是一个序列，其中包含原序列中每个元素值的位次。使用 rank() 函数计算元素值的位次时，rank() 函数返回每个元素值在原来的序列中排第几位（初始值为 1，依次加 1），如果序列中包含两个相同的元素值，默认情况下返回其位次的平均值。

rank() 函数的语法格式如下：

```
rank(axis=0, method: str = 'average', numeric_only: Union[bool, NoneType] = None,
    na_option: str = 'keep', ascending: bool = True, pct: bool = False)
```

该函数主要参数说明如下：

（1）axis 参数

使用 rank() 函数对 DataFrame 对象进行排名时，可以根据 axis 参数指定的轴进行排名，axis=0 表示按行排名，axis=1 表示按列排名。默认按行排名（axis=0）。

（2）method 参数

rank() 函数提供了 method 参数，可以针对相同元素值进行不同方式的排名，其取值如下：

- average：默认值，如果元素值相同则分配平均排名。
- min：给相同元素值分配较低排名。
- max：给相同元素值分配较高排名。
- first：对于相同元素值，根据出现在数组中的顺序进行排名。
- dense：与 min 类似，但是排名每次只增加 1，即并列的数据只占一个位次。

（3）ascending 参数

rank() 函数有一个 ascending 参数，默认值为 True，表示升序排列；如果将其设置为 False，则表示降序排列，即将较大的数值分配给较小的排名。

【技能训练 4-18】对序列中的元素值进行排名

【训练要求】

在 Jupyter Notebook 开发环境中创建 j4-18.ipynb，然后编写代码对序列中的元素值（年龄、成绩等）进行排名。

电子活页 4-14

对序列中的元素值
进行排名

【实施过程】

扫描二维码，浏览对序列中的元素值进行排名的实现过程、示例代码与输出结果。

4.5.6　pandas 数据类型转换

在处理数据时，可能会遇到需要转换数据类型的情况。例如，对于整型数据，如果使用这些数据时希望保留两位小数，就需要将数据的类型转换成浮点型。

【技能训练 4-19】实现 pandas 数据类型转换

【训练要求】

在 Jupyter Notebook 开发环境中创建 j4-19.ipynb，然后编写代码实现 pandas 数据类型转换。

【实施过程】

1. 在构造方法中使用 dtype 参数指定数据类型

创建 pandas 对象时，如果没有明确地指出数据类型，则可以根据传入的数据推断其数据类型，并使用 dtypes 属性进行查看。

代码如下：

```
import pandas as pd
data1 = {'name':['阳光', '白雪', '夏天', '云朵'],
        'sex':[ '男', '女', '男', '女'],
        'age':[23,18,20,22],
        'height': [171.0, 180.0, 189.0, 171.0] }
df1 = pd.DataFrame(data1)
print(df1.dtypes)
```

输出结果：

```
name        object
sex         object
age         int64
height      float64
dtype: object
```

也可以在创建 pandas 对象时，明确指定数据类型，即使用构造方法创建对象时，使用 dtype 参数指定数据类型。

代码如下：

```
data2 = {'score': [65, 84 ,78 ,92.5] }
df2 = pd.DataFrame(data2, dtype='float')
print(df2.dtypes)
```

输出结果：

```
score       float64
dtype: object
```

2. 使用 astype()方法强制转换数据类型

astype()方法用于将特定的列数据类型转换为另一种数据类型。还可以使用 Python 字典一次更改多个列数据类型，字典中的键与列名相对应，字典中的值与希望列属于的新数据类型相对应。

astype()方法的语法格式如下：

```
astype(dtype, copy=True, errors='raise', **kwargs)
```

该方法参数说明如下：

- dtype：数据的类型。可以使用 numpy.dtype 将整个 pandas 对象转换为相同类型。或者，使用{col: dtype, ...}将 DataFrame 对象的一列或多列转换为指定的数据类型，其中 col 是列标签，而 dtype 是 numpy.dtype。
- copy：是否创建副本，默认值为 True，表示创建一个副本。
- errors：表示异常处理方式，取值为'raise'或'ignore'，默认值为'raise'。其中'raise'表示允许引发异常，'ignore'表示抑制异常。
- kwargs：将其他参数传递给构造函数。

代码如下：

```
data3 = {'name':['阳光', '白雪', '夏天', '云朵'],
```

```
        'score': [65.0, 84.0 ,78.0 ,92.5] }
df3 = pd.DataFrame(data3)
print(df3.dtypes)
df4=df3['score'].astype(dtype='int')
print(df4)
```

输出结果：

```
name        object
score       float64
dtype: object
0    65
1    84
2    78
3    92
Name: score, dtype: int32
```

3. 使用 to_numeric()函数转换数据类型

使用 astype()方法转换数据类型存在着一些局限性，只要待转换的数据中存在非数字以外的字符，在使用 astype()方法进行数据类型转换时就会出现错误，而 to_numeric()函数正好解决了这个问题。要将参数转换为数值类型，可以使用 to_numeric()函数。

to_numeric()函数的语法格式如下：

```
to_numeric(arg, errors='raise', downcast=None)
```

该函数参数说明如下：

● arg：要转换的数据，可以是 scalar（标量）、list（列表）、tuple（元组）、一维数组或 Series 对象。

● errors：采取的异常处理方式。它的可选值有'ignore'、'raise'、'coerce'，默认值为'raise'。如果取值为'raise'，则无法转换数据将被设置为一个异常。如果取值为'coerce'，则无法转换数据将被设置为 NaN。如果取值为'ignore'，则无法转换数据将返回输入。

● downcast：用于优化结果类型的内存使用，尝试将数据类型转换为该参数指定的类型。它的可选值有：'integer'、'signed'、'unsigned'、'float'，默认值为 None。

to_numeric()函数的返回值说明如下：

:to_numeric()函数的默认返回类型为 float64 或 int64，如果解析成功，to_numeric()函数将返回数值型数据。需要注意的是，具体的返回类型取决于输入的数据，如果将序列作为输入数据，则返回序列，对于所有其他情况，则返回 ndarray 对象。如果要获取其他数据类型的值，需要使用 downcast 参数。如果输入的数字太大，可能会导致精度损失。

代码如下：

```
import pandas as pd
s4 = pd.Series(['65', '84', '78', '92.5'])
print(s4)
print(pd.to_numeric(s4))
```

输出结果：

```
0    65
1    84
2    78
3    92.5
```

125

```
dtype: object
0      65.0
1      84.0
2      78.0
3      92.5
dtype: float64
```

4.5.7 创建与使用 pandas 分类对象

通常情况下，大量数据会存在许多同一类别的信息，例如等级、编码、性别等，当这些相同类别的数据多次出现时，可能会给数据处理增添许多麻烦，导致数据集变得"臃肿"，不能直观、清晰地展示数据。针对这些问题，pandas 提供的分类对象（Categorical Object）能够实现有序排列、自动去重的功能，但是它不能执行运算。

1. 创建 pandas 分类对象

可以通过多种方法创建分类对象，这里介绍以下两种方法。

（1）指定 dtype 创建分类对象

在创建 Series 对象或者 DataFrame 对象时，可以通过参数 dtype 指定分类对象名称。

（2）使用 Categorical()构造函数创建分类对象

使用 Categorical()构造函数可以创建一个分类对象，该构造函数返回一个 category 类型，表示分类对象，其语法格式如下：

```
pandas.Categorical(values, categories, ordered)
```

该函数参数说明如下：

- values：以列表的形式传递参数，表示要分类的值。
- categories：类别，当列表中不存在某一类别时，会自动将类别值设置为 NaN。
- ordered：该参数为布尔值，默认值为 False，若将其设置为 True，则表示对分类的数据进行排序。

2. 获取类别信息

通过 obj.categories 属性可以获取对象的类别信息，通过 obj.order 属性可以获取 order 指定的布尔值。

3. 获取统计信息

对于已经分类的数据，使用 describe()函数可以得到与数据统计相关的摘要信息。

4. 分类对象比较

在下述两种情况下，我们可以对分类对象进行比较。

① 当两个分类对象长度相同时，可以进行比较运算。

② 当两个分类对象的 ordered 均等于 True，并且类别相同时，可以进行比较运算。

电子活页 4–15

【技能训练 4-20】创建与使用 pandas 的分类对象

【训练要求】

在 Jupyter Notebook 开发环境中创建 j4-20.ipynb，然后编写代码创建与使用 pandas 的分类对象。

【实施过程】

扫描二维码，浏览创建与使用 pandas 的分类对象的实现过程、示例代码与输出结果。

创建与使用 pandas 的分类对象

4.6 pandas 数据筛选

数据筛选是 pandas 数据结构中最常用的操作之一，除了在前文介绍过的一些数据筛选函数，pandas 还提供更多的数据筛选函数，现将常用的数据筛选函数进行归纳、总结。pandas 数据结构常用的数据筛选函数如表 4-10 所示。

表 4-10　pandas 数据结构常用的数据筛选函数

序号	函数	功能说明
1	obj.values	返回 obj 的值，以 numpy.ndarray 对象返回
2	obj.head(n)	返回前 n 行
3	obj.tail(n)	返回最后 n 行
4	obj.shape	返回表示行数和列数的元组
5	df.info()	返回 DataFrame 索引、数据类型和有关信息
6	obj[m: n]	选取 m~n-1 行进行切片操作
7	obj[obj 条件表达式]	选取满足条件的元素
8	df.loc[m: n]	获取 m~n 行（推荐）
9	df.iloc[m: n]	获取 m~n-1 行
10	df.loc[m: n, 'col1':'col$n$']	获取 m~n 行的 col1~col$n$ 列
11	s.iloc[n]	按位置 n 选取数据
12	s.loc['index_one']	按索引选取数据

> **说 明** 表 4-10 中 obj 表示 Series 或 DataFrame 对象，df 表示 DataFrame 对象，s 表示 Series 对象。

【技能训练 4-21】实现 pandas 数据结构的筛选
【训练要求】
在 Jupyter Notebook 开发环境中创建 j4-21.ipynb，然后编写代码实现 pandas 数据结构的筛选。

4.6.1　Series 对象中元素筛选

Series 对象中的元素筛选就是根据条件筛选数据结构中的元素。
例如，筛选 Series 对象中大于 2 的元素。
代码如下：

```
import pandas as pd
s1 = pd.Series([1,2,3,4],index=['a', 'b', 'c', 'd'])
print(s1[s1>2])
```

输出结果：

```
c    3
d    4
dtype: int64
```

4.6.2　DataFrame 对象中元素筛选

1. 设置筛选条件进行数据筛选

对于 DataFrame 对象，可以通过指定条件来筛选其中的元素。

代码如下：

```python
import pandas as pd
data1 = [['安静',21],['路远',20],['温暖',19] ,['向北',22]]
df1 = pd.DataFrame(data1,columns=['Name','Age'])
print(df1)
print(df1[df1['Age']>20])
print(df1[df1['Age']<20])
```

输出结果：

```
    Name  Age
0   安静    21
1   路远    20
2   温暖    19
3   向北    22
    Name  Age
0   安静    21
3   向北    22
    Name  Age
2   温暖    19
```

返回的 DataFrame 对象中只包含满足条件的数据，各元素的位置保持不变。

2. 使用 query()方法查询 DataFrame 列中的数据

使用 query()方法可以简化查询。query()方法的语法格式如下：

```
DataFrame.query(expr, inplace=False, **kwargs)
```

其中 expr 为要返回布尔值的字符串表达式。

例如：

```
df.query('a<100')
df.query('a < b & b < c ')，或者 df.query(' (a<b)&(b<c) ')
```

query()方法支持以下运算符：

- 逻辑运算符：&、|、~。
- 比较运算符：<、<=、==、!=、>=、>。
- 单变量运算符：–。
- 多变量运算符：+、–、*、/、%。

（1）查询年龄为 20~21 的学生信息

代码如下：

```
df1.query('Age>=20 & Age<=21')
```

输出结果：

```
    Name  Age
0   安静    21
1   路远    20
```

（2）使用外部的变量查询年龄为 20~21 的学生信息

query()方法中可以使用@var 的方式传入外部变量。

代码如下：

```
age1 = 20
age2 = 21
df1.query("Age<=@age2 & Age>=@age1")
```

输出结果：

	Name	Age
0	安静	21
1	路远	20

3. 使用 isin()函数筛选 DataFrame 列中的数据

使用 isin()函数可以判断给定的一列元素是否包含在 DataFrame 结构中，如果给定的元素包含在 DataFrame 结构中，isin()函数的返回值为 True，否则返回 False。利用此函数可以筛选 DataFrame 列中的数据。

代码如下：

```
print(df1[df1.isin(['安静',21])])
```

输出结果：

	Name	Age
0	安静	21
1	NaN	NaN
2	NaN	NaN
3	NaN	NaN

4.7 pandas 创建与操作多层索引

多层索引（MultiIndex）是 pandas 中非常重要的索引类型，它指的是在一个轴上拥有多个（即两个及以上）索引层。多层索引可以理解为单层索引的延伸，它使得我们可以用低维度的结构来处理高维数据。想要处理三维及以上的数据时，就需要用到多层索引。

多层索引的存在使得分析高维数据变得简单，让抽象的高维数据变得容易理解，同时它比 Panel 结构更容易使用。

基于分层索引的 Series 对象如图 4-3 所示，基于分层索引的 DataFrame 对象如图 4-4 所示。

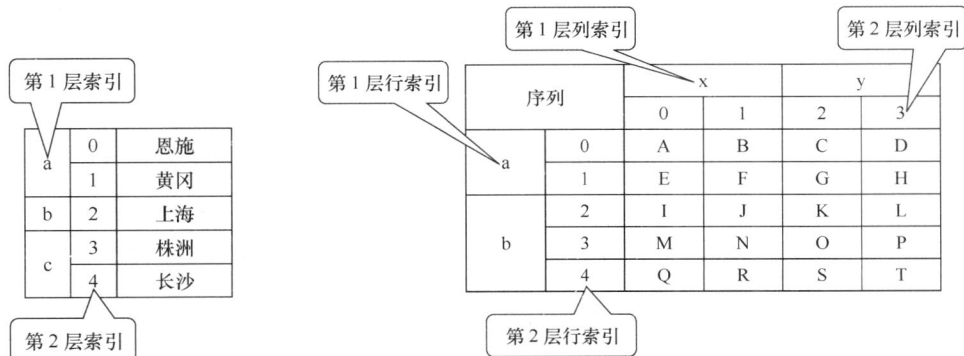

图 4-3　基于分层索引的 Series 对象　　　　图 4-4　基于分层索引的 DataFrame 对象

图4-3中，Series对象有2层索引，第1层索引a嵌套了第2层索引0、1以及数据恩施、黄冈；第1层索引b嵌套了第2层索引2和数据上海；第1层索引c嵌套了第2层索引3、4以及数据株洲、长沙。

图4-4中，DataFrame对象有2层行索引和2层列索引，第1层行索引a嵌套了第2层行索引0、1及其对应的2行数据，第1层行索引b嵌套了第2层行索引2、3、4及其对应的3行数据；第1层列索引x嵌套了第2层列索引0、1及其对应的2列数据，第1层列索引y嵌套了第2层列索引2、3及其对应的2列数据。

4.7.1 创建多层索引

Series对象和DataFrame对象都可以创建多层索引，常见的创建多层索引的方式是在构造函数的index参数中传入一个嵌套列表。

pandas可以通过MultiIndex()函数来创建多层索引对象，该对象本质上是一个元组序列，该序列中每一个元组都是唯一的。也可以通过MultiIndex类的相关方法先创建一个MultiIndex对象，然后将其作为Series对象与DataFrame对象中的index（或columns）参数值。同时，可以通过names参数指定多层索引的名称。

MultiIndex类提供了如下4个创建多层索引的方法。

① from_arrays()：接收一个多维数组创建多层索引，高维指定高层索引，低维指定底层索引。

② from_tuples()：接收一个元组创建多层索引，由每个元组指定每个索引（高维索引、低维索引）。

③ from_product()：接收一个可迭代对象的列表，根据多个可迭代对象元素的笛卡儿积创建多层索引。

④ from_frame()：接收一个DataFrame对象创建多层索引。

4.7.2 多层索引操作

通过创建多层索引，我们可以使用高层次的索引来操作整个索引组的数据。多层索引同样支持单层索引的相关操作，例如索引元素、切片、通过索引数组选择元素等。我们也可以根据多层索引，按层次逐级选择元素。

多层索引操作的基本格式如下：

- s[操作]。
- s.loc[操作]。
- s.iloc[操作]。

其中，操作可以是索引、切片、数组索引、布尔索引。

1. Series多层索引的操作

使用loc（标签索引）可以通过多层索引获取该索引所对应的一组值。通过iloc（位置索引）可以获取对应位置的元素值，与是否使用多层索引无关。

对于单层索引，首先按照标签进行索引，如果标签不存在，则按照位置进行索引。对于多层索引，按照标签进行索引。

对于切片，如果提供的是整数，则按照位置进行索引，否则按照标签进行索引。

对于数组索引，如果数组元素都是整数，则根据位置进行索引，否则根据标签进行索引，此时即使标签不存在，也不会出现错误。

2. DataFrame多层索引的操作

使用loc可以通过多层索引获取该索引所对应的一组值。通过iloc可以获取对应位置的一行，与是否使用多层索引无关。

对于索引，根据标签获取相应的列，如果是多层索引，则可以获取多列。

对于数组索引，根据标签获取相应的列，如果是多层索引，则可以获取多列。

对于切片，首先按照标签进行索引，然后按照位置进行索引（取行）。

3. 使用 swaplevel()函数交换两个层级的索引

使用 DataFrame 对象的 swaplevel()函数可以交换两个层级的索引。该函数默认对倒数第 2 层与倒数第 1 层的索引进行交换。也可以指定交换层，层次从 0 开始，由外向内递增（或者由上到下递增），也可以指定负值，负值表示倒数第几层。除此之外，也可以使用层次索引的名称来进行交换。

4.8 pandas 读写文件中的数据

使用 pandas 进行数据分析时，需要读取事先准备好的数据集，这是数据分析的第一步。pandas 提供了 read_excel()、read_csv()、read_json()、read_sql_query()等多种读取数据的函数。

4.8.1 pandas 读取 Excel 文件中的数据

pandas 提供了操作 Excel 文件的函数，可以很方便地处理 Excel 文件中的数据。

openpyxl 是一个第三方模块，用于处理 XLSX 格式的 Excel 文件，可以使用命令 pip install openpyxl 安装该模块。

pandas 处理 Excel 文件依赖 xlrd 模块，需要提前安装这个模块，安装命令为：pip install xlrd。

若使用 pandas 读取 Excel 文件中的数据时出现错误提示信息"Missing optional dependency 'fsspec'. Use pip or conda to install fsspec."表示缺失必要的第三方模块 fsspec。解决方案是在当前环境下使用以下命令下载并安装该库：pip install fsspec。

使用 read_excel()函数可以读取 Excel 文件中的数据。

扫描二维码，浏览 read_excel()函数语法格式及其常用参数说明。

电子活页 4-16

read_excel()函数语法格式及其常用参数说明

【技能训练 4-22】使用 read_excel()函数读取 Excel 文件中的数据
【训练要求】

在 Jupyter Notebook 开发环境中创建 j4-22.ipynb，然后编写代码使用 read_excel()函数读取 Excel 文件 weatherData01.xlsx 中前 5 行的数据。

【实施过程】
代码如下：

```
import pandas as pd
path='data\weatherData01.xlsx'
#默认读取 Excel 文件的第 1 个工作表
df1=pd.read_excel(path)
#默认读取前 5 行的数据
data1=df1.head()
data1
```

输出结果：

	序号	日期	星期	最高气温	最低气温	空气质量指数	等级
0	1	2022-01-01	星期六	12	1	167	中度
1	2	2022-01-02	星期日	15	4	145	轻度
2	3	2022-01-03	星期一	12	8	123	轻度
3	4	2022-01-04	星期二	12	6	212	重度
4	5	2022-01-05	星期三	7	5	104	轻度

输出结果中气温的单位为℃。

4.8.2　使用 to_excel()函数将 DataFrame 数据写入 Excel 文件

使用 to_excel()函数可以将 DataFrame 数据写入 Excel 文件。如果想要把单个对象写入 Excel 文件，那么必须指定目标文件名；如果想要将对象写入多张工作表中，则需要创建一个带有目标文件名的 ExcelWriter 对象，并通过 sheet_name 参数依次指定工作表的名称。

电子活页 4-17

to_excel()函数
语法格式及其常用
参数说明

扫描二维码，浏览 to_excel()函数语法格式及其常用参数说明。

【技能训练 4-23】使用 to_excel()函数将 DataFrame 数据写入 Excel 文件中

【训练要求】

在 Jupyter Notebook 开发环境中创建 j4-23.ipynb，然后编写代码使用 to_excel()函数将 DataFrame 数据写入 Excel 文件 weatherData02.xlsx 中。

【实施过程】

代码如下：

```python
import pandas as pd
#创建 DataFrame 数据
data={
    'date': ['2022/1/1', '2022/1/2', '2022/1/3', '2022/1/4', '2022/1/5'],
    'highT': [12,15,12,12,7],
    'lowT': [1,4,8,6,5],
    'AQI': [167,145,123,212,104]
}
weatherData=pd.DataFrame(data)
path='data\weatherData02.xlsx'
weatherData.to_excel(path,sheet_name="sheet2")
#默认读取 Excel 文件的第 1 个工作表
df1=pd.read_excel(path)
df1
```

输出结果：

	Unnamed: 0	date	highT	lowT	AQI
0	0	2022/1/1	12	1	167
1	1	2022/1/2	15	4	145
2	2	2022/1/3	12	8	123
3	3	2022/1/4	12	6	212
4	4	2022/1/5	7	5	104

4.8.3　pandas 读取 CSV 文件中的数据

CSV 文件是一种格式简单的文件，能够以纯文本形式存储表格数据（数字和文本），并具有数据交换的通用格式。CSV 文件可以在 Excel 中被打开，其行和列都定义了标准的数据格式。

将 CSV 文件中的数据转换为 DataFrame 对象是非常简单的。与一般文件读写不一样，它不需要单独完成打开文件、读取文件、关闭文件等操作，只需要一行代码就可以完成上述所有步骤，并将数据存储在 DataFrame 对象中。

文件的读写操作属于计算机的输入/输出（Input/Output，I/O）操作，pandas 为输入/输出操作提供了一些函数，例如 read_csv()、read_json() 等，它们都返回一个 pandas 对象。

在 pandas 中用于读取文本的函数有两个，分别是 read_csv() 和 read_table()，它们能够自动地将表格数据转换为 DataFrame 对象。read_csv() 函数用于从文件、URL、文件型对象中加载带分隔符的数据，其默认分隔符为半角逗号（,）；read_table() 函数用于从文件、URL、文件型对象中加载带分隔符的数据，其默认分隔符为制表符（\t）。

扫描二维码，浏览 read_csv() 函数语法格式及其常用参数说明。

电子活页 4-18

read_csv() 函数
语法格式及其常用
参数说明

【技能训练 4-24】读取 CSV 文件中的数据

【训练要求】

当前文件夹 Project04 的子文件夹 data 中有一个名称为 weatherData01.csv 的 CSV 文件，该文件中存储了 2022 年 1 月长沙市的气温和空气质量指数（Air Quality Index，AQI）数据，在 Jupyter Notebook 开发环境中创建 j4-24.ipynb，然后编写代码读取该 CSV 文件中的数据。

【实施过程】

1. 从 CSV 文件中读取数据，并创建 DataFrame 对象

代码如下：

```
import pandas as pd
#使用一行代码即可完成数据读取，但是注意文件路径不要写错
path='data\weatherData01.csv'
data1 = pd.read_csv(path)
```

2. 读取前面 n 行数据

head(n)函数用于读取前面 n 行数据，如果不指定参数 n，默认返回前面 5 行数据。

代码如下：

```
data1.head(3)
```

输出结果：

	序号	日期	星期	最高气温	最低气温	空气质量指数	等级	天气	风力风向
0	1	2022-01-01	星期六	12	1	167	中度	多云~晴	西北风2级
1	2	2022-01-02	星期日	15	4	145	轻度	晴	东南风1级
2	3	2022-01-03	星期一	12	8	123	轻度	多云~阴	东南风1级

上面输出结果中的气温单位为℃。

4.8.4　将 DataFrame 数据写入 CSV 文件

pandas 提供的 to_csv() 函数用于将 DataFrame 数据转换为 CSV 数据。如果想要把 CSV 数据写入文件，只需向该函数传递一个文件对象即可。如果调用 to_csv() 函数时没有传递文件对象，则 CSV 数据将以字符串格式返回。

扫描二维码，浏览 to_csv() 函数语法格式及其常用参数说明。

电子活页 4-19

to_csv() 函数语法
格式及其常用
参数说明

【技能训练 4-25】将 DataFrame 数据写入 CSV 文件

【训练要求】

在 Jupyter Notebook 开发环境中创建 j4-25.ipynb，然后编写代码指定 CSV 数据的分隔符，并将指定的 CSV 数据保存在当前文件的子文件夹 data 的 weatherInfo4-25.csv 文件中。

【实施过程】

代码如下：

```
import pandas as pd
data1={
    'date': ['2022/1/1', '2022/1/2', '2022/1/3', '2022/1/4', '2022/1/5'],
    'highT': [12,15,12,12,7],
    'lowT': [1,4,8,6,5],
    'AQI': [167,145,123,212,104]
}
weatherInfo = pd.DataFrame(data1)
print('DataFrame Values:\n', weatherInfo)
#转换为 CSV 数据
csv_data = weatherInfo.to_csv()
print('CSV String Values:\n', csv_data)
#写入文件中
csv_data = weatherInfo.to_csv("data\weatherInfo4-25.csv",
                    sep='|')
```

输出结果：

```
DataFrame Values:
       date     highT  lowT  AQI
0   2022/1/1    12     1    167
1   2022/1/2    15     4    145
2   2022/1/3    12     8    123
3   2022/1/4    12     6    212
4   2022/1/5     7     5    104
CSV String Values:
 ,date,highT,lowT,AQI
0,2022/1/1,12,1,167
1,2022/1/2,15,4,145
2,2022/1/3,12,8,123
3,2022/1/4,12,6,212
4,2022/1/5,7,5,104
```

应用与实战

【任务 4-1】药品销售数据导入与审阅

【任务描述】

Excel 文件"药品销售数据.xlsx"共有 6578 行药店的药品销售数据，该 Excel 文件共有 7 列有效数据，分别为购药时间、社保卡号、商品编码、商品名称、销售数量、应收金额、实收金额，通过分析药品销售数据，看看哪些药物购买者较多，哪些天购药者较多等。

本任务主要完成药品销售数据的导入与审阅。针对这些药店的药品销售数据进行数据预处理、数据统计与分析、数据可视化展示等操作，这些操作将分别在模块 5、模块 6、模块 7 分步实施。

【任务实现】

在 Jupyter Notebook 开发环境中创建 t4-01.ipynb，然后在单元格中编写代码与输出对应的结果。

扫描二维码，浏览药品销售数据导入与审阅的实现过程、示例代码与输出结果。

电子活页 4-20

药品销售数据
导入与审阅

【任务 4-2】网上商城用户消费数据导入与审阅

【任务描述】

文件 df_short.csv 中共有 55148 行网上商城的用户消费数据，该文件中共有 7 个有效列，其含义说明如下。

① customer_id：用户的编号，区分不同用户的唯一依据，对于同一用户，customer_id 的值相同。

② product_id：商品的编号，区分不同商品的唯一依据，针对同一商品，product_id 的值相同。

③ type：用户行为类型，其中 1 表示浏览行为、2 表示评论行为、3 表示购买行为、4 表示收藏行为、5 表示加入购物车行为。

④ brand：商品品牌名称，例如华为、格力、小米等。

⑤ category：商品类别，也可以理解为商品细分类型，例如手机、空调、电视机、数码相机、糖果、咖啡、巧克力、防晒霜、T 恤、外套、毛衣、运动鞋、珠宝配件等。

⑥ shop_category：商城店铺类别，也可以理解为商品大类，例如电子产品、服装、家用电器、母婴产品、食品、美容化妆产品、户外运动产品、家具等。

⑦ date：日期。

针对这些网上商城的用户消费数据进行数据导入与审阅、数据预处理、数据统计与分析、数据可视化展示等操作，这些操作将分别在模块 4、模块 5、模块 6、模块 7 分步实施。

本任务主要完成网上商城用户消费数据的导入与审阅。

【任务实现】

在 Jupyter Notebook 开发环境中创建 t4-02.ipynb，然后在单元格中编写代码与输出对应的结果。

扫描二维码，浏览网上商城用户消费数据导入与审阅的实现过程、示例代码与输出结果。

电子活页 4-21

网上商城用户消费
数据导入与审阅

📝 在线练习与考核

扫描二维码，完成本模块的在线练习与考核。

电子活页 4-22

在线练习与考核

模块 5

数据预处理

05

通过数据采集获得的原始数据，可能会存在不完整、不一致的"脏数据"，这些"脏数据"无法直接用于数据分析。数据预处理就是将数据采集阶段获得的原始数据，经过数据清理和数据变换后，转变为"干净"的数据。使用这些"干净"的数据，才能获得更加精确的分析结果。

数据预处理是指对收集到的原始数据进行数据加工，主要包括数据清理、数据合并、数据抽取、数据重塑、数据变换等。通过数据预处理将各种原始数据加工成符合准确、完整、简洁等标准的高质量数据，保证该数据能更好地服务于数据分析工作。

✍ 学习与训练

5.1 数据清理

数据清理是对一些没有用的数据进行处理的过程。很多数据集存在数据缺失、数据格式错误、数据重复等情况，如果要使数据分析的结果更加准确，就需要对这些没有用的数据进行处理。

数据清理是数据科学工作流程的基础，机器学习模型会根据用户提供的数据运行，混乱的数据会导致模型性能下降甚至产生错误的结果，而干净的数据是获得良好模型性能的先决条件。当然使用干净的数据并不意味着模型一直都有好的性能。模型的正确选择也很重要，但是没有干净的数据，即使再强大的模型也无法达到预期的水平。

5.1.1 pandas 缺失值处理

在数据分析业务中，数据缺失是我们经常遇见的问题。缺失值的存在会导致数据质量的下降，从而影响模型预测的准确性，这对于机器学习和数据挖掘影响尤为严重，因此妥善地处理缺失值能够使模型预测更为准确和有效。

前文的示例中，我们学习了 NaN 值。在现实生活中，经常会遇到一些数据因为某些因素而丢失。例如，在对产品体验情况进行用户调查时，一些用户很乐意分享自己使用产品的体验，但他们不愿意透露自己的姓名和联系方式，这样调查结果中记录用户的姓名和联系方式的数据就缺失了，对应的数据为 NaN 值。

尽管 NaN 值是在数据有问题时产生的，但在 pandas 中可以定义这种类型的数据，并允许将它添加到 Series、DataFrame 等数据结构中。

稀疏数据指的是在数据库或者数据集中存在大量缺失数据或者空值的数据。稀疏数据不是无效数据，只不过是信息不全而已，只要通过适当的方法就可以"变废为宝"。

稀疏数据的来源与产生原因有很多种，大致分为以下 3 种。

① 由于调查不当产生的稀疏数据。

② 由于不可抗拒的原因产生的稀疏数据。

③ 文本挖掘中产生的稀疏数据。

缺失值有 3 种表示方法：None、NA、NaN。

① None：Python 中的特殊常量，用于表示一个变量没有值。

② NA：表示不可用（Not Available），主要在数据分析的过程中使用。

③ NaN：是一个特定的浮点数值，被用于处理数值数据的缺失值。

None 和 NaN 有什么区别呢？None 是 Python 的一种对象类型，NaN 是浮点类型，两个都可以用作空值。NaN 可参与运算，None 是不可以参与运算的。

在 pandas 中如果遇到了 None 类型的空值，pandas 会自动将其转换为 NaN 类型。

1. 使用函数检查缺失值

pandas 提供了 isnull() 和 notnull() 两个函数检查缺失值，它们同时适用于 Series 对象和 DataFrame 对象。isnull() 函数用来判断元素是否为空，notnull() 函数用来判断元素是否不为空。

isnull() 函数的语法格式如下：

```
isnull(obj)
```

或者：

```
obj.isnull()
```

obj 表示要检查缺失值的 Series 对象或者 DataFrame 对象。使用 isnull() 函数时，如果发现数据中存在缺失值，就将这个位置标记为 True，否则标记为 False。

notnull() 函数的语法格式与 isnull() 函数的类似，如果发现数据中有缺失值则返回 False。

pandas 还提供了 any() 函数和 all() 函数用来检测行或者列。any() 函数用来检测行或列中的元素是否包含缺失值，如果某行或列中的元素包含缺失值，则返回 True，否则返回 False。all() 函数用来检测行或列中的所有元素是否都不包含缺失值，如果行或列中的所有元素都不包含缺失值，则返回 True，否则返回 False。

【技能训练 5-1】创建 DataFrame 对象并检查是否存在缺失值

【训练要求】

在 Jupyter Notebook 开发环境中创建 j5-01.ipynb，然后编写代码基于 2022 年 1 月 1 日到 2022 年 1 月 10 日范围内长沙市最高气温、最低气温、空气质量指数构建的数据集创建 DataFrame 对象，并检查是否存在缺失值。

电子活页 5-1

创建 DataFrame
对象并检查是否
存在缺失值

【实施过程】

扫描二维码，浏览创建 DataFrame 对象并检查是否存在缺失值的实现过程、示例代码与输出结果。

【技能训练 5-2】从 CSV 文件中读取数据创建 DataFrame 对象并检查是否存在缺失值

【训练要求】

CSV 文件 testData01.csv 中的数据如表 5-1 所示。

表 5-1　CSV 文件 testData01.csv 中的数据

date	highT	lowT	AQI
2022/1/1	12	--	167
2022/1/2	15	NA	145
2022/1/3	12	6	212
2022/1/4	NA	5	104

续表

date	highT	lowT	AQI
2022/1/5	7	6	54
2022/1/6	na	3	n/a
2022/1/7	9	na	na

电子活页 5-2

从 CSV 文件中
读取数据创建
DataFrame 对象并
检查是否存在缺失值

从表 5-1 中的数据可以看出，其中包含 4 种缺失值：NA、na、n/a、--。

在 Jupyter Notebook 开发环境中创建 j5-02.ipynb，然后编写代码基于表 5-1 中的数据创建 DataFrame 对象，并检查是否存在缺失值。

【实施过程】

扫描二维码，浏览从 CSV 文件中读取数据创建 DataFrame 对象并检查是否存在缺失值的实现过程、示例代码与输出结果。

2. 使用 fillna()函数填充缺失值

pandas 提供了多种方法来清除缺失值，其中 fillna()函数可以实现用非空数据填充缺失值。使用 fillna()函数填充缺失值时，既可以使用标量、字典，也可以使用 Series 对象或 DataFrame 对象。

fillna()函数的语法格式如下：

```
fillna(value, method=None, axis=0, inplace=False,limit=None, downcast=None, **kwargs)
```

该函数主要参数说明如下：

- value：用于填充的数值。
- method：填充方式，默认为 None。其取值有以下 3 种。pad/ffill：前向填充，即使用缺失值前面的一个非缺失值填充该缺失值；backfill/bfill：后向填充，即使用缺失值后面的一个非缺失值填充该缺失值；None：指定一个值填充缺失值。
- axis：用于修改填充方向，默认值为 0，表示按列填充；如果将其设置为 1，则表示按行填充。
- inplace：该参数的取值为 True、False，默认值为 False。如果将该参数设置为 True 则表示不创建副本，直接修改源对象；如果将该参数设置为 False 则表示创建一个副本，只修改副本，源对象不变。
- limit：用于限制填充个数，表示可以连续填充的最大数量，默认值为 None。
- downcast：尝试向下转换的数据类型。

注意

method 参数不能与 value 参数同时使用。

（1）使用标量值填充所有列的缺失值

可以使用 fillna()函数填充缺失值，例如使用 fillna(0)函数将 NaN 值替换为标量 0。

（2）使用标量值填充指定列的缺失值

可以使用 fillna()函数只针对某一个列来填充缺失值。如果需要修改源对象，可以将 inplace 参数的值设置为 True，表示不创建副本，直接修改源对象。

（3）使用相邻的数据填充缺失值

当 fillna()函数的参数 axis 默认值为 0 时，表示使用列方向相邻的数据填充缺失值。

（4）不同的列使用不同的数值进行填充

如果不同的列需要使用不同的数值进行填充，则在调用 fillna()函数时可以传入一个字典给

value 参数，其中字典的键为列标签，字典的值为用于填充的值，这样即可实现对指定列的缺失值进行填充。

【技能训练 5-3】使用 fillna() 函数填充缺失值

【训练要求】

在 Jupyter Notebook 开发环境中创建 j5-03.ipynb，然后编写代码使用 fillna() 函数填充缺失值。

【实施过程】

扫描二维码，浏览使用 fillna() 函数填充缺失值的实现过程、示例代码与输出结果。

电子活页 5-3

使用 fillna() 函数
填充缺失值

3. 使用函数值替换缺失数据

可以使用 mean()、median() 和 mode() 函数计算列的均值（所有值的平均值）、中位数（排序后排在中间的数）和众数（出现频率最高的数），然后使用这些函数的返回值替换缺失数据。

计算某列数据之和时，处理缺失数据需要注意两点：①数据求和时，NaN 值将视为 0；②如果要计算的数据全为 NaN，那么结果就是 NaN。

在某些情况下，需要使用 replace() 函数将 DataFrame 对象中的通用值替换成特定值，这和使用 fillna() 函数替换 NaN 值是类似的。

【技能训练 5-4】使用函数值替换缺失数据

【训练要求】

在 Jupyter Notebook 开发环境中创建 j5-04.ipynb，然后编写代码使用函数值替换缺失数据。

【实施过程】

（1）计算指定列的数据之和

（2）使用 mean() 函数计算指定列的平均值并用其替换缺失值

（3）使用 median() 函数计算指定列的中位数并用其替换缺失值

（4）使用 mode() 函数计算指定列的众数并用其替换缺失值

（5）使用 replace() 函数替换通用值

扫描二维码，浏览使用函数值替换缺失数据的实现过程、示例代码与输出结果。

电子活页 5-4

使用函数值替换
缺失数据

4. 使用 dropna() 函数删除缺失值

【技能训练 5-5】使用 dropna() 函数删除缺失值

【训练要求】

在 Jupyter Notebook 开发环境中创建 j5-05.ipynb，然后编写代码使用 dropna() 函数删除缺失值。

【实施过程】

（1）删除至少包含 1 个缺失值的行

代码如下：

```
import pandas as pd
path=r"data\testData01.csv"
missing_values = ["n/a", "na", "--"]
df1 = pd.read_csv(path, na_values = missing_values)
#删除至少包含 1 个缺失值的行
df1.dropna()
```

输出结果：

	date	highT	lowT	AQI
2	2022-01-03	12.0	6.0	212.0
4	2022-01-05	7.0	6.0	54.0

（2）删除至少包含1个缺失值的列

代码如下：

```
df1.dropna(axis=1)
```

输出结果：

	date
0	2022-01-01
1	2022-01-02
2	2022-01-03
3	2022-01-04
4	2022-01-05
5	2022-01-06
6	2022-01-07

（3）删除所有元素都为缺失值的行

代码如下：

```
df1.dropna(how='all')
```

输出结果：

	date	highT	lowT	AQI
0	2022-01-01	12.0	NaN	167.0
1	2022-01-02	15.0	NaN	145.0
2	2022-01-03	12.0	6.0	212.0
3	2022-01-04	NaN	5.0	104.0
4	2022-01-05	7.0	6.0	54.0
5	2022-01-06	NaN	3.0	NaN
6	2022-01-07	9.0	NaN	NaN

（4）保留至少包含3个非空值的行

代码如下：

```
df1.dropna(thresh=3)
```

输出结果：

	date	highT	lowT	AQI
0	2022-01-01	12.0	NaN	167.0
1	2022-01-02	15.0	NaN	145.0
2	2022-01-03	12.0	6.0	212.0
3	2022-01-04	NaN	5.0	104.0
4	2022-01-05	7.0	6.0	54.0

（5）删除指定列中元素为缺失值的行

代码如下：

```
df1.dropna(subset=['lowT'])
```

输出结果：

	date	highT	lowT	AQI
2	2022-01-03	12.0	6.0	212.0
3	2022-01-04	NaN	5.0	104.0
4	2022-01-05	7.0	6.0	54.0
5	2022-01-06	NaN	3.0	NaN

5.1.2 pandas 清洗无效数据

无效数据是指在逻辑上存在错误的数据。例如，某人的年龄是 560、某个操作花费了-8h、一个人的身高是 1200cm 等。对于数值列，pandas 的 describe()函数可用于识别无效数据。

无效数据的产生原因可能有以下两种。

（1）数据收集错误

在输入时没有进行范围的判断。例如，在输入身高时，错误地输入了 1799cm 而不是 179cm，但是程序没有对数据的范围进行判断。

（2）数据操作错误

数据集的某些列可能进行了一些函数处理。例如，一个函数的功能是根据出生日期计算年龄，但是这个函数出现了 Bug，导致输出不正确。

以上两种原因造成的无效数据都可以被视为 NaN 值并与其他 NaN 一起估算。

1. 清洗格式错误数据

数据格式错误会使数据分析变得困难，甚至无法进行数据分析。可以将格式错误的数据转换为格式正确的数据。

【技能训练 5-6】清洗格式错误数据

【训练要求】

在 Jupyter Notebook 开发环境中创建 j5-06.ipynb，然后编写代码清洗格式错误数据。

【实施过程】

格式化日期的代码如下：

```
import pandas as pd
# 第 3 个日期数据的格式有误
data1={'date':['2022-01-01','2022/01/02','20220103','2022-01-04','2022-01-05',
         '2022-01-06','2022-01-07'],
      'highT':[12,15,12,12,7,6,7],
      'lowT':[1,4,8,6,5,5,6],
      'AQI':[167,145,123,212,104,61,54]}
df1 = pd.DataFrame(data1)
df1
```

输出结果：

	date	highT	lowT	AQI
0	2022-01-01	12	1	167
1	2022/01/02	15	4	145
2	20220103	12	8	123
3	2022-01-04	12	6	212
4	2022-01-05	7	5	104
5	2022-01-06	6	5	61
6	2022-01-07	7	6	54

代码如下：

```
df1['date'] = pd.to_datetime(df1['date'])
df1
```

141

输出结果：

	date	highT	lowT	AQI
0	2022-01-01	12	1	167
1	2022-01-02	15	4	145
2	2022-01-03	12	8	123
3	2022-01-04	12	6	212
4	2022-01-05	7	5	104
5	2022-01-06	6	5	61
6	2022-01-07	7	6	54

2. 清洗超出范围的错误数据

如果年龄数据超过了 150，百分制考试成绩超过了 100 分，那么该数据显然是错误数据，我们可以对错误的数据进行替换或移除。

电子活页 5-5

清洗超出范围的
错误数据

【技能训练 5-7】清洗超出范围的错误数据

【训练要求】

在 Jupyter Notebook 开发环境中创建 j5-07.ipynb，然后编写代码清洗超出范围的错误数据。

【实施过程】

扫描二维码，浏览清洗超出范围的错误数据的实现过程、示例代码与输出结果。

5.1.3 pandas 重复值检测与处理

当数据集中有相同的行时就会产生重复数据问题。这可能是由于数据组合错误（来自多个来源的同一行）或者重复地操作（用户可能两次提交数据）等引起的。处理该问题的理想方法是删除重复行，即进行去重操作。

在一个数据集中，找出重复的数据并将其删除，最终只保存唯一的数据，这就是数据去重。删除重复数据是数据分析中经常进行的一个步骤。通过数据去重，不仅可以节省内存空间、提高写入性能，还可以提升数据分析的精确度，使得数据分析不受重复数据的影响。

pandas 提供了 duplicated()、drop_duplicates()函数来处理数据中的重复值，其中 duplicated()函数用于判断与标记是否有重复值，drop_duplicates()函数用于删除重复值。这两个函数的判断重复值的标准是一样的，即只有两条数据中所有条目的值完全相等，才将其判断为重复值。

1. 使用 duplicated()函数判断与标记重复值

duplicated()函数用于标记 Series 对象中的数据值，并判断 DataFrame 对象中的行是否重复，有重复则返回 True，无重复则返回 False。该函数返回一个由布尔值组成的 Series 对象，该对象的行索引保持不变，数据值为标记是否为重复值的布尔值。

（1）duplicated()函数的语法格式

```
pandas.Series.duplicated(self, keep='first')
```

或：

```
pandas.DataFrame.duplicated(self, subset=None, keep='first')
```

该函数参数说明如下。

① subset：用于指定检测重复值的数据范围，默认为数据集的所有列，可指定特定列。指定特定列后，它仅检测指定的列是否存在重复值。

② keep：控制如何标记重复值。它有 3 个不同的取值，即'first'、'last'和'False'，默认值为'first'。

* keep='first'：表示从前向后查找，将第一次出现的重复数据标记为 False，即除了第一次出现外，其余相同的值标记为重复值。

* keep='last'：表示从后向前查找，将最后一次出现的重复数据标记为 False，即除了最后一次出

现外，其余相同的值标记为重复值。

- keep=False：将所有重复值标记为 True，即所有相同的值都被标记为重复值。

（2）使用 duplicated()函数需要注意事项。

① 当 DataFrame 对象中两条记录中所有列的数据都相等时，duplicated()函数才会将其判断为重复值。

② duplicated()函数可以单独对某一列进行重复值判断。

③ duplicated()函数支持从前向后（first）和从后向前（last）两种重复值查找模式。

④ duplicated()函数默认是从前向后进行重复值的查找和判断的，也就是后出现的相同值会被判断为重复值，返回值为 True。

【技能训练 5-8】使用 duplicated()函数进行重复值判断

【训练要求】

在 Jupyter Notebook 开发环境中创建 j5-08.ipynb，然后编写代码使用 duplicated()函数进行重复值判断。

【实施过程】

扫描二维码，浏览使用 duplicated()函数进行重复值判断的实现过程、示例代码与输出结果。

电子活页 5-6

使用 duplicated()
函数进行重复值判断

2. 使用 drop_duplicates()函数删除重复值

pandas 提供了一个去重函数 drop_duplicates()，在识别出重复的数据后可以使用 drop_duplicates()函数将其删除，该函数的语法格式如下：

```
pandas.DataFrame.drop_duplicates(subset=None,keep='first',inplace=False)
```

或：

```
pandas.Series.drop_duplicates(keep='first', inplace=False)
```

该函数参数说明如下：

- subset：指定要去重的列名，默认值为 None。
- keep：有 3 个可选值，分别是'first'、'last'、'False'。默认值为'first'，表示只保留第一次出现的重复值，删除其余重复值；'last'表示只保留最后一次出现的重复值；False 表示删除所有重复值。
- inplace：布尔值参数，默认值为 False，表示删除重复值后返回一个副本；若将其设置为 True 则表示直接在原数据上删除重复值。

【技能训练 5-9】使用 drop_duplicates()函数删除数据集中的重复值

【训练要求】

在 Jupyter Notebook 开发环境中创建 j5-09.ipynb，然后编写代码使用 drop_duplicates()函数删除数据集中的重复值。

【实施过程】

扫描二维码，浏览使用 drop_duplicates()函数删除数据集中的重复值的实现过程、示例代码与输出结果。

电子活页 5-7

使用 drop_
duplicates()函数
删除数据集中的
重复值

5.1.4　pandas 异常值检测与处理

在数据分析中，除了常见的重复值和缺失值，还会遇到一类非正常的数据，即异常值。例如，年龄为负数、成绩大于最高分或小于零、商品评分超出满分或商品日销售量远远超过年销售量等，这些数据都属于异常值。

异常值是指样本中的个别值明显偏离它所属样本的其余观测值，相对于数据集的正常数据而言有非常大或非常小的值。这些数据明显不合理或者是错误数据。异常值也称离群点，异常值的分析也称为离群点的分析。

异常值的存在会对数据分析、建模产生干扰，因此需要对数据集进行异常值检测并删除或修正异常值，以便后续更好地进行数据分析和挖掘。

1．异常值检测方法分类

异常值检测的方法有散点图分析、简单统计分析、3σ原则、箱形图分析等，具体介绍如下。

（1）散点图分析

通过绘制数据集中某些属性值的散点图，可观察这些属性值中的数据是否存在超出正常范围的离群点，从而发现数据集中的异常值。

（2）简单统计分析

对数据集中的属性值进行描述性统计，从中可发现哪些数据是不合理的。例如，将年龄属性值的区间规定为[0.150]，如果数据集样本中的年龄值不在该区间范围内，则表示该样本的年龄属性值属于异常值。

（3）3σ原则

3σ原则是最常用的异常值检测方法之一。在3σ原则中，当数据服从正态分布时，根据正态分布的定义可知，一般数据的取值约有 99.7%的概率集中在(μ-3σ,μ+3σ)区间内（μ为平均值，σ为标准差），超出这个范围的概率约为 0.3%，属于小概率事件，因此可以将超出(μ-3σ,μ+3σ)范围的值判定为异常值。3σ原则要求数据服从正态或近似正态分布，且样本数据量大于 10。若数据不服从正态分布或近似正态分布，也可以用远离平均值的多少倍标准差来检测异常值。

（4）箱形图分析

箱形图提供了一个识别异常值的标准，即大于箱形图设定的上界数值或小于箱图设定的下界数值。即异常值。箱形图在选取异常值方面比较客观，在识别异常值方面有一定的优越性。使用箱形图检测异常值没有严格要求，可以检测任意一组数据。

在处理异常值时，有些异常值可能含有有用信息，因此，如何判定和处理异常值需视情况而定。在数据量较多时，可用散点图和描述性统计来查看数据基本情况，发现异常值时，再借助箱形图进行检测。

2．基于 3σ原则检测异常值

对于异常值的处理，3σ原则是经常使用的一种处理数据异常值的方法。

3σ原则先假设一组检测数据中只含有随机误差，对其进行计算得到标准偏差，再按一定概率确定一个区间，超过这个区间的误差就不属于随机误差而属于粗大误差，含有该误差的数据应予以剔除。

这种判别原理及方法仅限于对服从正态分布或近似正态分布的样本进行数据处理，它是以测量次数充分大为前提的（样本数据量>10），当测量次数较少时用 3σ原则剔除粗大误差是不够可靠的。因此，在测量次数较少的情况下，最好不要选用 3σ原则，而用其他原则。

正态分布公式中，σ表示标准差，μ表示平均值，$x=μ$ 表示图像的对称轴，$f(x)$表示正态分布函数。正态分布公式为：

$$f(x) = \frac{1}{\sqrt{2\pi}\sigma} \exp\left[\left(-\frac{(x-\mu)^2}{2\sigma^2}\right)\right]$$

正态分布曲线如图 5-1 所示。

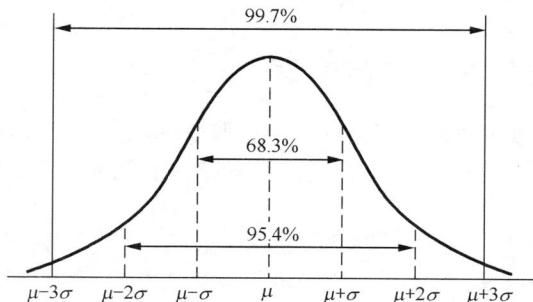

图 5-1　正态分布曲线

根据正态分布曲线可知，数值分布各个区间的概率如下。

- 数值分布在$(\mu-\sigma, \mu+\sigma)$中的概率约为 68.3%。
- 数值分布在$(\mu-2\sigma, \mu+2\sigma)$中的概率约为 95.4%。
- 数值分布在$(\mu-3\sigma, \mu+3\sigma)$中的概率约为 99.7%。

其中，μ为平均值，σ为标准差。

一般可以认为，随机变量x的取值几乎全部集中在$(\mu-3\sigma, \mu+3\sigma)$区间内，超出这个范围的概率不到 0.3%，在实际问题中常认为相应的事件是不会发生的，基本上可以把区间$(\mu-3\sigma, \mu+3\sigma)$看作随机变量$x$实际可能的取值区间，这些超出该范围的数据可以认为是异常值，应予以剔除。

基于 3σ原则检测异常值的具体步骤如下。

① 需要保证样本大致服从正态分布。

② 计算需要检验的样本的平均值和标准差。

③ 比较样本的每个值与平均值的偏差是否超过 3 倍的标准差值，如果超过 3 倍的标准差值，则该值为异常值。

④ 剔除异常值，得到规范的数据。

【技能训练 5-10】基于 3σ 原则检测异常值

【训练要求】

在 Jupyter Notebook 开发环境中创建 j5-10.ipynb，然后编写代码基于 3σ原则检测异常值。

【实施过程】

扫描二维码，浏览基于 3σ原则检测异常值的实现过程、示例代码与输出结果。

电子活页 5-8

基于 3σ原则检测
异常值

3．认知箱形图

（1）箱形图的基本组成与特征数据节点

箱形图（Box-plot）又称为盒须图、盒式图或箱线图，是一种用于显示一组数据分散情况的统计图。箱形图基本组成示意如图 5-2 所示。

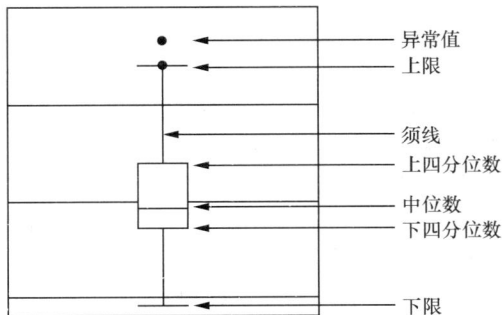

图 5-2　箱形图基本组成示意

正态分布曲线与箱形图对照如图 5-3 所示。

箱形图的 6 个特征数据节点如下。

- 下四分位数（Q_L）：又称较小四分位数，为该样本中所有数据由小到大排列后第25%的数据，也表示全部样本数据中四分之一（25%）的数据的值比它小。
- 中位数（Q_M）：为该样本中所有数据由小到大排列后第 50%的数据。
- 上四分位数（Q_U）：又称较大四分位数，为该样本中所有数据由小到大排列后第 75%的数据，也表示全部样本数据中四分之一的数据的值比它大。
- 上限：最大值，计算公式为 $Q_U + 1.5 \times IQR$，其中 1.5 为系数，表示超过的比例。

145

- 下限：最小值，计算公式为 $Q_L\text{-}1.5\times\text{IQR}$。
- 异常值：通常被定义为小于 $Q_L\text{-}1.5\times\text{IQR}$ 或大于 $Q_U+1.5\times\text{IQR}$ 的数据。

图 5-3　正态分布曲线与箱形图对照

（2）箱形图的作用

① 识别数据中的异常值。

② 易于发现数据的偏态和尾重。

③ 能用于探索性数据分析，分析数据的形状。

扫描二维码，浏览箱形图作用的具体介绍。

pandas 提供了一个专门用来绘制箱形图的 boxplot()方法。

【技能训练 5-11】基于箱形图检测异常值

【训练要求】

在 Jupyter Notebook 开发环境中创建 j5-11.ipynb，然后编写代码基于箱形图检测异常值。

【实施过程】

扫描二维码，浏览基于箱形图检测异常值的实现过程、示例代码与输出结果。

4．基于箱形图检测并处理异常值

检测出异常值后，通常采用如下方式处理这些异常值。

- 直接将含有异常值的记录删除。
- 用具体的值来进行替换，可用前后两个观测值的平均值修正异常值。
- 将异常值视为缺失值，按照缺失值的处理方法修正异常值。
- 对异常值不进行处理，直接在具有异常值的数据集上进行统计、分析。

需要注意的是，异常值被检测出来之后，需要进一步确认它们是否为真正的异常值，等确认完以后再决定选用哪种方法进行处理。

如果希望对异常值进行修改，则可以使用 pandas 中的 replace()函数替换异常值，该函数不仅可以对单个数据进行替换，也可以对多个数据执行批量替换操作。

replace()函数的语法格式如下：

```
replace(to_replace=None, value=None, inplace=False, limit=None, regex=False,
        method='pad')
```

该函数部分参数说明如下：

- to_replace：查找被替换值的方式。
- value：用来替换任何匹配 to_replace 的值，默认值为 None。
- limit：前向或后向替换数据的最大范围。
- regex：是否将 to_replace 和 value 解释为正则表达式，接收布尔值或与 to_replace 相同类型的值，默认值为 False。
- method：替换数据时使用的方法，pad/ffill 表示前向填充，bfill 表示后向填充。

【技能训练 5-12】使用 replace() 函数替换异常值

【训练要求】

在 Jupyter Notebook 开发环境中创建 j5-12.ipynb，然后编写代码根据一组包含异常值的数据绘制箱形图，再使用 replace() 函数替换异常值。

【实施过程】

绘制箱形图的代码如下：

```
df = pd.DataFrame({'A': [1, 2, 3, 4],
                   'B': [2, 3, 4, 5],
                   'C': [1, 4, 7, 4],
                   'D': [1, 5, 30, 3]})
print(df.boxplot(column=['A', 'B', 'C', 'D']))
```

代码输出结果如图 5-4 所示。

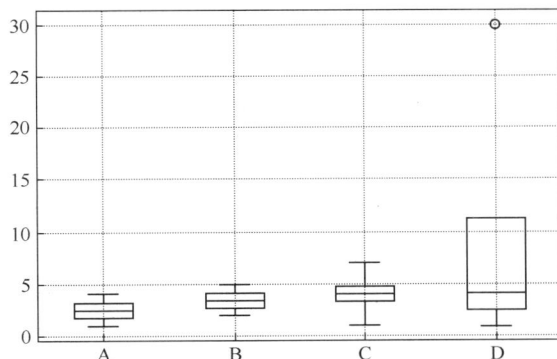

图 5-4　根据一组包含异常值的数据绘制箱形图

上述示例中，DataFrame 对象中有 16 个数值，其中 15 个数值位于 10 以内，还有 1 个数值比 10 大很多。从图 5-4 可以看出，D 列的数据中有 1 个离群点，说明箱形图成功检测出了异常值。

替换异常值的代码如下：

```
df.replace(to_replace=30, value=3)
```

输出结果：

```
   A  B  C  D
0  1  2  1  1
1  2  3  4  5
2  3  4  7  3
3  4  5  4  3
```

147

5.1.5 pandas 删除数据集中指定行或列的数据

1. 使用 dropna() 函数删除缺失值

如果想删除缺失值，使用 dropna() 函数结合参数 axis 就可以实现。在默认情况下，取 axis=0 来按行处理，这意味着如果某一行中存在 NaN 值将会删除整行数据。

dropna() 函数的语法格式如下：

```
DataFrame.dropna(axis=0, how='any', thresh=None, subset=None, inplace=False)
```

该函数参数说明如下：

- axis：确定删除行或列，默认值为 0，如果设置参数 axis 为 0 或者 index，则表示删除包含缺失值的整行；如果设置参数 axis 为 1 或者 columns，则表示删除包含缺失值的整列。
- how：确定删除行或列的标准，默认值为'any'，如果一行或一列里任何一个数据为 NaN 就删除整行或整列；如果设置 how='all'，则一行或一列数据全为 NaN 才删除整行或整列。
- thresh：类型为 int，表示有效数据数量的最小要求，即需要多少个非空值才可以将行或列保留下来。例如，如果设置 thresh =2，则表示该行或该列至少有两个非空值时才将其保留。
- subset：设置想要处理缺失值的列。如果是多个列，可以使用列名的列表作为参数。
- inplace：该参数为布尔类型，表示是否修改原数据。如果将其设置为 True，则表示直接修改原数据；如果将其设置为 False，则表示返回数据集的副本，针对原数据的副本进行修改。

2. 使用 drop() 函数删除指定行或列的数据

使用 drop() 函数可以删除指定行或列的数据，该函数的语法格式如下：

```
drop(labels, axis=0, level=None, inplace=False, errors='raise')
```

该函数参数说明如下：

- labels：接收字符串或数组，代表删除的行或列的标签，无默认值。
- axis：axis 为 0 时表示删除行数据，axis 为 1 时表示删除列数据。
- level：接收整型数据或索引名，代表标签所在级别，默认值为 None。
- inplace：默认值为 False，表示操作对原数据不生效。如果要让操作对原数据生效，则要将 inplace 设置为 True。
- errors：errors='raise'会让程序在 labels 接收到不存在的行名或者列名时抛出错误导致程序停止运行；errors='ignore'会让程序忽略不存在的行名或者列名，只对存在的行名或者列名进行操作。该参数的默认值为'raise'。

电子活页 5-11

使用 drop() 函数删除数据集中指定行或列的数据

【技能训练 5-13】使用 drop() 函数删除数据集中指定行或列的数据

【训练要求】

在 Jupyter Notebook 开发环境中创建 j5-13.ipynb，然后编写代码使用 drop() 函数删除数据集中指定行或列的数据。

【实施过程】

扫描二维码，浏览使用 drop() 函数删除数据集中指定行或列的数据的实现过程、示例代码与输出结果。

5.2 pandas 数据合并

在数据采集时，往往会将数据分散存储于不同的数据集中。而在数据分析时，常常又需要通过一个或多个键将两个数据集连接起来，或者沿着一根轴将多个数据集堆叠到一起，以实现数据合并操作。

pandas 通过数据合并，可以将多个数据集整合到一个数据集中。pandas 合并数据常见的操作包括按键连接数据、沿轴连接数据和合并重叠数据。常用的 pandas 数据合并函数有 merge()、join()、concat()、append()和 combine_first()。

5.2.1 使用 merge()函数通过主键合并数据

pandas 提供的 merge()函数能够完成高效的合并操作，这与 SQL 关系数据库的 merge 用法非常相似，即将两个数据集按照指定的规则进行连接，拼接成一个新的数据集。

merge()函数根据一个或多个键将不同的 DataFrame 对象连接起来，大多数情况是将两个 DataFrame 对象中重叠的列索引作为合并键，其语法格式如下：

```
merge(left, right, how='inner', on=None, left_on=None, right_on=None,left_index=False,
        right_index=False, sort=True,suffixes=('_x', '_y'), copy=True)
```

扫描二维码，浏览 merge()函数的参数说明。

使用 merge()函数进行数据合并时，默认使用重叠的列索引作为合并键，并采用内连接方式合并数据，即只取列索引重叠的数据。

电子活页 5–12

【技能训练 5–14】使用 merge()函数通过主键合并两个数据集的数据

【训练要求】

在 Jupyter Notebook 开发环境中创建 j5-14.ipynb，然后编写代码使用 merge()函数通过主键合并两个数据集的数据。

merge()函数的
参数说明

【实施过程】

1. 对两个不同的 DataFrame 对象根据单个键上进行合并操作

若同一个主键 Id 存在两个列名不同的数据集 df_left1 和 df_right1，并且 Id 列有重叠的数据，则可以根据主键 Id 将两个数据集中的数据合并到一个数据集中。对两个不同的 DataFrame 对象根据单个键上进行合并操作如图 5-5 所示。

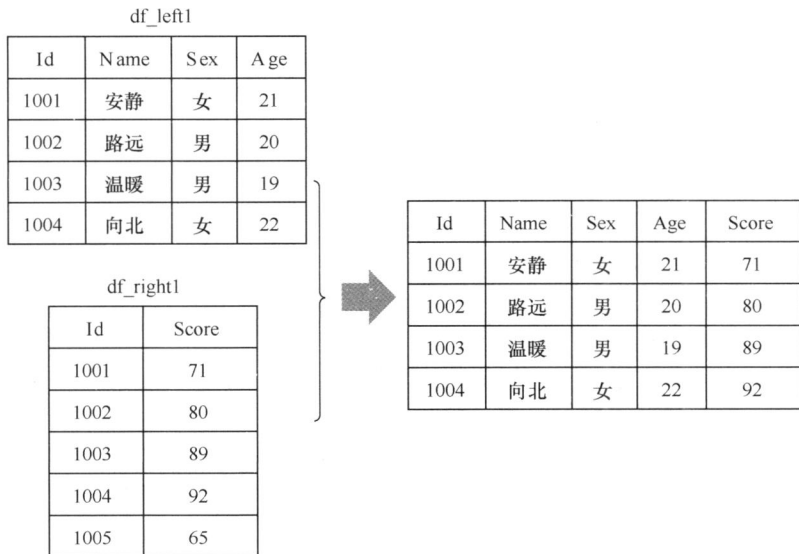

df_left1

Id	Name	Sex	Age
1001	安静	女	21
1002	路远	男	20
1003	温暖	男	19
1004	向北	女	22

Id	Name	Sex	Age	Score
1001	安静	女	21	71
1002	路远	男	20	80
1003	温暖	男	19	89
1004	向北	女	22	92

df_right1

Id	Score
1001	71
1002	80
1003	89
1004	92
1005	65

图 5-5　对两个不同的 DataFrame 对象根据单个键上进行合并操作

通过 on 参数指定合并键 Id，然后对两个不同的 DataFrame 对象按照 Id 进行合并操作。

代码如下：

```
import pandas as pd
data1 = {'Id':[1001,1002,1003,1004],
        'Name':['安静', '路远', '温暖', '向北'],
        'Sex':[ '女', '男', '男', '女'],
        'Age':[21,20,19,22], }
label1=['stu1', 'stu2', 'stu3', 'stu4']
df_left1 = pd.DataFrame(data1,index=label1)
data2 = {'Id':[ 1001,1002,1003,1004,1005],
    'Score': [71, 80 ,89 ,92,65] }
label2=['stu1', 'stu2', 'stu3', 'stu4','stu5']
df_right1 = pd.DataFrame(data2,index=label2)
#通过 on 参数指定合并键
pd.merge(df_left1,df_right1,on='Id')
```

输出结果：

	Id	Name	Sex	Age	Score
0	1001	安静	女	21	71
1	1002	路远	男	20	80
2	1003	温暖	男	19	89
3	1004	向北	女	22	92

2. 对两个不同的 DataFrame 对象在多个键上进行合并操作

若两个 DataFrame 对象存在两个列名相同、数据相似的列索引，分别为 Id 和 CourseNo，可以使用 Id 和 CourseNo 作为合并键对其进行合并操作，即指定多个键来合并两个不同的 DataFrame 对象。

代码如下：

```
import pandas as pd
data3 = {'Id':[1002,1003,1006,1007,1008],
        'Name':['路远', '温暖', '白雪', '夏天', '云朵'],
        'CourseNo':['12006','12006','15002','15002','15002'],
        'Number':[1,1,1,1,1],
        'Score':[80, 89, 84 ,78 ,92.5] }
df_left2 = pd.DataFrame(data3)
data4 = {'Id':[1002,1003,1004,1005,1006,1001],
        'Name':['路远', '温暖', '向北', '阳光', '白雪','安静'],
        'CourseNo':['11026','12006','15002','15002','15002','11026'],
        'Number':[2,2,2,2,2,2],
        'score':[72,96,88,93.5,83,82] }
df_right2 = pd.DataFrame(data4)
print(pd.merge(df_left2, df_right2, on=['Id', 'CourseNo']))
```

输出结果：

	Id	Name_x	CourseNo	Number_x	Score	Name_y	Number_y	score
0	1003	温暖	12006	1	89.0	温暖	2	96.0
1	1006	白雪	15002	1	84.0	白雪	2	83.0

3. 设置 how 参数对两个不同的 DataFrame 对象进行合并

how 参数用于确定合并后的 DataFrame 对象中要包含哪些键,对于表中不存在的键,合并后该键对应的值为 NaN。

（1）将 how 参数设置为 left
（2）将 how 参数设置为 right
（3）将 how 参数设置为 outer
（4）将 how 参数设置为 inner

扫描二维码,浏览设置 how 参数对两个不同的 DataFrame 对象进行合并的实现过程、示例代码与输出结果。

电子活页 5-13

设置 how 参数对两个
不同的 DataFrame
对象进行合并

5.2.2　使用 join()函数通过索引或指定列合并数据

除了 merge()函数,还可以使用 join()函数来实现根据索引和指定的列进行合并数据的操作。join()函数默认是通过 index 进行连接的,也可以通过设置参数 on 来指定连接的列。

join()函数的语法格式如下:

```
join(other, how='left', on=None, lsuffix='', rsuffix='', sort=False)
```

该函数部分参数说明如下:

- how: 连接方式,其取值为 { 'left','inner','outer','right' },默认使用 left 连接方式。
- on: 连接的列名。
- lsuffix: 接收字符串,用于在左侧重叠的列名后添加后缀名。
- rsuffix: 接收字符串,用于在右侧重叠的列名后添加后缀名。
- sort: 默认值为 False,根据合并键对合并的数据进行排序。

1. join()函数使用默认连接方式合并数据

join()函数默认使用左连接方式,即以左数据集为基准。使用 join()函数进行合并后,左数据集中的数据会全部展示。如果两个数据集中没有重叠的索引,当使用左连接合并数据时,右数据集中的数据将不会展示出来。对于 merge()函数,如果两个数据集中没有重叠的索引,可以设置 merge()函数的 left_index 和 right_index 参数;对于 join()函数,则只需要将对象名称作为参数传入即可。

2. join()函数使用外连接方式合并数据

为了将右数据集中的数据展示出来,可以使用 how 参数将连接方式设置为外连接方式,合并后缺失的数据使用 NaN 填充。

3. join()函数使用参数 on 指定重叠的列名合并数据

如果两个数据集中行索引和列名重叠,使用 join()函数进行数据合并时,使用参数 on 指定重叠的列名即可。

【技能训练 5-15】使用 join()函数通过索引或指定列合并数据集的数据
【训练要求】

在 Jupyter Notebook 开发环境中创建 j5-15.ipynb,然后编写代码使用 join()函数通过索引或指定列合并数据集的数据。

【实施过程】

（1）join()函数使用默认连接方式合并数据
（2）join()函数使用外连接方式合并数据
（3）join()函数使用参数 on 指定重叠的列名合并数据

扫描二维码,浏览使用 join()函数通过索引或指定列合并数据集的数据的实现过程、示例代码与输出结果。

电子活页 5-14

使用 join()函数通过
索引或指定列合并
数据集的数据

5.2.3 使用 concat()函数沿轴连接数据

pandas 使用 concat()函数沿某个特定轴执行连接操作，能够轻松地将 Series 对象或 DataFrame 对象组合在一起。concat()函数的功能相当于数据库中的全连接，可以指定按某个轴进行连接，也可以指定连接的方式，但只有 outer 和 inner 两种连接方式。

与数据库的全连接不同的是，concat()函数不能去重，如要实现去重的效果，可以使用 drop_duplicates()函数。轴向连接数据就是单纯地将两个数据集进行拼接，这个过程也被称作连接 （Concatenation）、绑定（Binding）或堆叠（Stacking）。

concat()函数的语法格式如下：

```
concat(objs, axis=0, join='outer', join_axes=None, ignore_index=False,
    keys=None, levels=None, names=None, verify_integrity=False,
    sort=False, copy=True)
```

扫描二维码，浏览 concat()函数参数说明的具体内容。

电子活页 5-15

concat()函数
参数说明

根据轴的不同（axis 参数值为 0 或 1）可以将连接操作分为横向连接与纵向连接，默认采用的是纵向外连接方式，通过设置参数 join='outer'实现外连接。

1. 使用 concat()函数纵向连接 DataFrame 对象

创建两个 DataFrame 对象，并对其进行连接。

（1）纵向外连接操作

将 concat()函数的 axis 参数设置为 0，即纵向连接；将 join 参数设置为'outer'，即外连接。连接后的结果数据集的行数为两个被连接数据集的行数之和。

（2）纵向内连接操作

将 concat()函数的 axis 参数设置为 0，即纵向连接；将 join 参数设置为'inner'，即内连接。

2. 使用 concat()函数横向连接 DataFrame 对象

（1）横向外连接操作

将 concat()函数的 axis 参数设置为 1，即横向连接；将 join 参数设置为'outer'，即外连接。连接后的结果数据集的列数为两个被连接数据集的列数之和。

（2）横向内连接操作

将 concat()函数的 axis 参数设置为 1，即横向连接；将 join 参数设置为'inner'，即内连接。

3. 在 concat()函数中使用 keys 参数让 DataFrame 对象连接一个指定的键

在 concat()函数中使用 keys 参数让 DataFrame 对象连接一个指定的键，行索引会存在重复使用的现象。如果想让输出的行索引遵循依次递增的规则，那么需要将 ignore_index 参数设置为 True。

电子活页 5-16

使用 concat()函数
沿轴连接数据

【技能训练 5-16】使用 concat()函数沿轴连接数据

【训练要求】

在 Jupyter Notebook 开发环境中创建 j5-16.ipynb，然后编写代码使用 concat() 函数沿轴连接数据。

【实施过程】

扫描二维码，浏览使用 concat()函数沿轴连接数据的实现过程、示例代码与输出结果。

5.2.4 使用 append()函数纵向连接 DataFrame 对象

append()函数是 concat()函数的简略形式，但是 append()函数只能在 axis=0 方向（纵向）上进行数据连接。

append()函数的语法格式如下：

```
left.append(right)
```

或者：

```
left.append(right,ignore_index=True)
```

该函数的功能为：将 left 指定的数据集与 right 指定的数据集进行纵向合并。其中，DataFrame 对象与 Series 对象进行合并时，需要使用参数 ignore_index=True。

【技能训练 5-17】使用 append()函数纵向连接 DataFrame 对象

【训练要求】

在 Jupyter Notebook 开发环境中创建 j5-17.ipynb，然后编写代码使用 append()函数纵向连接 DataFrame 对象。

【实施过程】

扫描二维码，浏览使用 append()函数纵向连接 DataFrame 对象的实现过程、示例代码与输出结果。

电子活页 5-17

使用 append()
函数纵向连接
DataFrame 对象

5.2.5　使用 combine_first()函数合并重叠数据

当 DataFrame 对象中出现了缺失数据，而我们希望使用其他 DataFrame 对象中的数据填充缺失数据时，可以使用 combine_first()函数通过合并重叠数据的方法填充缺失数据。

combine_first()函数的语法格式如下：

```
obj1.combine_first(other)
```

其中，obj1 为函数调用对象的数据集；other 为函数参数对象的数据集，该参数接收用于填充缺失数据的 DataFrame 对象。该函数的作用是使用函数参数中的数据为函数调用对象的缺失数据"打补丁"，即填充函数调用对象中的缺失数据。

> **注意**
> 使用 combine_first()函数合并两个 DataFrame 对象时，必须确保它们的行索引和列索引有重叠的部分。

【技能训练 5-18】使用 combine_first()函数合并重叠数据

【训练要求】

在 Jupyter Notebook 开发环境中创建 j5-18.ipynb，然后编写代码使用 combine_first()函数合并重叠数据。

【实施过程】

（1）使用 combine_first()函数合并 Series 对象中的重叠数据

（2）使用 combine_first()函数合并 DataFrame 对象中的重叠数据

扫描二维码，浏览使用 combine_first()函数合并重叠数据的实现过程、示例代码与输出结果。

电子活页 5-18

使用 combine_first()
函数合并重叠数据

5.3　pandas 数据抽取

数据抽取是通过抽取源数据集中的某些字段、部分记录，形成一些新字段和新记录。例如，在身份证号码中包含出生日期、性别等信息，可以通过数据抽取获得这些相应的内容。

5.3.1　字段抽取

字段抽取是根据指定的列数据的开始和结束位置，抽取出数据。字段抽取采用 slice() 函数实现，该函数的语法格式如下：

```
Series.str.slice(start=None, stop=None)
```

该函数参数说明如下：

- start：字段抽取的开始位置。
- stop：字段抽取的结束位置。

5.3.2　字段拆分

字段拆分是指按照约定规则拆分已有的字符串。字符串分割函数有正序分割列的split()函数和逆序分割列的 rsplit()函数。

split()函数的语法格式如下：

```
Series.str.split(sep=None, n=-1, expand=False)
```

该函数参数说明如下：

- sep：字符串中字符的分隔符，默认分隔符为空格。
- n：接收整数，默认值为-1，表示分割的列数。
- expand：接收布尔值，默认值为 False，表示返回 Series 对象或者索引；如果将该参数设置为 True，则返回 DataFrame 对象或多层索引。

5.3.3　数据记录抽取

数据记录抽取是指根据一定的条件，对数据记录进行抽取。

记录抽取函数的语法格式如下：

```
dataframe[condition]
```

该函数返回值是 DataFrame 对象。

该函数参数 condition 为过滤条件，常用条件类型如下：

① 比较运算：大于（>）、小于（<）、大于等于（>=）、小于等于（<=）、不等于（!=）。
② 范围运算：between(left, right)。
③ 空值匹配：pandas.isnull(column)。
④ 字符匹配：str.contains(pattern, na=False)，其中 na 参数是指空值的处理方式，如果将该参数设置为 False，则不匹配空值。
⑤ 逻辑运算：与（&）、或（|）、取反（not）。

【技能训练 5-19】实现 pandas 数据抽取与拆分

【训练要求】

文件 goods_sales.xlsx 中包含序号、商品编号、商品名称、单价、数量等数据，商品编号前 4 位为 1000，商品名称中包含品牌、分类和型号等信息。为了便于数据分析，需要将"商品名称"字段拆分为"品牌""分类""型号"等字段。例如商品名称"华为 手机 Mate40RS"，可拆分为"华为""手机""Mate40RS"。在 Jupyter Notebook 开发环境中创建 j5-19.ipynb，然后编写代码实现 pandas 数据抽取与拆分。

【实施过程】

1. 字段抽取

（1）读取数据并创建数据集

（2）从指定列抽取指定长度的内容

（3）从指定列抽取指定长度的内容并进行统计

2．字段拆分

（1）拆分字段

（2）分类统计

3．数据记录抽取

电子活页 5-19

（1）从文件 goods_sales.xlsx 中筛选出单价为 6000 元至 7000 元之间的商品

（2）从文件 goods_sales.xlsx 中筛选出商品名称为空的记录

（3）从文件 goods_sales.xlsx 中筛选出商品信息中含有"手机"的记录

扫描二维码，浏览实现 pandas 数据抽取与拆分的示例代码与输出结果。

实现 pandas 数据
抽取与拆分

5.3.4　日期转换与日期抽取

pandas 处理日期和时间类型数据的方式有多种，其中日期转换、日期格式化和日期抽取是常见的 3 种方式。

1．日期转换

日期转换是指将字符型日期和时间数据转换为日期和时间类型数据。日期转换函数 to_datetime() 的语法格式如下：

```
pandas.to_datetime(strDate, format, errors='raise')
```

该函数参数说明如下：

- strDate：字符型日期和时间列名。
- format：日期和时间格式符。日期和时间格式符说明如表 5-2 所示。

表 5-2　日期和时间格式符说明

序号	格式符	说明
1	%Y	4 位数的年
2	%y	2 位数的年
3	%m	2 位数的月，取值范围为[01,12]
4	%d	2 位数的日，取值范围为[01,31]
5	%H	2 位数的小时（24 小时制），取值范围为[00,23]
6	%M	2 位数的分钟，取值范围为[00,59]
7	%S	2 位数的秒，取值范围为[00,61]，61 代表闰秒
8	%W	用整数表示的星期几，取值范围为[0,6]，其中 0 表示星期日，6 表示星期六
9	%F	格式符%Y-%m-%d 的简写形式，例如 2023-09-01
10	%D	格式符%m/%d/%y 的简写形式

- errors：取值范围为{'ignore','raise','coerce'}，默认值为'raise'。
- 如果取值为'raise'，则无效的数据将引发异常。
- 如果取值为'coerce'，则无效的数据将被设置为 NaN。
- 如果取值为'ignore'，则无效的数据将返回输入。

2. 日期格式化

日期格式化是将日期和时间类型数据按照指定格式转换为字符型数据。

日期格式化函数的语法格式如下：

```
df_dt.apply(lambda x: datetime.strftime(x, format))
```

或者：

```
df_dt.dt.strftime(format)
```

该函数说明如下：

- df_dt：数据集中日期和时间列名。
- format：日期和时间格式符。

3. 日期抽取

如果数据表中的数据是一个日期和时间类型数据，我们通常需要从年、月、日、星期、小时、分钟等维度对其进行拆解。如果日期和时间类型数据是用字符串表示的，可以先通过 pandas 的 to_datetime()函数将其转换为日期和时间类型。

日期抽取是指从日期格式中抽取出需要的部分内容。日期抽取函数的语法格式如下：

```
df_dt.dt.property
```

该函数参数说明如下：

- df_dt：数据集中日期和时间列名。
- property：时间属性，如表 5-3 所示。

表 5-3 日期和时间数据的时间属性

序号	属性名称	说明
1	second	秒，取值范围为 [00,61]，61 代表闰秒
2	minute	分钟，取值范围为 [00,59]
3	hour	小时（24 小时制），取值范围为 [00,23]
4	day	日，取值范围为 [01,31]
5	month	月，取值范围为 [01,12]
6	year	年
7	weekday	用整数表示星期几，取值范围为 [0,6]，其中 0 表示星期日，6 表示星期六

【技能训练 5-20】实现日期转换与日期抽取

【训练要求】

文件 orderInfo.xlsx 中包含提交订单时间、订单完成时间等日期和时间字段，在 Jupyter Notebook 开发环境中创建 j5-20.ipynb，然后编写代码实现日期转换与日期抽取。

电子活页 5-20

实现日期转换与日期抽取

【实施过程】

扫描二维码，浏览实现日期转换与日期抽取的示例代码与输出结果。

5.4 pandas 数据重塑

在数据处理时，有时需要对数据的结构进行重塑。pandas 提供了数据重塑的功能，包括重塑层次化索引和轴向旋转（Pivot）。数据重塑用于转换一个表格或向量的结构，使其更便于进行下一步的分析。

5.4.1　重塑层次化索引

运用层次化索引可为 DataFrame 对象的数据重塑提供良好的一致性。pandas 提供了实现层次化索引重塑的两个函数，即 stack()函数和 unstack()函数。stack()函数用于将数据的列索引转换为行索引，unstack()函数用于将数据的行索引转换为列索引。

1. 使用 stack()函数将数据的列索引转换为行索引

stack()函数可以将数据的列索引转换为行索引。stack()函数的语法格式如下：

stack(level=-1, dropna=True)

该函数返回值为 DataFrame 对象或 Series 对象。

该函数参数说明如下：

- level：操作索引的级别或级别名称，默认值为-1，表示操作内层索引；如果其值为 0，则表示操作外层索引。
- dropna：接收布尔值，默认值为 True，表示自动将旋转后的缺失值删除；如果其值为 False，则表示保留缺失值。

2. 使用 unstack()函数将数据的行索引转换为列索引

unstack()函数可以将数据的行索引转换为列索引。unstack()函数的语法格式如下：

DataFrame.unstack(level=-1, fill_value=None)

或者：

Series.unstack(level=-1, fill_value=None)

该函数返回值为 DataFrame 对象或 Series 对象。

该函数参数说明如下：

- level：操作索引的级别或级别名称，默认值为-1，表示操作内层索引；如果其值为 0，则表示操作外层索引。
- fill_value：默认值为 None，如果将其设置为其他值，且旋转过程中产生了缺失值，则用该参数的值替换缺失值。

【技能训练 5-21】重塑层次化索引

【训练要求】

在 Jupyter Notebook 开发环境中创建 j5-21.ipynb，然后编写代码实现重塑层次化索引。

【实施过程】

使用 stack()函数将数据的列索引转换为行索引并使用 unstack()函数将数据的行索引转换为列索引。具体步骤如下。

（1）使用 unstack()函数将重塑的 Series 对象转换为 DataFrame 对象

（2）使用 unstack()函数将 Series 对象转换为 DataFrame 对象

（3）使用 stack()函数将数据的列索引转换为行索引，并删除缺失值对应的行

（4）使用 stack()函数将数据的列索引转换为行索引，不删除缺失值对应的行

（5）使用字典创建 DataFrame 对象，然后分别使用 unstack()、stack()函数进行行索引与列索引的转换

扫描二维码，浏览实现重塑层次化索引的示例代码与输出结果。

电子活页 5-21

重塑层次化索引

5.4.2　使用 pivot()函数实现轴向旋转

4 个网站 3 类商品 1 季度的销售数量如表 5-4 所示。针对表 5-4 中的数据，如果要比较 4 个网站哪一类商品销量最大，3 类商品哪一个网站销量最大，显然无法很直观地得出结论。为此可以将"商品

类型"作为列索引，"网站名称"作为行索引，"销售数量"作为表格中的数据，变化后如表5-5所示。此时每一行展示了同一个网站不同类型商品的销售数量，每一列展示了同一类商品不同网站的销售数量。很明显就可以看出：4个网站中易购网的电视机销量最大、乐购网的手机销量最大、物美网的洗衣机销量最大；3类商品中精品网的电视机销量最大、乐购网的手机销量最大、物美网的洗衣机销量最大、易购网的电视机销量最大。

表5-4 4个网站3类商品1季度的销售数量（单位：台）

序号	网站名称	商品类型	销售数量
1	精品网	电视机	45
2	精品网	手机	40
3	精品网	洗衣机	10
4	乐购网	电视机	35
5	乐购网	手机	55
6	乐购网	洗衣机	15
7	物美网	电视机	20
8	物美网	手机	50
9	物美网	洗衣机	60
10	易购网	电视机	70
11	易购网	手机	25
12	易购网	洗衣机	30

表5-5 调整结构后的4个网站3类商品1季度的销售数量（单位：台）

网站名称	电视机	手机	洗衣机
精品网	45	40	10
乐购网	35	55	15
物美网	20	50	60
易购网	70	25	30

pandas提供了pivot()函数。该函数会根据给定的行索引或列索引重新组织一个DataFrame对象，即将一个DataFrame的数据整合成表格，又称数据透视，类似Excel中的数据透视表功能，它返回重塑的DataFrame对象。这样做的好处是使得数据更加直观和易于分析。

pivot()函数的语法格式如下：

```
pivot(index=None, columns=None, values=None)
```

或者：

```
pivot(index, columns, values)
```

其含义与作用是将index指定为行索引，columns指定为列索引，values指定为填充新DataFrame对象中的值，即根据DataFrame对象的3列数据生成数据透视表，使用索引/列中的唯一值填充DataFrame对象。

该函数参数说明如下：

- index：可选参数，可接收 string 或 object 类型的值，用于创建新 DataFrame 对象行索引的列名称。如果未指定，则使用原 DataFrame 对象的索引。

- columns：可接收 string 或 object 类型的值，用于创建新 DataFrame 对象列索引的列名称。如果未指定，则使用原 DataFrame 对象的索引。

- values：用于填充新 DataFrame 对象中值的列名称。如果未指定，则将使用剩余列进行填充，结果将具有分层索引列。

> **注意**
>
> 在进行数据分析的时候要记得将 pivot() 函数的结果调用函数 reset_index() 重置索引。

【技能训练 5-22】使用 pivot() 函数实现轴向旋转

【训练要求】

在 Jupyter Notebook 开发环境中创建 j5-22.ipynb，然后编写代码使用 pivot() 函数实现轴向旋转。

【实施过程】

（1）创建一个 DataFrame 对象

代码如下：

```
import pandas as pd
df1 = pd.DataFrame({'网站名称':['精品网','精品网','精品网','乐购网','乐购网','乐购网',
                    '物美网','物美网','物美网','易购网','易购网','易购网'],
                    '商品类型':['电视机','手机','洗衣机','电视机','手机','洗衣机',
                    '电视机','手机','洗衣机','电视机','手机','洗衣机'],
                    '销售数量':[45,40,10,35,55,15,20,50,60,70,25,30]})
df1
```

输出结果：

	网站名称	商品类型	销售数量
0	精品网	电视机	45
1	精品网	手机	40
2	精品网	洗衣机	10
3	乐购网	电视机	35
4	乐购网	手机	55
5	乐购网	洗衣机	15
6	物美网	电视机	20
7	物美网	手机	50
8	物美网	洗衣机	60
9	易购网	电视机	70
10	易购网	手机	25
11	易购网	洗衣机	30

（2）实现轴向旋转

代码如下：

```
#将 index 设置为网站名称，将商品类型的值设置为单独的列
df2 = df1.pivot(index='网站名称', columns='商品类型', values='销售数量')
df2
```

输出结果：

商品类型	手机	洗衣机	电视机
网站名称			
乐购网	55	15	35
易购网	25	30	70
物美网	50	60	20
精品网	40	10	45

上述代码也可以写成以下形式：

```
df1.pivot('网站名称','商品类型','销售数量')
```

（3）调用函数 reset_index()重置索引

代码如下：

```
df2.reset_index()
```

输出结果：

	商品类型	网站名称	手机	洗衣机	电视机
0		乐购网	55	15	35
1		易购网	25	30	70
2		物美网	50	60	20
3		精品网	40	10	45

（4）使用 set_index()和 unstack()函数等价实现 pivot()函数效果

代码如下：

```
df1.set_index(['网站名称', '商品类型']).unstack().reset_index()
```

输出结果：

	网站名称	销售数量		
商品类型		手机	洗衣机	电视机
0	乐购网	55	15	35
1	易购网	25	30	70
2	物美网	50	60	20
3	精品网	40	10	45

5.4.3 使用 melt()函数将 DataFrame 对象从宽数据格式转换为长数据格式

数据分析时经常要把宽数据格式转换为长数据格式，类似 Excel 的逆透视过程。这时我们可以使用 melt()函数。

melt()函数的语法格式如下：

```
melt(id_vars=None, value_vars=None, var_name=None, value_name='value',
     col_level=None)
```

该函数的功能为：将 DataFrame 对象压缩为一种格式，其中一列或多列是标识符变量（id_vars），而所有其他列均为测量变量（value_vars），相对于行"unpivoted"，仅留下两个非标识符列"variable"和"value"。

该函数参数说明如下：

- id_vars：可选参数，用作标识符变量的列。
- value_vars：可选参数，要取消透视的列。如果未指定，则使用未设置为 id_vars 的所有列。
- var_name：用于自定义"variable"列的名称。如果未指定，则使用"variable"。

- value_name：用于自定义"value"列的名称，默认值为"＂value＂"。
- col_level：可选参数，如果列使用多层索引，则使用此级别进行融合。

【技能训练 5–23】使用 melt()函数将 DataFrame 对象从宽数据格式转换为长数据格式

【训练要求】

在 Jupyter Notebook 开发环境中创建 j5-23.ipynb，然后编写代码使用 melt()函数将 DataFrame 从宽数据格式转换为长数据格式。

【实施过程】

扫描二维码，浏览使用 melt()函数将 DataFrame 从宽数据格式转换为长数据格式的实现过程、示例代码与输出结果。

电子活页 5–22

使用 melt()函数将
DataFrame 对象
从宽数据格式转换
为长数据格式

5.4.4　使用 pivot_table()函数聚合与透视数据

pivot()函数只能将列数据转换成行索引和列索引，不能用于运算，而且如果某项数据出现重复，将无法执行该函数。

pandas 提供了制作数据透视表的函数 pivot_table()，pivot_table()函数用于将列数据设定为行索引和列索引，并可以进行聚合运算。

pivot_table()函数的语法格式如下：

```
dataframe.pivot_table(values=None, index=None, columns=None, aggfunc='mean',
        fill_value=None, margins=False, dropna=True, margins_name='All')
```

或者：

```
pandas.pivot_table(data, values=None, index=None, columns=None, aggfunc='mean',
        fill_value=None, margins=False, dropna=True, margins_name='All')
```

pivot_table()函数的参数说明如表 5-6 所示。

表 5-6　pivot_table()函数的参数说明

序号	参数名称	参数说明
1	data	只用于 pd.pivot_table()形式，设定需要操作的 DataFrame 对象
2	index	行分组键，用于分组的列名或其他分组键，作为结果 DataFrame 的行索引
3	columns	列分组键，用于分组的列名或其他分组键，作为结果 DataFrame 的列索引
4	values	可选参数，待聚合的列名称，即被计算的数据项，设定需要被聚合操作的列，默认聚合所有数值列
5	aggfunc	表示聚合函数或函数列表，其默认值为 numpy.mean，即计算平均值。 如果 aggfunc 中出现 list[ ]，则在结果 DataFrame 中，list 内的函数名称会出现在 columns 中。aggfunc 的常见取值如下。 • aggfunc = np.sum。 • aggfunc = [np.sum]。 • aggfunc = [np.sum,np.mean]。 • aggfunc = { 'Price':[np.sum] }。 • aggfunc = { 'Price':[np.sum],'Quantity': np.mean }。 • aggfunc = { 'Price':[np.sum,np.mean],'Quantity':len }
6	fill_value	默认值为 None，用于设定缺失值的默认填充值
7	dropna	默认值为 True，如果列的所有值都是 NaN，则列将被删除；如果其值为 False，则列将被保留

续表

序号	参数名称	参数说明
8	margins	默认值为 False，即不添加行/列的总计；其值为 True 时，会添加行/列的总计
9	margins_name	默认值为'All'，当 margins=True 时，用于设定 margins 行/列的名称

数据透视表结果如表 5-7 所示。

表 5-7　数据透视表结果

	行索引 1	行索引 2	……
列索引 1	行索引 1 与列索引 1 针对聚合列的计算结果	行索引 2 与列索引 1 针对聚合列的计算结果	……
列索引 2	行索引 1 与列索引 2 针对聚合列的计算结果	行索引 2 与列索引 2 针对聚合列的计算结果	……
……	……	……	……

【技能训练 5-24】使用 pivot_table()函数聚合与透视数据

【训练要求】

在 Jupyter Notebook 开发环境中创建 j5-24.ipynb，然后编写代码使用 pivot_table()函数聚合与透视数据。

【实施过程】

（1）创建一个 DataFrame 对象

代码如下：

```
import pandas as pd
data1={'网站名称':['精品网','精品网','精品网','乐购网','乐购网','乐购网',
              '物美网','物美网','物美网','易购网','易购网','易购网'],
      '商品类型':['电视机','手机','洗衣机','电视机','手机','洗衣机',
              '电视机','手机','洗衣机','电视机','手机','洗衣机'],
      '销售数量':[45,40,10,35,55,15,20,50,60,70,25,30],
      '平均价格':[3100,3800,1600,1500,3600,1100,3500,1500,2300,4100,2000,1600.5]}
df1 = pd.DataFrame(data=data1)
df1
```

输出结果：

	网站名称	商品类型	销售数量	平均价格
0	精品网	电视机	45	3100.0
1	精品网	手机	40	3800.0
2	精品网	洗衣机	10	1600.0
3	乐购网	电视机	35	1500.0
4	乐购网	手机	55	3600.0
5	乐购网	洗衣机	15	1100.0
6	物美网	电视机	20	3500.0
7	物美网	手机	50	1500.0
8	物美网	洗衣机	60	2300.0
9	易购网	电视机	70	4100.0
10	易购网	手机	25	2000.0
11	易购网	洗衣机	30	1600.5

（2）设置一个行索引与两个聚合的数据列

代码如下：

```
df1.pivot_table(index=['网站名称'],values=['销售数量','平均价格'])
```

输出结果：

网站名称	平均价格	销售数量
乐购网	2066.666667	35.000000
易购网	2566.833333	41.666667
物美网	2433.333333	43.333333
精品网	2833.333333	31.666667

（3）插入 1 个新列"销售额"

在"平均价格"列右侧插入 1 个新列"销售额"，"销售额"列的数值由"销售数量"列的数值乘"平均价格"列的数值得到。

代码如下：

```
df1.insert(4,'销售额',df1['销售数量']*df1['平均价格'])
df1
```

输出结果：

	网站名称	商品类型	销售数量	平均价格	销售额
0	精品网	电视机	45	3100.0	139500.0
1	精品网	手机	40	3800.0	152000.0
2	精品网	洗衣机	10	1600.0	16000.0
3	乐购网	电视机	35	1500.0	52500.0
4	乐购网	手机	55	3600.0	198000.0
5	乐购网	洗衣机	15	1100.0	16500.0
6	物美网	电视机	20	3500.0	70000.0
7	物美网	手机	50	1500.0	75000.0
8	物美网	洗衣机	60	2300.0	138000.0
9	易购网	电视机	70	4100.0	287000.0
10	易购网	手机	25	2000.0	50000.0
11	易购网	洗衣机	30	1600.5	48015.0

（4）添加列的总计

代码如下：

```
df1.pivot_table(index=['商品类型'],values=['销售数量','平均价格'],
            margins=True, margins_name='合计')
```

输出结果：

商品类型	平均价格	销售数量
手机	2725.000000	42.500000
洗衣机	1650.125000	28.750000
电视机	3050.000000	42.500000
合计	2475.041667	37.916667

> **说 明** 这里平均价格合计无实际作用。

（5）对"销售数量"列执行求和运算

代码如下：

```
import numpy as np
df1.pivot_table(index=['商品类型'], values=['销售数量'],aggfunc=np.sum)
```

输出结果：

	销售数量
商品类型	
手机	170
洗衣机	115
电视机	170

（6）对"平均价格"列执行求平均数和统计运算

代码如下：

```
df1.pivot_table(index=['商品类型'],values=['平均价格'],aggfunc=[np.mean, len])
```

输出结果：

	mean	len
	平均价格	平均价格
商品类型		
手机	2725.000	4
洗衣机	1650.125	4
电视机	3050.000	4

（7）将 DataFrame 结果集的缺失值使用指定值进行填充

代码如下：

```
df1.pivot_table(index=['商品类型'], values=['销售数量'],
          columns=['网站名称'], aggfunc=[np.sum], fill_value=0)
```

输出结果：

	sum			
	销售数量			
网站名称	乐购网	易购网	物美网	精品网
商品类型				
手机	55	25	50	40
洗衣机	15	30	60	10
电视机	35	70	20	45

（8）对被聚合操作的不同列执行不同的聚合运算

代码如下：

```
df1.pivot_table(index=['商品类型'], values=['销售数量', '平均价格'],
          columns=['网站名称'], aggfunc={'销售数量':np.sum, '平均价格':np.mean})
```

输出结果：

平均价格				销售数量			
网站名称	乐购网	易购网	物美网	精品网	乐购网	易购网	物美网	精品网
商品类型								
手机	3600.0	2000.0	1500.0	3800.0	55	25	50	40
洗衣机	1100.0	1600.5	2300.0	1600.0	15	30	60	10
电视机	1500.0	4100.0	3500.0	3100.0	35	70	20	45

> **说明** 由于每一个购物网站的每一类商品的销售数量和平均价格只有一个数据，所以在本例中并没有进行真正的求和、求均值，只是证明一下相应方法可行。

5.5 pandas 数据变换

当数据经过清洗之后，为了使这些数据更加符合数据分析的要求，需要对这些数据进行一些合理的变换。数据变换是指数据从一种表现形式变为另一种表现形式的过程，主要包括重命名索引的标签、离散化连续数据。

5.5.1 重命名索引的标签

pandas 提供了一个 rename()方法来重命名个别列索引或行索引的标签。
rename()方法的语法格式如下：

```
rename(mapper=None, index=None, columns=None, axis=None, copy=False,
    inplace=False, level=None)
```

该方法常用参数说明如下：

- index：待重命名的行索引。
- columns：待重命名的列索引。
- axis：轴的名称，可以使用 index 或 columns，也可以使用数字 0 或 1。
- copy：是否复制底层的数据，默认值为 False。
- inplace：重命名索引时是否创建数据集副本，默认值为 False，表示创建数据集副本后重命名索引；如果将其设置为 True，则表示直接在原数据集重命名索引。
- level：级别名称，默认值为 None。对于多层索引，只重命名指定级别的标签。

rename()方法参数 index、columns 使用方式相同，都可以接收一个字典，其中字典的键代表原索引标签，字典的值代表新索引标签。

5.5.2 离散化连续数据

数据分析过程中，经常会遇到类似以下划分区间的问题：将 0 ~ 100 分划分为优秀（大于等于 90 分）、良好（80 ~ 89 分）、及格（60 ~ 79 分）与不及格（小于等于 59 分）4 个区间，或将年龄划分为童年（0 ~ 6 周岁）、少年（7 ~ 17 周岁）、青年（18 ~ 40 周岁）、中年（41 ~ 65 周岁）、老年（大于 66 周岁）5 个区间。

将有关连续数据进行离散化处理，通俗来说就是将连续数据划分为几个区间。pandas 提供的 cut()函数能够实现离散化连续数据操作，其语法格式如下：

```
cut(x, bins, right=True, labels=None, retbins=False, precision=3,
    include_lowest=False, duplicates='raise')
```

该函数常用参数说明如下。

- x：要划分区间的数据，必须是一维的。
- bins：接收 int 和序列类型的数据。如果传入的是 int 类型的值，则表示在 x 值范围内的等间距单元的数量（划分为多少个等间距区间）；如果传入的是一个序列，则表示将 x 划分在指定的序列中，如果不在序列中，则为 NaN。
- right：是否包含右端点，决定区间的开或闭，默认值为 True，表示包含右端点，如果将其设置为 False，则表示不包含右端点。
- include_lowest：是否包含左端点，将其设置为 True，表示包含左端点；默认值为 False，表示不包含左端点。
- labels：用于设置生成区间的自定义标签，为可选参数。
- retbins：是否返回 bin。
- precision：用于设置精度，默认保留 3 位小数。

cut()函数会返回一个 Categorical 对象，可以将其看作一组表示"面元"名称的字符串，它包含分组的数量以及不同分类的名称。

Categories 对象中的区间范围与数学中的区间范围一样，都用圆括号表示开区间，用方括号表示闭区间。如果希望设置"左闭右开"的区间，则可以在调用 cut()函数时传入 right=False 进行修改。

电子活页 5-23

【技能训练 5-25】实现 pandas 的数据变换操作

【训练要求】

在 Jupyter Notebook 开发环境中创建 j5-25.ipynb，然后编写代码实现 Pandas 的数据变换操作。

【实施过程】

扫描二维码，浏览 pandas 的数据变换操作的实现过程、示例代码与输出结果。

实现 pandas 的
数据变换操作

📝 应用与实战

【任务 5-1】药品销售数据预处理

【任务描述】

Excel 文件"药品销售数据.xlsx"共有 6578 行药店的药品销售数据，该 Excel 文件共有 7 列有效数据，分别为购药时间、社保卡号、商品编码、商品名称、销售数量、应收金额、实收金额，通过分析药品销售数据，看看哪些药物购买者较多，哪些天购药者较多等。

本任务主要完成列名重命名、删除重复值、处理缺失值、转换数据类型、处理异常数据、按照销售时间对数据集进行排序并重置索引等数据预处理操作，数据导入与审阅详见模块 4。

【任务实现】

电子活页 5-24

在 Jupyter Notebook 开发环境中创建 t5-01.ipynb，然后在单元格中编写代码与输出对应的结果。

扫描二维码，浏览药品销售数据预处理的实现过程、示例代码与输出结果。

药品销售数据
预处理

【任务 5-2】网上商城用户消费数据预处理

【任务描述】

文件 df_short.csv 中共有 55148 行网上商城的用户消费数据，该文件中共有

7 个有效列，其含义说明详见模块 4。

　　本任务主要完成删除重复数据、删除全为缺失值的数据、填充缺失值、转换数据类型等数据预处理操作，数据导入与审阅详见模块 4。

【任务实现】

　　在 Jupyter Notebook 开发环境中创建 t5-02.ipynb，然后在单元格中编写代码与输出对应的结果。

　　扫描二维码，浏览网上商城用户消费数据预处理的实现过程、示例代码与输出结果。

电子活页 5-25

网上商城用户消费
数据预处理

在线练习与考核

　　扫描二维码，完成本模块的在线练习与考核。

电子活页 5-26

在线练习与考核

模块 6
统计计算与数据分析

06

pandas 中包含常用的数学和统计方法，其中大部分都属于归约和汇总统计方法，这些方法从 DataFrame 对象的行或列中提取一个 Series 对象或者从 Series 对象中提取单个值（如总和或平均值）。与 NumPy 数组中的方法相比，pandas 内建了处理缺失值的功能。

学习与训练

6.1 pandas 数据运算

pandas 数据结构 Series 对象和 DataFrame 对象都支持 NumPy，因此，这两种数据结构都可以使用 NumPy 提供的 ufunc() 函数。pandas 还提供了一些运算函数，例如 mean()、std() 和 max() 等，这些函数与 NumPy 中的类似。此外，pandas 还提供了二元运算符对应的函数，例如 add()、sub()、mul()、div() 和 mod() 等。

在算术运算中，pandas 还具备按轴自动数据对齐的功能。pandas 具有将两个数据结构索引自动对齐的功能。当参与运算的两个数据结构的索引的顺序不一致，或者有的索引只存在于一个数据结构中时，也能实现这两个数据结构的运算，这称为数据对齐。

6.1.1 Series 对象的运算

【技能训练 6-1】实现 Series 对象的运算
【训练要求】
在 Jupyter Notebook 开发环境中创建 j6-01.ipynb，然后编写代码实现 Series 对象的运算。
【实施过程】
1. Series 对象的赋值运算
通过索引或标签选取元素后直接对元素进行赋值。
代码如下：

```
import pandas as pd
s1 = pd.Series([1,2,3,4], index=['a', 'b', 'c', 'd'])
print(s1)
s1[2]=30
print(s1)
s1['d']=40
print(s1)
```

输出结果：

```
a    1
b    2
c    3
d    4
dtype: int64
a    1
b    2
c    30
d    4
dtype: int64
a    1
b    2
c    30
d    40
dtype: int64
```

2. Series 对象与常量之间的算术运算

适用于 NumPy 数组的算术运算符（ + 、 - 、 * 、 / ）和其他数学函数，也适用于 Series 对象。
代码如下：

```
import pandas as pd
s2 = pd.Series([1,2,3,4], index=['a', 'b', 'c', 'd'])
print(s2+3)
print(s2-3)
print(s2*3)
print(s2/2)
```

输出结果：

```
a    4
b    5
c    6
d    7
dtype: int64
a    -2
b    -1
c    0
d    1
dtype: int64
a    3
b    6
c    9
d    12
dtype: int64
a    0.5
b    1.0
```

```
c    1.5
d    2.0
dtype: float64
```

3. 两个 Series 对象之间的加、减、乘、除算术运算

代码如下：

```
import pandas as pd
print ('定义两个 Series 对象：')
s3 = pd.Series([2,8,6,9], index = ['a', 'b', 'c', 'd'])
s4 = pd.Series([3,10,5], index = ['c', 'd', 'a'])
print(s3)
print(s4)
#对两个 Series 对象进行加、减、乘、除算术运算
print('两个 Series 对象相加： \n', s3+s4)
print('两个 Series 对象相减： \n', s3-s4)
print('两个 Series 对象相乘： \n', s3*s4)
print('两个 Series 对象相除： \n', s3/s4)
```

电子活页 6-1

两个 Series 对象之间
的加、减、乘、除
算术运算的输出结果

扫描二维码，浏览两个 Series 对象之间的加、减、乘、除算术运算的输出结果。

观察输出结果可以发现，两个 Series 对象相加就是将两个 Series 对象中标签相同的元素相加，并输出这些标签和相加后的值。对于只有一个 Series 对象包含的标签，也会出现在输出结果中，但其值为 NaN。

4. Series 对象的数学函数运算

pandas 数据结构之间可以使用算术运算符进行运算，也可以使用算术运算函数进行运算。pandas 提供的算术运算函数有 add()、sub()、mul()、div() 和 mod() 等，这些函数可分别完成加、减、乘、除和求余数的运算。其中，add() 函数的调用方法如下：

```
obj1.add(obj2)
```

其中，obj1 和 obj2 是 Series 或 DataFrame 对象。sub()、mul()、div() 和 mod() 等函数的调用方法与 add() 函数的相同。

代码如下：

电子活页 6-2

Series 对象的数学
函数运算的输出结果

```
print('两个 Series 对象相加： \n',s3.add(s4))
print('两个 Series 对象相减： \n',s3.sub(s4))
print('两个 Series 对象相乘： \n',s3.mul(s4))
print('两个 Series 对象相除： \n',s3.div(s4))
print(np.exp(s2))
```

扫描二维码，浏览 Series 对象的数学函数运算的输出结果。

5. Series 对象的综合运算

在 Series 对象之间进行运算时，Series 对象能够通过识别标签对齐数据。这就是 Series 对象运算时的自动对齐功能。

代码如下：

```
s5 = pd.Series([1,2,3,4],index=['a', 'b', 'c', 'd'])
s5 += s5[s5>2]+1
print(s5)
```

输出结果：

a   NaN
b   NaN
c   7.0
d   9.0
dtype: float64

通过上述运算得到了一个新 Series 对象，其中只对标签相同的元素进行求和，其他只属于其中一个 Series 对象的标签也被添加到新对象中，只不过它们的值为 NaN。

6.1.2 DataFrame 对象的运算

【技能训练 6-2】实现 DataFrame 对象的运算
【训练要求】
在 Jupyter Notebook 开发环境中创建 j6-02.ipynb，然后编写代码实现 DataFrame 对象的运算。
【实施过程】

1. 两个 DataFrame 对象之间的加、减、乘、除算术运算

定义两个 DataFrame 对象，分别使它们的行索引和列索引不完全一致，并对这两个 DataFrame 对象进行加、减、乘、除算术运算。

代码如下：

```
import numpy as np
import pandas as pd
df1 = pd.DataFrame(np.arange(6).reshape(2,3), columns=['a','b','c'])
df1
df2 = pd.DataFrame(np.arange(12).reshape(3,4),columns=['a','b','c','d'])
df2
#对两个 DataFrame 对象进行加、减、乘、除运算
print('两个 DataFrame 对象相加：')
df1+df2
print('两个 DataFrame 对象相减：')
df1-df2
print('两个 DataFrame 对象相乘：')
df1*df2
print('两个 DataFrame 对象相除：')
df1/df2
```

扫描二维码，浏览两个 DataFrame 对象之间的加、减、乘、除算术运算的输出结果。

电子活页 6-3

两个 DataFrame 对象之间的加、减、乘、除算术运算的输出结果

2. 两个 DataFrame 对象之间的加、减、乘、除和求余数函数运算

定义两个 DataFrame 对象，分别使它们的行索引和列索引不完全一致。用 add()、sub()、mul()、div()和 mod()等函数对这两个 DataFrame 对象进行加、减、乘、除和求余数运算。

代码如下：

```
import numpy as np
import pandas as pd
```

```
print ('定义两个 DataFrame 对象：')
df1 = pd.DataFrame(np.arange(6).reshape(2,3), columns=['a','b','c'])
df2 = pd.DataFrame(np.arange(12).reshape(3,4),columns=['a','b','c','d'])
#对两个 DataFrame 对象进行加、减、乘、除、求余数运算
print('两个 DataFrame 对象相加：\n',df1.add(df2))
print('两个 DataFrame 对象相减：\n',df1.sub(df2))
print('两个 DataFrame 对象相乘：\n',df1.mul(df2))
print('两个 DataFrame 对象相除：\n',df1.div(df2))
print('两个 DataFrame 对象求余：\n',df1.mod(df2))
```

电子活页 6-4

两个 DataFrame 对象之间的加、减、乘、除和求余数函数运算的输出结果

扫描二维码，浏览两个 DataFrame 对象之间的加、减、乘、除和求余数函数运算的输出结果。

6.1.3 DataFrame 对象与 Series 对象之间的运算

【技能训练 6-3】实现 DataFrame 对象与 Series 对象之间的运算
【训练要求】
在 Jupyter Notebook 开发环境中创建 j6-03.ipynb，然后定义一个 Series 对象和一个 DataFrame 对象，编写代码实现 DataFrame 对象与 Series 对象之间的运算。

【实施过程】
代码如下：

```
import numpy as np
import pandas as pd
print ('定义 Series 对象：')
s1 = pd.Series([0,1,2,3], index = ['a', 'b', 'c', 'd'])
print('s1：\n',s1)
print ('定义 DataFrame 对象：')
df1 = pd.DataFrame(np.arange(6).reshape(2,3), columns=['a', 'b', 'c'])
print('df1：\n',df1)
#对 Series 与 DataFrame 对象进行加运算
df = df1 + s1
print('Series 与 DataFrame 对象进行加运算：')
df
```

输出结果：
定义 Series 对象：

```
s1:
a    0
b    1
c    2
d    3
dtype: int64
```

定义 DataFrame 对象：

```
df1:
   a  b  c
0  0  1  2
1  3  4  5
```

Series 对象与 DataFrame 对象进行加运算:

```
   a  b  c  d
0  0  2  4  NaN
1  3  5  7  NaN
```

观察上述输出结果可知, Series 对象与 DataFrame 对象之间的运算就是将 Series 对象的索引和 DataFrame 对象的列索引相同的元素进行运算。而 Series 对象的索引和 DataFrame 对象的列索引不匹配的元素, 也会出现在输出结果中, 但其值为 NaN。因此, 要实现 Series 对象与 DataFrame 对象之间的运算, Series 对象的索引和 DataFrame 对象的列索引一定要有相同部分, 否则输出结果会全部为 NaN。

6.2 pandas 统计分析

pandas 是统计学原理在计算机领域的一种应用实现。通过编程的方式达到描述、分析数据的目的。

6.2.1 pandas 数据分析的基本方法

pandas 数据分析的基本方法主要包括基本统计分析、分组分析、分布分析、交叉分析、结构分析、相关分析等。

1. pandas 基本统计分析

描述统计学 (Descriptive Statistics) 主要研究如何取得反映客观现象的数据, 并以图表形式对所搜集的数据进行处理和显示, 最终对数据的规律、特征做出综合性的描述分析。

从描述统计学角度出发, 可以对 DataFrame 对象结构执行聚合计算等操作, 例如使用 sum() 函数求和、使用 mean() 函数求均值等。

在 DataFrame 对象中, 使用聚合类方法时需要指定 axis 参数。操作方式有两种:

① 对行操作, 默认使用 axis=0 或者使用 axis="index"。

② 对列操作, 默认使用 axis=1 或者使用 axis="columns"。

axis 参数示意如图 6-1 所示, axis=0 表示按垂直方向进行计算, 而 axis=1 则表示按水平方向进行计算。

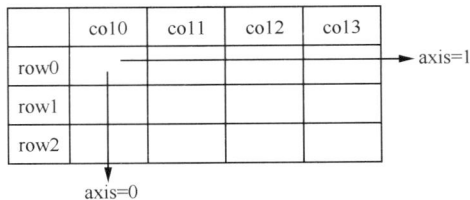

图 6-1　axis 参数示意

基本统计分析又称为描述性统计分析, 一般统计某个变量的个数、均值、标准差、最小值、25%分位值、50%分位值、75%分位值、最大值等。常用的统计分析指标有计数、求和、求均值、求方差、求标准差等。pandas 常用的统计函数如表 6-1 所示。

表 6-1　pandas 常用的统计函数

序号	函数	说明
1	count()	统计某个非空值的数量
2	sum()	求和
3	mean()	求平均值
4	median()	求中位数
5	mode()	求众数
6	var()	求方差
7	std()	求标准差
8	min()	求最小值
9	max()	求最大值
10	abs()	求绝对值
11	prod()	求所有数值的乘积
12	cumsum()	计算累计和，axis=0，按照行累加；axis=1，按照列累加
13	cumprod()	计算累计积，axis=0，按照行累乘；axis=1，按照列累乘
14	corr()	计算数列或变量之间的相关系数，取值范围为-1 到 1，值越大表示关联性越强
15	mad()	根据平均值计算平均绝对利差

【技能训练 6-4】对 DataFrame 结构实现描述性统计

【训练要求】

在 Jupyter Notebook 开发环境中创建 j6-04.ipynb，然后编写代码对 DataFrame 结构实现描述性统计。

【实施过程】

（1）创建一个 DataFrame 对象

代码如下：

```
import pandas as pd
import numpy as np
#创建 DataFrame 对象
data = {'Name' : pd.Series(['安静', '路远', '温暖', '向北', '阳光', '白雪', '夏天', '云朵']),
        'score1' : pd.Series([71, 80, 89, 92, 65, 84 ,78 ,92.5]),
        'score2' : pd.Series([82, 72, 96, 88, 93.5 , 83, 77, 68.5]),
        'score3' : pd.Series([86.0, 82.5, 95.0, 90.5, 73, 86.5, 67, 94]) }
df1 = pd.DataFrame(data)
df1
```

输出结果：

	Name	score1	score2	score3
0	安静	71.0	82.0	86.0
1	路远	80.0	72.0	82.5
2	温暖	89.0	96.0	95.0
3	向北	92.0	88.0	90.5
4	阳光	65.0	93.5	73.0
5	白雪	84.0	83.0	86.5
6	夏天	78.0	77.0	67.0
7	云朵	92.5	68.5	94.0

（2）使用 sum()函数求和

① 返回 axis=0 的所有值的和。

在默认情况下，返回 axis=0 的所有值的和。

代码如下：

```
#默认 axis=0 或者使用 sum("index")
df1.sum()
```

输出结果：

```
Name        安静路远温暖向北阳光白雪夏天云朵
score1      651.5
score2      660.0
score3      674.5
dtype: object
```

> **注意**　sum()和 cumsum()函数都可以同时处理数字和字符串数据，使用这两个函数并不会抛出异常；而使用 abs()、cumprod()函数则会抛出异常，因为它们无法操作字符串数据。

② 返回 axis=1 的所有值的和。

代码如下：

```
#使用 sum("columns")或 sum(axis=1)
df1.sum(axis=1)
```

输出结果：

```
0      239.0
1      234.5
2      280.0
3      270.5
4      231.5
5      253.5
6      222.0
7      255.0
dtype: float64
```

（3）使用 mean()函数求均值

代码如下：

```
df1.mean()
```

输出结果：

```
score1      81.4375
score2      82.5000
score3      84.3125
dtype: float64
```

（4）使用 std()函数求标准差

代码如下：

```
df1.std()
```

输出结果：

score1	9.933484
score2	9.787018
score3	9.892051
dtype: float64	

标准差是方差的算术平方根，它能反映一个数据集的离散程度。注意，平均数相同的两组数据，其标准差未必相同。

（5）使用 describe()函数输出与 DataFrame 数据列相关的描述信息

① 使用 describe()函数输出与 DataFrame 数据列相关的全部描述信息。

describe()函数用于输出与 DataFrame 数据列相关的描述信息，例如平均值、标准差和 IQR 等一系列统计信息。该函数的语法格式如下：

```
DataFrame.describe()
```

或者：

```
DataFrame.columns.describe()
```

代码如下：

```
#输出数据列所有的描述信息
print(df1.describe())
```

输出结果：

	score1	score2	score3
count	8.000000	8.000000	8.000000
mean	81.437500	82.500000	84.312500
std	9.933484	9.787018	9.892051
min	65.000000	68.500000	67.000000
25%	76.250000	75.750000	80.125000
50%	82.000000	82.500000	86.250000
75%	89.750000	89.375000	91.375000
max	92.500000	96.000000	95.000000

② 使用 describe()函数通过 include 参数筛选字符列或者数字列的摘要信息。

describe()函数也可以通过设置 include 参数的值筛选字符列或者数字列的摘要信息，其语法格式如下：

```
df.describe(include=["object | number | all "])
```

其中 include 相关参数值说明如下：

- object：对字符列进行统计信息描述。
- number：对数字列进行统计信息描述。
- all：汇总所有列的统计信息。

将 include 参数设置为 object 的示例代码如下：

```
#将 include 参数设置为 object
df1.describe(include=["object"])
```

输出结果：

	Name
count	8

```
unique      8
top        安静
freq        1
```

将 include 参数设置为 all 的示例代码如下：

```
#将 include 参数设置为 all
df1.describe(include="all")
```

输出结果：

	Name	score1	score2	score3
count	8	8.000000	8.000000	8.000000
unique	8	NaN	NaN	NaN
top	安静	NaN	NaN	NaN
freq	1	NaN	NaN	NaN
mean	NaN	81.437500	82.500000	84.312500
std	NaN	9.933484	9.787018	9.892051
min	NaN	65.000000	68.500000	67.000000
25%	NaN	76.250000	75.750000	80.125000
50%	NaN	82.000000	82.500000	86.250000
75%	NaN	89.750000	89.375000	91.375000
max	NaN	92.500000	96.000000	95.000000

2. pandas 分组分析

分组分析是指根据分组字段，将分析对象划分成不同的组，以对比各组之间差异的分析方法。分组分析常用的统计指标是计数、求和、求平均值等。

【技能训练 6-5】实现 pandas 分组分析

【训练要求】

weatherData01.xlsx 文件存储了长沙市 2022 年 1 月的气温、空气质量指数、空气质量等级等天气数据，主要包括最高气温、最低气温、空气质量指数、等级等数据。在 Jupyter Notebook 开发环境中创建 j6-05.ipynb，然后编写代码实现 pandas 分组分析。

【实施过程】

代码如下：

```
import pandas as pd
path=r'data\weatherData01.xlsx'
df1 = pd.read_excel(path)
group1 = df1.groupby(['等级'])
df2 = group1.describe()['空气质量指数'] # 只看"空气质量指数"列的统计信息
df2
df3 = group1['空气质量指数'].agg([np.mean,np.max,np.min])
df3
df4 = group1.agg({'空气质量指数':np.mean,'最高气温':np.max,'最低气温':np.min})
df4
df5 = group1['空气质量指数'].apply(np.mean)
df5
```

扫描二维码，浏览 pandas 分组分析的输出结果。

电子活页 6-5

pandas 分组分析的
输出结果

3. pandas 分布分析

分布分析是指根据分析的目的，将定量数据进行等距或者不等距的分组，从而研究各组分布规律的一种分析方法。例如学生成绩分布分析、用户年龄分布分析、收入状况分布分析等。

在进行分布分析时，首先用 cut()函数确定分布分析中的分组，然后用 groupby()函数实现分组分析。

【**技能训练6-6**】实现分布分析

【**训练要求**】

"课程成绩.xlsx"文件存储了一个班级的学生的 3 门课程的成绩及平均成绩等数据。在 Jupyter Notebook 开发环境中创建 j6-06.ipynb，然后编写代码实现分布分析。

【**实施过程**】

代码如下：

```
import pandas as pd
path=r'data\课程成绩.xlsx'
df1 = pd.read_excel(path)
#成绩分布状况
score_bins1 = [0,60,80,90,101]
score_labels1 = ['不及格', '及格', '良好', '优秀']
df1['成绩分组']=pd.cut(df1.平均成绩, score_bins1, labels=score_labels1,include_lowest=True, right=False)
#分组统计人数、平均成绩
result1 = df1.groupby(['成绩分组']).agg({'平均成绩':np.size})
print(result1)
result2 = df1.groupby(['成绩分组']).agg({'平均成绩':np.mean})
print(result2)
```

输出结果：

```
            平均成绩
成绩分组
不及格         3
及格          15
良好          16
优秀          4
            平均成绩
成绩分组
不及格     56.222222
及格      75.322222
良好      83.635417
优秀      92.125000
```

4. pandas 交叉分析

交叉分析通常用于分析两个或两个以上分组的变量之间的关系，以交叉表形式进行变量间关系的对比分析，从数据的不同维度综合进行分组细化分析，进一步了解数据的构成、分布特征。

交叉分析有数据透视表和交叉表两种，数据透视表 pivot_table()是一种进行数据透视分析的函数，参数 aggfunc 决定统计类型。而交叉表 crosstab()是一种特殊的 pivot_table()，专门用于计算分组的频率。其中 pivot_table()函数的返回值是数据透视表的结果，该函数的功能相当于 Excel 中的数据透视表功能。

（1）使用 pivot_table() 函数进行数据透视分析

在进行交叉分析时，可以先用 cut() 函数确定交叉分析中的分组，然后利用 pivot_table() 函数实现交叉分析。

【技能训练 6-7】实现交叉分析

【训练要求】

"课程成绩.xlsx"文件存储了一个班级的学生的学习小组、性别和 3 门课程的成绩及平均成绩等数据。在 Jupyter Notebook 开发环境中创建 j6-07.ipynb，然后编写代码对"平均成绩"和"学习小组"列进行交叉分析，求不同等级中各个学习小组的人数分布状况。

【实施过程】

求不同等级中各个学习小组的人数分布状况的代码如下：

```
import numpy as np
import pandas as pd
path=r'data\课程成绩.xlsx'
df1 = pd.read_excel(path)
#成绩分布状况
score_bins1 = [0,60,80,90,101]
score_labels1 = ['不及格', '及格', '良好', '优秀']
df1['成绩分组']=pd.cut(df1.平均成绩, score_bins1, labels=score_labels1,include_lowest=True,right=False)
#求不同等级中各个学习小组的人数分布状况
result1 = df1.pivot_table(
                values=['平均成绩'],
                index=['成绩分组'],
                columns=['学习小组'],
                aggfunc=[np.size])
result1
```

输出结果：

	size								
	平均成绩								
学习小组	1	2	3	4	5	6	7	8	9
成绩分组									
不及格	NaN	NaN	NaN	NaN	NaN	NaN	1.0	NaN	2.0
及格	2.0	2.0	2.0	2.0	3.0	2.0	1.0	1.0	NaN
良好	NaN	2.0	2.0	2.0	NaN	2.0	2.0	3.0	3.0
优秀	2.0	NaN	NaN	NaN	1.0	NaN	NaN	1.0	NaN

对"平均成绩"和"学习小组"列进行交叉分析，求不同等级中各个学习小组的平均成绩的代码如下：

```
#求不同等级中各个学习小组的平均成绩
result2 = df1.pivot_table(
            values=['平均成绩'],
            index=['成绩分组'],
            columns=['学习小组'],
            aggfunc=[np.mean])
```

```
format = lambda x: "%.2f" % x
result2.applymap(format)
```

输出结果：

		mean							
		平均成绩							
学习小组	1	2	3	4	5	6	7	8	9
成绩分组									
不及格	nan	nan	nan	nan	nan	nan	56.67	nan	56.00
及格	78.92	75.58	76.50	73.17	69.50	78.42	78.17	78.00	nan
良好	nan	84.75	80.67	84.33	nan	83.33	86.25	81.11	85.39
优秀	91.75	nan	nan	nan	92.17	nan	nan	92.83	nan

（2）使用 crosstab() 进行频数交叉分析

交叉表（Cross-Tabulation，简称 crosstab）是一种用于计算分组频率的特殊透视表。

利用交叉表分析各个学习小组男、女学生人数的代码如下：

```
# 按性别分组，统计各个学习小组的男、女学生人数
result3 = pd.crosstab(df1['性别'],df1['学习小组'],margins=True)
result3
```

输出结果：

学习小组	1	2	3	4	5	6	7	8	9	All
性别										
女	2	2	1	0	3	0	1	3	1	13
男	2	2	3	4	1	4	3	2	4	25
All	4	4	4	4	4	4	4	5	5	38

【技能训练 6-8】实现 pandas 分布分析与数据透视分析

【训练要求】

在 Jupyter Notebook 开发环境中创建 j6-08.ipynb，然后编写代码实现 pandas 分布分析与数据透视分析。

【实施过程】

（1）创建 DataFrame 对象

（2）统计 A 组手机和笔记本电脑各卖出多少台

电子活页 6-6

（3）统计 A 组不同品牌的手机和笔记本电脑各卖出多少台

（4）统计 A 组和 B 组不同品牌的手机和笔记本电脑各卖出多少台

扫描二维码，浏览实现 pandas 分布分析与数据透视分析的示例代码与输出结果。

实现 pandas 分布分析与数据透视分析

5. pandas 结构分析

结构分析是在分组分析和交叉分析的基础上，计算各组成部分所占的比例，进而分析总体的内部特征的一种分析方法。结构分析中的分组主要是指定性分组。定性分组一般关注结构，重点是了解各部分占总体的比例。例如，公司中不同学历员工所占的比例、产品在市场的占有率、公司的股权结构等。

在进行结构分析时，先利用 pivot_table() 函数进行数据透视分析，然后通过指定 axis 参数对数据透视表按行或列进行计算（当 axis=0 时按列计算，当 axis=1 时按行计算），常用的运算函数有 add()、sub()、multiply()、div()、sum()、mean()、var()、std()。

接下来对"课程成绩.xlsx"文件中的"平均成绩"和"学习小组"列进行结构分析，求不同成绩分组下各个学习小组的占比情况。

代码如下：

```
import numpy as np
import pandas as pd
path=r'data\课程成绩.xlsx'
df1 = pd.read_excel(path)
#成绩分布状况
score_bins1 = [0,60,80,90,101]
score_labels1 = ['不及格', '及格', '良好', '优秀']
df1['成绩分组']=pd.cut(df1.平均成绩, score_bins1, labels=score_labels1,
                  include_lowest=True, right=False)
#求不同等级中各个学习小组的人数分布状况
result = df1.pivot_table(
             values=['平均成绩'],
             index=['成绩分组'],
             columns=['学习小组'],
             aggfunc=[np.size])
result.div(result.sum(axis=0), axis=1)
```

输出结果：

	size								
	平均成绩								
学习小组	1	2	3	4	5	6	7	8	9
成绩分组									
不及格	NaN	NaN	NaN	NaN	NaN	NaN	0.25	NaN	0.4
及格	0.5	0.5	0.5	0.5	0.75	0.5	0.25	0.2	NaN
良好	NaN	0.5	0.5	0.5	NaN	0.5	0.50	0.6	0.6
优秀	0.5	NaN	NaN	NaN	0.25	NaN	NaN	0.2	NaN

6. pandas 相关分析

相关分析（Correlation Analysis）用于研究现象之间是否存在某种依存关系，并探讨依存关系的相关方向以及相关程度，是研究随机变量之间相关关系的一种统计方法。

【技能训练 6-9】实现 pandas 相关分析

【训练要求】

"课程成绩.xlsx"文件存储了一个班级的学生的学习小组、性别和 3 门课程的成绩及平均成绩等数据。在 Jupyter Notebook 开发环境中创建 j6-09.ipynb，然后编写代码分别计算"课程成绩.xlsx"文件中的课程 1 的成绩与课程 2 的成绩的相关系数，平均成绩与课程 1 的成绩、课程 2 的成绩的相关系数，以及所有数据的相关系数矩阵。

【实施过程】

（1）计算"课程成绩.xlsx"文件中的课程 1 的成绩与课程 2 的成绩的相关系数

代码如下：

```
import pandas as pd
path=r'data\课程成绩.xlsx'
df1 = pd.read_excel(path)
```

```
#计算课程 1 的成绩和课程 2 的成绩的相关系数
result1 = df1.课程 1.corr(df1.课程 2)
print('课程 1 的成绩和课程 2 的成绩的相关系数: ', result1)
```

输出结果：

课程 1 的成绩和课程 2 的成绩的相关系数： 0.20887885470311482

（2）计算平均成绩与课程 1 的成绩、课程 2 的成绩的相关系数

代码如下：

```
result2 = df1.loc[:,['平均成绩', '课程 1', '课程 2']].corr()
result2
```

输出结果：

	平均成绩	课程1	课程2
平均成绩	1.000000	0.586801	0.754731
课程1	0.586801	1.000000	0.208879
课程2	0.754731	0.208879	1.000000

（3）获取所有数据的相关系数矩阵

代码如下：

```
#返回一个相关系数矩阵
df1.corr()
```

输出结果：

	序号	学号	学习小组	课程1	课程2	课程3	平均成绩
序号	1.000000	1.000000	0.993408	-0.226272	-0.117291	-0.053174	-0.182102
学号	1.000000	1.000000	0.993408	-0.226272	-0.117291	-0.053174	-0.182102
学习小组	0.993408	0.993408	1.000000	-0.243886	-0.085821	-0.078133	-0.188156
课程1	-0.226272	-0.226272	-0.243886	1.000000	0.208879	0.096354	0.586801
课程2	-0.117291	-0.117291	-0.085821	0.208879	1.000000	0.369572	0.754731
课程3	-0.053174	-0.053174	-0.078133	0.096354	0.369572	1.000000	0.740552
平均成绩	-0.182102	-0.182102	-0.188156	0.586801	0.754731	0.740552	1.000000

6.2.2 应用 pandas 的统计函数

统计函数是统计学中用于计算和分析数据的一种工具，在数据分析的过程中，使用统计函数有助于我们理解和分析数据。本小节将介绍几个常见的统计函数，例如百分比函数、协方差函数、相关系数函数等。

1. 计算数值的百分比变化

Series 对象和 DataFrame 对象结构都可以使用 pct_change()函数，该函数将每个元素与其前一个元素进行比较，并计算前后元素的百分比变化。

【技能训练 6-10】计算数值的百分比变化

【训练要求】

在 Jupyter Notebook 开发环境中创建 j6-10.ipynb，然后编写代码计算 2016 年到 2020 年我国国内生产总值（亿元）、人均国内生产总值（元）的百分比变化。

【实施过程】

（1）计算 Series 对象结构中数值的百分比变化

代码如下：

```
import pandas as pd
```

```
s1 = pd.Series([53783,59592,65534,70078,72000],index=[2016,2017,2018,2019,2020])
print(s1)
s1.pct_change()
```

输出结果：

```
2016     53783
2017     59592
2018     65534
2019     70078
2020     72000
dtype: int64
2016         NaN
2017     0.108008
2018     0.099711
2019     0.069338
2020     0.027427
dtype: float64
```

（2）计算 DataFrame 对象结构中数值的百分比变化

代码如下：

```
data1=[[746395.1,53783],[832035.9,59592],
[919281.1,65534],[986515.2,70078],[1015986.2,72000]]
df1 = pd.DataFrame(data1,index=[2016,2017,2018,2019,2020],columns=['GDP','AGDP'])
print(df1)
df1.pct_change()
```

输出结果：

```
            GDP   AGDP
2016    746395.1  53783
2017    832035.9  59592
2018    919281.1  65534
2019    986515.2  70078
2020   1015986.2  72000
```

	GDP	AGDP
2016	NaN	NaN
2017	0.114739	0.108008
2018	0.104857	0.099711
2019	0.073138	0.069338
2020	0.029874	0.027427

默认情况下，pct_change()函数对列进行操作，如果想要操作行，则需要设置参数 axis=1。例如：df.pct_change(axis=1)。

2. 计算变量的协方差

两支股票是不是同涨同跌，程度有多大，正相关还是负相关？产品销量的波动与哪些因素正相关、负相关，程度有多大？这些问题都可以通过计算协方差（Covariance）来解决。

协方差可以通俗地理解为两个变量 X、Y 在变化过程中是同方向变化还是反方向变化，同向或反向程度如何。X 变大的同时，Y 变大，说明这两个变量是同向变化的，这时协方差就是正值。X 变大的同时，Y 变小，说明这两个变量是反向变化的，这时协方差就是负值。从数值来看，协方差越大，两个变量同向程度就越大；协方差越小，两个变量的反向程度就越大。

pandas 提供的 cov()函数用来计算 Series 对象之间的协方差。cov()函数应用于 DataFrame 对象结构时，将计算指定列之间或所有列之间的协方差。该函数也会将缺失值自动排除。

【技能训练 6-11】计算变量的协方差

【训练要求】

在 Jupyter Notebook 开发环境中创建 j6-11.ipynb，然后编写代码计算 2022 年 1 月 1 日到 2022 年 1 月 7 日长沙市最高气温、最低气温、空气质量指数的协方差。

【实施过程】

（1）计算 Series 结构形式的最高气温、最低气温数据之间的协方差

代码如下：

```
import pandas as pd
#Series 结构
s1 = pd.Series([12,15,12,12,7,6,7])
s2 = pd.Series([1,4,8,6,5,5,6])
print(s1.cov(s2))
```

输出结果：

```
-1.3333333333333333
```

（2）计算 DataFrame 结构形式的最高气温、最低气温数据之间的协方差

代码如下：

```
import pandas as pd
data1=[[12,1,167],[15,4,145],[12,8,123],[12,6,212],
        [7,5,104],[6,5,61],[7,6,54] ]
df1 = pd.DataFrame(data1, columns=['highT', 'lowT', 'AQI'])
#计算最高气温与最低气温之间的协方差
print (df1['highT'].cov(df1['lowT']))
```

输出结果：

```
-1.3333333333333333
```

（3）计算所有列的协方差

代码如下：

```
#计算所有列的协方差
df1.cov()
```

输出结果：

	highT	lowT	AQI
highT	11.809524	-1.333333	147.880952
lowT	-1.333333	4.666667	-29.666667
AQI	147.880952	-29.666667	3217.238095

3. 计算变量的相关系数

相关系数（Correlation Coefficient）是用以反映变量 X、Y 之间相关关系密切程度（也称为相似度）的统计指标。相关系数是按差方法计算的，以两个变量与各自平均值的离差为基础，用两个离差相乘的值来反映两个变量之间的相关程度。

线性相关关系主要采用皮尔逊（Pearson）相关系数 r 来表示连续变量之间线性相关程度：$r>0$ 表

示两个变量之间线性正相关；$r<0$ 表示两个变量之间线性负相关；$r=0$ 表示两个变量之间不存在线性关系，但并不代表两个变量之间不存在任何关系。$0\leqslant|r|<0.3$ 表示低度相关，$0.3\leqslant|r|<0.8$ 表示中度相关，$0.8\leqslant|r|\leqslant1$ 表示高度相关。当两个变量的相关系数为 1 时，说明两个变量变化时的正向相似度最大；当两个变量的相关系数为-1 时，说明两个变量变化时的反向相似度最大。

相关系数用于显示任意两个 Series 对象或者 DataFrame 对象之间的线性关系。pandas 相关分析函数包括 DataFrame.corr()和 Series.corr()。

相关分析函数说明如下。

- 如果由 DataFrame 对象调用 corr()函数，那么将会计算列与列之间的相似度。
- 如果由 Series 对象调用 corr()函数，那么只计算该 Series 对象与传入的 Series 对象之间的相似度。

相关分析函数返回值如下。

- 由 DataFrame 对象调用：返回 DataFrame 对象。
- 由 Series 对象调用：返回一个数值型数据，大小为相似度。

【技能训练 6-12】计算变量的相关系数

【训练要求】

在 Jupyter Notebook 开发环境中创建 j6-12.ipynb，然后编写代码计算 2022 年 1 月 1 日到 2022 年 1 月 7 日长沙市最高气温、最低气温、空气质量指数的相关系数。

【实施过程】

（1）创建 DataFrame 对象

代码如下：

```
import pandas as pd
data1=[[12,1,167],[15,4,145],[12,8,123],[12,6,212],
      [7,5,104],[6,5,61],[7,6,54]]
df1 = pd.DataFrame(data1, columns=['highT', 'lowT', 'AQI'])
df1
```

输出结果：

	highT	lowT	AQI
0	12	1	167
1	15	4	145
2	12	8	123
3	12	6	212
4	7	5	104
5	6	5	61
6	7	6	54

（2）计算最高气温与最低气温之间的相关系数

代码如下：

```
print (df1['highT'].corr(df1['lowT']))
```

输出结果：

```
-0.1796053020267749
```

（3）计算所有列的相关系数

代码如下：

```
df1.corr()
```

输出结果：

	highT	lowT	AQI
highT	1.000000	-0.179605	0.758673
lowT	-0.179605	1.000000	-0.242116
AQI	0.758673	-0.242116	1.000000

> **注意**
>
> 如果 DataFrame 对象中存在 NaN，该函数会自动将 NaN 值删除。

6.2.3 应用 pandas 的窗口函数

为了更好地处理数值型数据，pandas 提供了几种窗口函数，例如移动窗口函数 rolling()、扩展窗口函数 expanding()和指数加权窗口函数 ewm()。窗口是一种形象化的说法，这些函数在执行操作时，就像窗口一样在数据区间上移动。在数据分析的过程中，使用窗口函数能够提升数据的准确性，并且使数据曲线的变化更加平滑，从而让数据分析的结果变得更加准确、可靠。

1. 应用移动函数 rolling()计算移动平均值

rolling()又称移动窗口函数，它可以与 mean()、count()、sum()、median()、std()等聚合函数一起使用。为了方便使用，pandas 为移动函数定义了专门的聚合函数，例如 rolling_mean()、rolling_count()、rolling_sum()等。rolling()函数的语法格式如下：

```
rolling(window=1, min_periods=None, center=False)
```

该函数参数说明如下：

- window：默认值为 1，表示窗口的大小，也就是观测值的数量。
- min_periods：窗口的最小观测值，默认与 window 参数值相等。
- center：是否把中间值作为窗口标准，默认值为 False。

【技能训练 6-13】应用移动函数 rolling()计算移动平均值

【训练要求】

在 Jupyter Notebook 开发环境中创建 j6-13.ipynb，然后编写代码对 2022 年 1 月 1 日到 2022 年 1 月 10 日长沙市的最高气温、最低气温、空气质量指数应用移动函数 rolling()每 3 天求一次移动平均值。

【实施过程】

代码如下：

```
import pandas as pd
import numpy as np
#生成时间序列
data1=[[12,1,167],[15,4,145],[12,8,123],[12,6,212],[7,5,104],
        [6,5,61],[7,6,54],[6,3,70],[10,5,101],[9,3,78]]
df1 = pd.DataFrame(data1, index = pd.date_range('1/1/2022', periods=10),
                        columns=['highT', 'lowT', 'AQI'])
#每 3 个数求一次平均值
df1.rolling(window=3).mean()
```

输出结果：

	highT	lowT	AQI
2022-01-01	NaN	NaN	NaN
2022-01-02	NaN	NaN	NaN
2022-01-03	13.000000	4.333333	145.000000
2022-01-04	13.000000	6.000000	160.000000
2022-01-05	10.333333	6.333333	146.333333
2022-01-06	8.333333	5.333333	125.666667
2022-01-07	6.666667	5.333333	73.000000
2022-01-08	6.333333	4.666667	61.666667
2022-01-09	7.666667	4.666667	75.000000
2022-01-10	8.333333	3.666667	83.000000

> **说 明** window=3 表示对每列数据中依次紧邻的 3 个数求一次平均值。当不足 3 个数时，所求平均值均为 NaN，因此前 2 行的值为 NaN，直到第 3 行才有计算结果。求平均值的公式为 (index0+index1+index2)/3。

2. 应用 expanding()函数求移动平均值

expanding()又叫扩展窗口函数，扩展是指由序列的第 1 个元素开始，逐个向后计算元素的聚合值。min_periods= n 表示第 1 次求 n 个值的平均值，第 2 次求 n+1 个值的平均值，第 3 次求 n+2 个值的平均值，依次类推，第 m 次求 n+m-1 个值的平均值。

【技能训练 6-14】应用 expanding()函数计算移动平均值

【训练要求】

在 Jupyter Notebook 开发环境中创建 j6-14.ipynb，然后编写代码对 2022 年 1 月 1 日到 2022 年 1 月 10 日长沙市的最高气温、最低气温、空气质量指数应用 expanding()函数求移动平均值，第 1 次求 3 个值的平均值，第 m 次求 3+m-1 个值的平均值。

【实施过程】

代码如下：

```
import pandas as pd
import numpy as np
#生成时间序列
data1=[[12,1,167],[15,4,145],[12,8,123],[12,6,212],[7,5,104],
       [6,5,61],[7,6,54],[6,3,70],[10,5,101],[9,3,78]]
df1 = pd.DataFrame(data1, index = pd.date_range('1/1/2022', periods=10),
                   columns=['highT', 'lowT', 'AQI'])
#第 1 次求 3 个数的平均值，然后依次增加 1 个数求平均值
df1.expanding(min_periods=3).mean()
```

输出结果：

	highT	lowT	AQI
2022-01-01	NaN	NaN	NaN
2022-01-02	NaN	NaN	NaN
2022-01-03	13.000000	4.333333	145.000000
2022-01-04	12.750000	4.750000	161.750000
2022-01-05	11.600000	4.800000	150.200000
2022-01-06	10.666667	4.833333	135.333333
2022-01-07	10.142857	5.000000	123.714286
2022-01-08	9.625000	4.750000	117.000000
2022-01-09	9.666667	4.777778	115.222222
2022-01-10	9.600000	4.600000	111.500000

> **说明** 设置 min_periods=3，表示第 1 次至少求 3 个数的平均值，计算公式为(index0+index1+ index2)/3，第 2 次求平均值的计算公式为(index0+index1+index2+index3)/4，依次类推。

3. 应用 ewm()函数求指数加权平均值

EWM，全称为 Exponentially Weighted Moving，表示指数加权移动。ewm()函数先对序列元素做指数加权运算，然后计算加权后的平均值。该函数通过指定参数（例如 com）来实现指数加权移动。

【技能训练 6-15】应用 ewm()函数求指数加权平均值

【训练要求】

在 Jupyter Notebook 开发环境中创建 j6-15.ipynb，然后编写代码对 2022 年 1 月 1 日到 2022 年 1 月 10 日长沙市的最高气温、最低气温、空气质量指数应用 ewm()函数求指数加权平均值。

【实施过程】

代码如下：

```python
import pandas as pd
import numpy as np
#生成时间序列
data1=[[12,1,167],[15,4,145],[12,8,123],[12,6,212],[7,5,104],
        [6,5,61],[7,6,54],[6,3,70],[10,5,101],[9,3,78]]
df1 = pd.DataFrame(data1, index = pd.date_range('1/1/2022', periods=10),
                    columns=['highT', 'lowT', 'AQI'])
#设置 com=0.5，先加权再求平均值
df1.ewm(com=0.5).mean()
```

输出结果：

	highT	lowT	AQI
2022-01-01	12.000000	1.000000	167.000000
2022-01-02	14.250000	3.250000	150.500000
2022-01-03	12.692308	6.538462	131.461538
2022-01-04	12.225000	6.175000	185.825000
2022-01-05	8.727273	5.388430	131.049587
2022-01-06	6.906593	5.129121	84.285714
2022-01-07	6.968893	5.709973	64.086002
2022-01-08	6.322866	3.903049	68.029268
2022-01-09	8.774413	4.634387	90.010873
2022-01-10	8.924807	3.544777	82.003489

6.2.4 应用 pandas 的聚合函数

聚合函数的功能是对一组数据进行求总和、最大值、最小值以及平均值。

【技能训练 6-16】应用 pandas 的聚合函数

【训练要求】

在 Jupyter Notebook 开发环境中创建 j6-16.ipynb，然后应用 pandas 的聚合函数编写代码，计算 2022 年 1 月 1 日到 2022 年 1 月 10 日长沙市的最高气温、最低气温、空气质量指数。

【实施过程】

（1）使用 aggregate()函数对 DataFrame 对象的所有列数据执行聚合操作

（2）使用 aggregate()函数对 DataFrame 对象的单列数据执行聚合操作

（3）使用 aggregate()函数对 DataFrame 对象的多列数据执行聚合操作

（4）使用 aggregate()函数对 DataFrame 对象的多列数据应用多个函数执行聚合操作

（5）使用 aggregate()函数对 DataFrame 对象的多列数据应用不同函数执行聚合操作

扫描二维码，浏览应用 pandas 的聚合函数的示例代码与输出结果。

电子活页 6-7

应用 pandas 的
聚合函数

6.2.5　应用 pandas 的格式化函数

【技能训练 6-17】应用 pandas 的格式化函数

【训练要求】

在 Jupyter Notebook 开发环境中创建 j6-17.ipynb，然后编写代码应用 pandas 的格式化函数。

【实施过程】

（1）使用 applymap()函数格式化 DataFrame 对象中的元素

将 DataFrame 对象中的元素格式化为保留 2 位小数。

代码如下：

```
import pandas as pd
data1 = {'age':[23,18,20,22],
         'score': [65, 84 ,78 ,92.5] }
df1 = pd.DataFrame(data1)
format = lambda x: "%.2f" % x
df1.applymap(format)
```

输出结果：

	age	score
0	23.00	65.00
1	18.00	84.00
2	20.00	78.00
3	22.00	92.50

（2）使用 map()函数格式化 DataFrame 对象指定行或列的数据

代码如下：

```
import pandas as pd
data1 = {'name':['阳光', '白雪', '夏天', '云朵'],
         'sex':[ '男', '女', '男', '女'],
         'age':[23,18,20,22],
         'score': [65, 84 ,78 ,92.5] }
label1=['stu1', 'stu2', 'stu3', 'stu4']
df1 = pd.DataFrame(data1,index=label1)
format = lambda x: "%.2f" % x
df1['score'].map(format)
```

输出结果：

stu1　　65.00

stu2	84.00
stu3	78.00
stu4	92.50

Name: score, dtype: object

6.3　pandas 数据分组与聚合运算

在数据分析中，经常会遇到这样的情况：根据某一列（或多列）索引把原数据划分为不同的组，然后再进行数据分析。例如，某网站对注册用户的性别或者年龄等进行分组，从而研究网站用户的画像（特点）。在 pandas 中，要完成数据的分组操作，需要使用 groupby()方法，它和 SQL 的 group by 操作非常相似。

通常需要对分组中的数据执行聚合、转换、过滤等操作，最后对计算结果进行整合，从而达到数据分析的目的。

分组与聚合是数据分析中比较常见的操作，其过程主要包含以下 3 步。

① 拆分（Split）：将数据集按照一定的规则拆分为若干个组。拆分操作是在指定轴上进行的，既可以对横轴上的数据进行分组，也可以对纵轴上的数据进行分组。

② 应用（Apply）：将某个函数或方法应用到每个分组，进行相应计算。

③ 合并（Combine）：最后汇总计算结果，将产生的新值整合到结果对象中。

6.3.1　pandas 数据分组

pandas 通过 groupby()方法将数据拆分成组，该方法的语法格式如下：

```
groupby( by=None, axis=0, level=None, as_index=True, sort=True,
        group_keys=True, squeeze=False, observed=False, **kwargs )
```

groupby()方法主要参数说明如下：

- by：用于确定分组的依据。
- axis：分组的方向，可以为 0（表示按行分组）或 1（表示按列分组），默认值为 0。
- level：如果某个轴是一个多层索引对象，则会按照特定级别或多个级别分组。
- as_index：聚合后的数据是否以组标签作为索引的 DataFrame 对象形式输出，接收布尔值，默认值为 True。
- sort：是否对分组标签进行排序，接收布尔值，默认值为 True。

在进行分组时，可以通过 groupby()方法的 by 参数指定按什么标准分组。by 参数接收的数据，也就是常见的分组方式有以下 4 种：

- 以列表或数组分组，其长度必须与待分组的轴一样。
- 以 DataFrame 对象中某列的名称分组。
- 以字典或者 Series 对象分组，用于给出待分组轴上的值与分组名称之间的对应关系。
- 以函数分组，用于处理索引中的各个标签。

通过 groupby()方法执行分组操作，会返回一个 groupby 对象，该对象实际上并没有进行任何计算，只是包含一些关于分组的中间数据。

使用 groupby()方法可以沿着任意轴分组，可以把分组时指定的键作为每组的组名，形式如下：

- df.groupby("key")。
- df.groupby("key",axis=1)。
- df.groupby(["key1","key2"])。

6.3.2　pandas 数据聚合

当完成对数据的分组后，会对分组中的数据执行某些操作，例如求平均值、求最大值等，并且操作后会得到一个结果集，这些实现聚合的操作称为数据聚合。

在创建 groupby 对象时，通过 agg() 函数可以对分组对象应用多个聚合函数。

【技能训练 6-18】实现 pandas 数据分组与数据聚合

【训练要求】

在 Jupyter Notebook 开发环境中创建 j6-18.ipynb，然后编写代码实现 pandas 数据分组与数据聚合。

【实施过程】

（1）pandas 数据分组

① 创建 DataFrame 对象。

② 创建 groupby 对象。

- 根据一列数据分组。

- 根据多列数据分组。

③ 通过 get_group() 函数选择组内的具体数据项。

④ 使用 groups 属性查看分组结果。

- 查看根据一列数据分组的结果。

- 查看根据多列数据分组的结果。

⑤ 遍历分组数据。

（2）pandas 数据聚合

① 应用一个聚合函数求平均值。

② 一次应用多个聚合函数。

扫描二维码，浏览实现 pandas 数据分组与数据聚合的示例代码与输出结果。

电子活页 6-8

实现 pandas 数据
分组与数据聚合

6.3.3　pandas 分组的转换操作

使用 agg() 函数进行聚合运算时，返回的数据集的形状与被分组的数据集的形状通常是不同的。如果希望与原数据集形状保持一致，可以通过 transform() 函数在组的行或列上执行转换操作，最终会返回一个与组形状相同的索引对象。

（1）使用 transform() 函数将 mean() 函数应用到每一个分组中

代码如下：

```
#分组求平均值
#对可执行计算的数值列求平均值
print(df.groupby('group').transform(np.mean))
```

（2）应用 apply() 函数

apply() 函数是 pandas 所有函数中自由度最高的函数之一，该函数的功能是在 DataFrame 对象指定的轴上应用自定义函数，该函数的语法格式如下：

```
DataFrame.apply(func, axis, broadcast, row, reduce, args=(), **kwds)
```

该函数参数说明如下：

- func：要应用在 DataFrame 对象的行或列的自定义函数名称。

- axis：用于控制是将 DataFrame 对象的行数据还是列数据传入 func 函数。如果设置 axis=1，则将 DataFrame 对象的行数据作为 Series 对象传入 func 函数。其默认值为 0。

- broadcast：布尔类型数据，默认值为 False。对于聚合函数，返回具有传播值的相同大小的对象。

- row：布尔类型数据，默认值为 False，其作用是将每行或每列转换为一个 Series 对象。如果设置 row=True，则传递的函数将接收 ndarray 数组。
- reduce：默认值为 None，表示尽量减少应用程序。
- args=()：元组类型数据，表示传入 func 函数的参数。
- kwds：传入 func 函数的其他参数。

6.3.4　pandas 分组的数据过滤操作

电子活页 6-9

实现 pandas 分组的
转换操作与数据
过滤操作

pandas 通过 filter()函数实现数据的筛选，该函数根据定义的条件过滤数据并返回一个新的数据集。

【技能训练 6-19】实现 pandas 分组的转换操作与数据过滤操作

【训练要求】

在 Jupyter Notebook 开发环境中创建 j6-19.ipynb，然后编写代码实现 pandas 分组的转换操作与数据过滤。

【实施过程】

扫描二维码，浏览 pandas 分组的转换操作与数据过滤操作的实现过程、示例代码与输出结果。

📝 应用与实战

【任务 6-1】药品销售数据统计与分析

【任务描述】

Excel 文件"药品销售数据.xlsx"共有 6578 行药店的药品销售数据，该 Excel 文件共有 7 列有效数据，分别为销售时间（原为购药时间）、社保卡号、商品编码、商品名称、销售数量、应收金额、实收金额，通过分析药品销售数据，看看哪些药物购买者较多，哪些天购药者较多等。

本任务主要通过计算月均消费次数、月均消费金额、客户单价等指标，对药品销售情况进行分析，同时统计热销药品的数量。

数据导入与审阅详见模块 4，数据预处理详见模块 5。

【任务实现】

在 Jupyter Notebook 开发环境中创建 t6-01.ipynb，然后在单元格中编写代码与输出对应的结果。数据清洗完成后，需要利用数据计算相应的业务指标。

1. 计算总消费次数

计算总消费次数时，同一天内同一个人发生的所有消费算作一次消费，如果销售时间、社保卡号这两列的值相同，则只保留一条数据，将其他重复的数据删除。

2. 获取时间范围内计算月份数

电子活页 6-10

药品销售数据
统计与分析

（1）按销售时间升序排列

（2）获取时间范围

（3）计算月份数

3. 计算月均消费次数

4. 计算月均消费金额

5. 计算客户单价

扫描二维码，浏览药品销售数据的统计与分析的示例代码与输出结果。

【任务 6-2】网上商城用户消费数据统计与分析

【任务描述】

文件 df_short.csv 中共有 55148 行网上商城的用户消费数据，该文件中共有 7 个有效列，其含义说明详见模块 4。

本任务主要通过计算电商指标、统计每个用户的购买数量、统计每个用户的浏览量、统计单个用户的消费总次数、计算复购率等，对网上商城的用户消费数据进行统计与分析。

数据导入与审阅详见模块 4，数据预处理详见模块 5。

【任务实现】

在 Jupyter Notebook 开发环境中创建 t6-02.ipynb，然后在单元格中编写代码与输出对应的结果。

1. 导入模块

2. 导入数据

3. 数据预处理

（1）删除无效的列

（2）复制数据集

（3）提取时间数据

（4）查看时间数据

4. 统计、分析用户的浏览与消费情况

（1）将用户行为数字转换为字符串

（2）计算电商指标

（3）统计每个用户的购买数量

（4）统计每个用户的浏览量

（5）统计单个用户的消费总次数

（6）计算复购率

5. RFM 分析

RFM 分析是一种用户价值分析法，分别使用 R（Recency，最近一次消费至今的时间）、F（Frequency，一定时间内重复消费频率）、M（Monetary，一定时间内累计消费金额）3 个指标对用户进行分类，进而衡量用户对企业的价值。这里我们没有产品价格的信息，所以不考虑 M。

这里采用平均值作为阈值进行以下计算。

- R 分值：R≥平均值，计入 R1；R<平均值，计入 R2。
- F 分值：F≤平均值，计入 F1；F>平均值，计入 F2。

按以下规则对客户进行分类。

- 重要价值客户：消费频率较高、最近一次消费时间间隔较近的客户。
- 重要唤回客户：消费频率较高、最近一次消费时间间隔较远的客户。
- 重要深耕客户：消费频率较低、最近一次消费时间间隔较近的客户。
- 重要挽留客户：消费频率较低、最近一次消费时间间隔较远的客户。

针对不同类型的客户采取以下不同的营销策略。

- 针对重要价值客户，给予特殊优惠，维护用户关系。
- 针对重要唤回客户，定时进行唤回。
- 针对重要深耕客户，进行大额激励，拉动二次消费。
- 针对重要挽留客户，给予优惠券，吸引其进行后续消费。

（1）使用提供的最后一天的数据来计算 R

电子活页 6-11

网上商城用户消费
数据统计与分析

电子活页 6-12

在线练习与考核

（2）计算 F

（3）获取数据集 R1、R2

（4）获取数据集 F1、F2

（5）构建重要价值客户、重要唤回客户、重要深耕客户、重要挽留客户 4 个数据集

（6）统计各类客户的数量

扫描二维码，浏览网上商城用户消费数据统计与分析的示例代码与输出结果。

在线练习与考核

扫描二维码，完成本模块的在线练习与考核。

模块 7

数据分析可视化展示

07

与文本数据相比较，人类的思维模式更适合理解图表数据，因为图表数据更加直观且形象，它对人类视觉的冲击力更强。使用图表来表示数据的方法叫作数据可视化。当使用图表来表示数据时，我们可以更有效地分析数据，并根据分析做出相应的决策，图表对最终分析结果的展示具有重要的作用。

对一个数据集进行分析时，如果使用图表等数据可视化方式，那么可以更容易地确定数据集的分类模式、缺失数据、离群点等。图表能够清晰、有效地传达信息，可显著减少用户处理信息和获取有价值的数据所需的时间。

学习与训练

7.1 初识 Matplotlib

Matplotlib 是 Python 中用于绘制图形的模块，它能让用户很轻松地将数据可视化，并且提供多样化的输出格式，可以用来绘制各种静态、动态、交互式的图表，例如，折线图、散点图、条形图、柱形图、等高线图、3D 图形、图形动画等。

7.1.1 Matplotlib 概述

Matplotlib 提供了一个面向绘图对象编程的 API，可以配合 Python GUI 工具（例如 PyQt、Tkinter 等）在应用程序中嵌入图形。同时 Matplotlib 支持以脚本的形式嵌入到 Jupyter Notebook、IPython Shell、Web 应用服务器中使用。

1. Matplotlib 绘制图形的组成

在现实生活中绘画时，首先需要在画架上放置并固定一个画板，然后在画板上放置并固定一张画布，接着在画布上绘画。使用 Matplotlib 绘制图形也是由多层结构组成的，可以对每层结构进行独立的设置。Matplotlib 绘制图形的组成示意如图 7-1 所示。

Matplotlib 绘制的图形主要由以下几个部分构成。

（1）容器层

容器层包括 Canvas 对象、Figure 对象、Axes 对象。

① Canvas 对象：可以理解为画板。

② Figure 对象：可以理解成 1 张画布，位于 Canvas 对象的上层，也就是用户操作的应用层的第 1 层。它包括整个图形的所有元素，例如标题、轴等，也可以包含多个图表。

③ Axes 对象：在画布中绘制 2D 图像的实际区域，也称为绘图区域。Axes 对象位于 Figure 对象的上层，也就是用户操作的应用层的第 2 层。Figure 对象中可以包含多个 Axes 对象。它拥有独立的坐标系，可以是直角坐标系（包含 x 轴和 y 轴的坐标系），也可以是三维坐标系（包含 x 轴、y 轴、z 轴

的坐标系）。

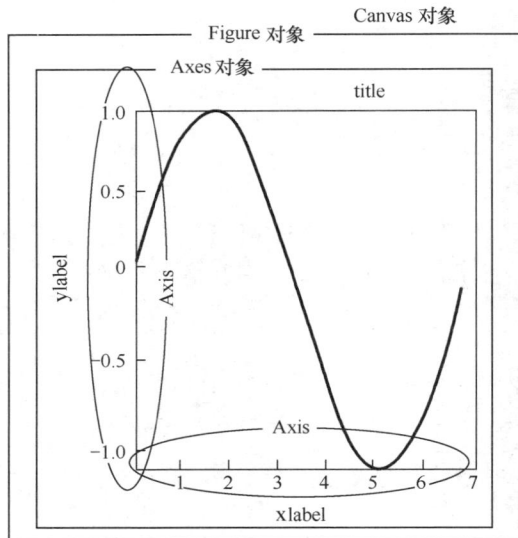

图 7-1　Matplotlib 绘制图形的组成示意

（2）图形层

图形层包括绘图区域内绘制的图形，即使用 plot()函数或方法根据已有数据绘制的各种图形。

（3）辅助层

辅助层包括绘图区域内图形之外的其他元素，常用的辅助元素包括坐标轴、标题、图例、网格、参考线、参考区域、注释文本、表格等。辅助元素可以对图形进行必要的补充说明，可以使图形更直观、更容易被用户理解，但又不会对图形产生实质的影响。图形层和辅助层所包含的内容都属于图表元素，即位于 Axes 对象之上。

① Axis 对象：指坐标系中的垂直轴与水平轴，包含轴脊（Spine 对象）、轴的长度、轴标签（指 x 轴、y 轴）、刻度（Ticker 对象）。

② Artist 对象：在画布上能看到的坐标轴之外的其他元素都属于 Artist 对象，例如文本对象（title、xlabel、ylabel）、Line2D 对象（用于绘制 2D 图像）等。

2. Matplotlib 的功能扩展包

许多第三方工具包都对 Matplotlib 进行了功能扩展，其中有些工具包需要单独安装，也有一些工具包允许与 Matplotlib 一起安装。常见的工具包如下。

① Cartopy：这是一个映射包，包含面向对象的映射投影定义以及点、线、面的图形转换工具。

② Basemap：这是一个地图绘制工具包，其中包含多个地图投影、海岸线和国界线。

③ Excel tools：这是 Matplotlib 为了实现与 Excel 交换数据而提供的工具包。

④ Mplot3d：它用于 3D 绘图。

⑤ Natgrid：这是 Natgrid 包的接口，用于对间隔数据进行不规则的网格化处理。

3. 下载和安装 Matplotlib

Matplotlib 是 Python 的第三方绘图模块，在使用 Matplotlib 之前，需要安装 Matplotlib。

（1）使用 Python 包管理器 pip 安装 Matplotlib

使用 Python 包管理器 pip 来安装 Matplotlib 是一种轻量级的方式。打开 Windows 命令提示符窗口，并输入以下命令：

```
pip install matplotlib
```

按【Enter】键后，即可开始下载与安装 Matplotlib。

（2）使用 Anaconda 安装

安装 Matplotlib 的最好的方法之一是使用 Python 的 Anaconda 发行版，因为 Matplotlib 被预先安装在 Anaconda 中。当成功安装 Anaconda 后，Matplotlib 也会同步安装完成。

4. 导入 Matplotlib

成功安装 Matplotlib 后，就可以通过 import 语句来导入 Matplotlib，对应的代码如下：

```
import matplotlib
```

可以使用以下代码查看 Matplotlib 的版本号：

```
matplotlib.__version__
```

7.1.2 认知 Matplotlib 的 Pyplot 模块

Pyplot 是 Matplotlib 的子模块，是常用的绘图模块，能让用户更加方便地绘制 2D 图表。Matplotlib 中的 Pyplot 模块是一个函数集合，提供了一系列用来绘图的函数。

1. 使用 import 导入 Pyplot 模块

使用时可以使用 import 语句导入 Pyplot 模块，并为其设置别名 plt，对应的代码如下：

```
import matplotlib.pyplot as plt
```

或：

```
from matplotlib import pyplot as plt
```

这样我们就可以使用 plt 来引用 Pyplot 模块提供的函数。

2. Pyplot 模块的绘图函数

Pyplot 模块中包含快速生成多种图形的函数。Pyplot 模块绘制各种类型图形的函数如表 7-1 所示。

表 7-1　Pyplot 模块绘制各种类型图形的函数

序号	函数	函数功能说明
1	bar()	绘制柱形图或堆积柱形图
2	barh()	绘制水平条形图或堆积条形图
3	boxplot()	绘制箱形图
4	errorbar()	绘制误差棒图
5	hist()	绘制直方图
6	his2d()	绘制 2D 直方图
7	pie()	绘制饼图或圆环图
8	plot()	绘制折线图
9	polar()	绘制雷达图
10	scatter()	绘制散点图或气泡图
11	stackplot()	绘制堆叠图
12	stem()	绘制二维离散数据图形，又称为"火柴图"
13	step()	绘制阶梯图
14	quiver()	绘制二维箭头

3. Pyplot 模块的图像处理函数

Pyplot 模块的图像处理函数如表 7-2 所示。

表 7-2　Pyplot 模块的图像处理函数

序号	函数	函数功能说明
1	imread()	从文件中读取图像的数据并形成数组
2	imsave()	将数组另存为图像文件
3	imshow()	在指定的窗口中显示图像

4. Pyplot 模块的 Axis 函数

Pyplot 模块的 Axis 函数如表 7-3 所示。

表 7-3　Pyplot 模块的 Axis 函数

序号	函数	函数功能说明
1	axes()	在画布中添加轴
2	text()	向轴添加文本
3	title()	设置当前轴的标题
4	xlabel()	设置 x 轴的标签
5	xlim()	获取或设置 x 轴的区间范围
6	xscale()	设置 x 轴的缩放比例
7	xticks()	获取或设置 x 轴刻度的数目和相应标签
8	ylabel()	设置 y 轴的标签
9	ylim()	获取或设置 y 轴的区间范围
10	yscale()	设置 y 轴的缩放比例
11	yticks()	获取或设置 y 轴刻度的数目和相应标签
12	legend()	在轴上旋转一个图例

5. Pyplot 模块的 Figure 方法及其他相关方法

Pyplot 模块的 Figure 方法及其他相关方法如表 7-4 所示。

表 7-4　Pyplot 模块的 Figure 方法及其他相关方法

序号	方法	方法功能描述
1	figure()	创建一个新画布
2	add_subplot()	在画布上添加拥有坐标系的绘图区域
3	plot()	绘制图表，该方法只能被 Axes 类对象调用
4	figtext()	在画布上添加文本
5	show()	显示数字
6	savefig()	保存当前画布
7	close()	关闭画布窗口

【技能训练 7-1】分别使用 plot()函数与 plot()方法绘制一条直线
【训练要求】
在 Jupyter Notebook 开发环境中创建 j7-01.ipynb，然后编写代码分别使用 plot()函数与 plot()方

法绘制一条直线。

【实施过程】

1. 使用 plot()函数绘制直线

代码如下:

```
import numpy as np
import matplotlib.pyplot as plt          # 导入 Pyplot 模块
data = np.array([1, 2, 3, 4, 5])         # 准备数据
plt.plot(data)                           # 在当前画布的绘图区域中绘制图形
plt.show()                               # 展示图形
```

输出结果如图 7-2 所示。

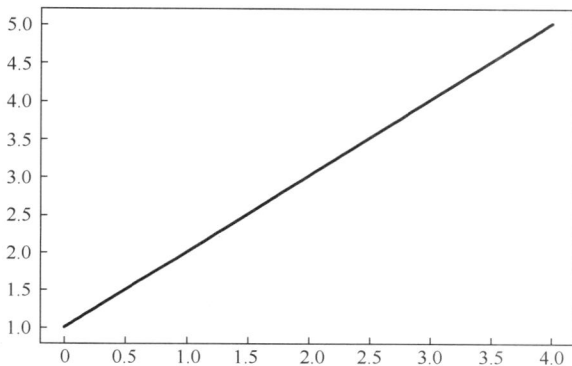

图 7-2　绘制的直线

以上代码首先导入 NumPy 模块、Pyplot 模块,并将这两个模块分别命名为 np、plt。然后创建一个包含 5 个元素的数组 data。接着调用 Pyplot 模块的 plot()函数在当前的绘图区域根据数组 data 绘制一条直线。最后调用 Pyplot 模块的 show()函数展示图形。

2. 使用 plot()方法绘制直线

代码如下:

```
import numpy as np
import matplotlib.pyplot as plt
data = np.array([1, 2, 3, 4, 5])         # 准备数据
fig = plt.figure()                       # 创建代表画布的 Figure 类的对象 fig
ax = fig.add_subplot()                   # 在画布 fig 上添加拥有坐标系的绘图区域 ax
ax.plot(data)                            # 绘制图形
plt.show()                               # 展示图形
```

输出结果如图 7-2 所示。

以上代码首先导入 NumPy 模块、Pyplot 模块,并将这两个模块分别命名为 np、plt。然后创建一个包含 5 个元素的数组 data。接着调用 figure()方法创建一个代表画布的 Figure 类的对象 fig,调用 add_subplot()方法在画布上添加拥有坐标系的绘图区域 ax,调用 plot()方法在绘图区域中根据数组 data 绘制一条直线。最后调用 Pyplot 模块的 show()函数展示图形。

比较使用 plot()函数和 plot()方法绘制直线的代码可以看出,使用 plot()函数绘制图形相对简单一些,plot()函数可以直接被 Pyplot 模块调用;而 plot()方法只能被 Axes 类的对象调用。本模块的图形大部分使用 plot()函数绘制。

需要说明的是,当使用 show()函数展示图形时,如果只传入了单个列表或数组,则会将传入的列

表或数组作为 y 轴的数据，并自动生成一个与该列表或数组长度相同的、首个元素为 0 的递增序列作为 x 轴的数据，如以上代码中 x 轴的数据为[0,1,2,3,4]。

7.1.3 使用 Matplotlib 绘制图形时实现支持中文显示

由于 Matplotlib 默认情况下不支持中文显示，如果不对 Matplotlib 进行合理设置，而直接使用中文，如图像的标题、坐标轴标签、注释文本等元素中包含中文，绘制这些元素时就会出现中文乱码的问题。我们可以通过设置字体的方法来解决这个问题。

如果没有中文字体，只要手动添加中文字体的名称就可以了，不过并不是添加我们熟悉的"宋体""黑体"之类的名称，而要添加字体管理器能够识别的字体名称。Matplotlib 自身的字体管理器在文件 font_manager.py 中，自动生成的可用字体信息保存在文件 fontList.cache 中，可以在这个文件中搜索查看对应字体的名称，例如 simhei.ttf 对应的名称为"SimHei"，simkai.ttf 对应的名称为"KaiTi_GB2312"等。我们只要把这些名称添加到配置文件中就可以正常地显示中文。

代码如下：

```
import matplotlib as mpl
mpl.rcParams['font.sans-serif'] = ['SimHei']
mpl.rcParams['font.serif'] = ['SimHei']
```

以下代码可以解决图形中的负号显示为方块的问题或者将负号转换为字符串的问题。

```
mpl.rcParams['axes.unicode_minus'] = False
```

【技能训练 7-2】使用 Matplotlib 绘制图形时实现支持中文显示

【训练要求】

在 Jupyter Notebook 开发环境中创建 j7-02.ipynb，然后编写代码完成使用 Matplotlib 绘制图形时实现支持中文显示的任务。

【实施过程】

1. 通过 Matplotlib 的 rcParams 属性设置系统默认的字体

Matplotlib 的字体管理器中包含"仿宋"字体，该字体名称为 STFangsong，设置中文字体的代码为：plt.rcParams['font.family']=['STFangsong']。

代码如下：

```
import matplotlib.pyplot as plt
import numpy as np
plt.rcParams['font.family']=['STFangsong']
ypoints = np.array([2, 10])
plt.plot(ypoints)
plt.xlabel("x 轴")
plt.ylabel("y 轴")
plt.show()
```

2. 通过 Matplotlib 的 rcParams 属性设置指定字体

通过临时重写配置文件的方法，也可以解决 Matplotlib 显示中文乱码的问题。

代码如下：

```
import matplotlib.pyplot as plt
plt.rcParams["font.sans-serif"]=["SimHei"]     # 设置字体
# 解决图形中的负号的乱码问题
plt.rcParams["axes.unicode_minus"]=False
```

将上述代码添加到绘图程序中，即可解决中文乱码的问题，这是一种非常灵活、便捷的解决方法。

扫描二维码，浏览通过 rcParams 属性设置指定字体实现 Matplotlib 绘图时支持中文显示的示例代码与输出结果。

3. 通过 Matplotlib 的 font 属性使用字体文件设置字体

这里以"思源黑体"为例说明使用 Matplotlib 绘制图形时，如何使用字体文件设置字体支持中文显示。从网上下载思源黑体字体文件，例如 SourceHanSansSC-Bold.otf，将该字体文件存放在当前执行的代码文件所在文件夹中。

扫描二维码，浏览使用 Matplotlib 绘制图形时，使用字体文件设置字体支持中文显示的示例代码与输出结果。

4. 通过修改 Matplotlib 配置文件 matplotlibrc 实现支持中文显示

Matplotlib 从配置文件 matplotlibrc 中读取相关配置信息，例如字体、样式等，因此对该配置文件进行更改就可以实现支持中文显示。

（1）查找配置文件 matplotlibrc 所在的文件夹

首先查看配置文件 matplotlibrc 所在的文件夹，使用如下代码确定文件夹位置：

```
import matplotlib
matplotlib.matplotlib_fname()
```

输出结果：

```
'C:\\Python\\lib\\site-packages\\matplotlib\\mpl-data\\matplotlibrc'
```

> **说明**
> 这是编者计算机中的配置文件 matplotlibrc 所在的文件夹，不同的计算机该文件夹位置可能不一样。

（2）修改配置文件 matplotlibrc

打开配置文件 matplotlibrc 后，找到以下信息：

```
#font.family: sans-serif
#font.serif:    DejaVu Serif, Bitstream Vera Serif, Computer Modern Roman,
                New Century Schoolbook, Century Schoolbook L, Utopia,
                ITC Bookman, Bookman, Nimbus Roman No9 L,
                Times New Roman, Times, Palatino, Charter, serif
```

将上述配置项前面的#去掉，并修改对应配置项，代码如下：

```
font.family : Microsoft YaHei, sans-serif
font.serif:    Microsoft YaHei, DejaVu Serif, Bitstream Vera Serif, ...
```

修改完成后，保存配置文件 matplotlibrc。

（3）复制指定字体文件

在文件夹"C:\Windows\Fonts"中复制中文字体微软雅黑的文件"Microsoft YaHei UI"。复制完成后，将该字体文件粘贴至配置文件 matplotlibrc 所在的文件夹中即可。字体文件粘贴完成后会在文件夹中出现 msyh.ttc、msyhbd.ttc、msyhl.ttc 之类的文件。

Matplotlib 配置文件 matplotlibrc 修改完成后，运行包含中文显示的程序，发现中文可以正常显示了。

扫描二维码，浏览通过修改 Matplotlib 配置文件 matplotlibrc 实现支持中文显示的示例代码与输出结果。

电子活页 7-1

通过 rcParams 属性设置指定字体实现 Matplotlib 绘图时支持中文显示的功能

电子活页 7-2

使用 Matplotlib 绘制图形时使用字体文件设置字体支持中文显示

电子活页 7-3

通过修改 Matplotlib 配置文件 matplotlibrc 实现支持中文显示

7.1.4 熟悉 Pyplot 模块的 plot()函数

Pyplot 模块的 plot()函数是绘制二维图形的基本函数，该函数可以绘制点和线。

【技能训练 7-3】使用 plot()函数绘制图形时自定义数据标记、线型、颜色、宽度等属性

【训练要求】

在 Jupyter Notebook 开发环境中创建 j7-03.ipynb，然后编写代码使用 plot()函数绘制图形，绘制时自定义数据标记、线型、颜色、宽度等属性。

【实施过程】

1. Pyplot 模块 plot()函数的语法格式

使用 Pyplot 模块 plot()函数绘制单条直线的语法格式如下：

```
plot([x], y, [marker=None], [fmt], linestyle=None, color=None, label=None, *args, **kwargs)
```

使用 Pyplot 模块 plot()函数绘制多条直线的语法格式如下：

```
plot([x], y, [fmt], [x2], y2, [fmt2], ..., **kwargs)
```

plot()函数参数说明如下：

- x、y：表示点或线的节点，即 x 轴（横轴）和 y 轴（纵轴）对应的数据，数据可以是列表或数组。
- marker：可选参数，用于定义数据标记，默认值为 None。
- fmt：可选参数，用于快速设置线条样式的格式字符串，包括标记、颜色、线条样式等，格式为 fmt = '[marker][line][color]'。例如'o:r'的含义为，"o"表示实心圆标记，":"表示虚线，"r"表示颜色为红色。
- linestyle：指定线条的类型，默认值为实线。
- color：指定线条的颜色，默认值为 None。
- label：应用于图例的标签文本。
- kwargs：可选参数，设置标签文字、线的宽度等属性值。

（1）使用 plot()函数的默认样式，通过(0,0)到(1,100)两个点来绘制 y 与 x 对应值的一条直线

代码如下：

```
import matplotlib.pyplot as plt
import numpy as np
xpoints = np.array([0, 1])
ypoints = np.array([0, 100])
plt.plot(xpoints, ypoints)
plt.show()
```

输出结果如图 7-3 所示。

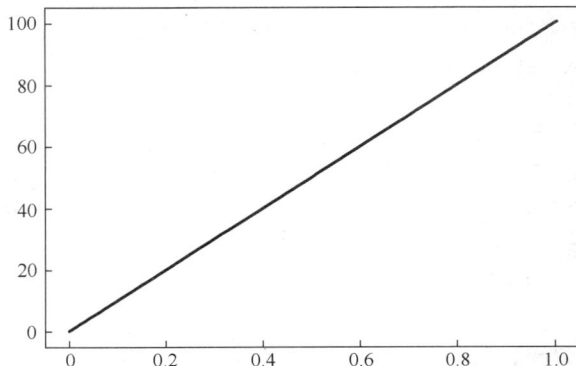

图 7-3 使用 plot()函数默认样式绘制的一条直线

（2）绘制直线时只指定 y 轴上的点，不指定 x 轴上的点

如果绘制直线时只指定 y 轴上的点，不指定 x 轴上的点，x 值会根据 y 值来设置。

代码如下：

```
import matplotlib.pyplot as plt
import numpy as np
ypoints = np.array([0, 100])
plt.plot(ypoints)
plt.show()
```

输出结果如图 7-3 所示。

2. 使用 marker 参数定义数据标记

使用 Matplotlib 绘制的折线图的线条由数据标记及其之间的连线组成，且默认隐藏数据标记。数据标记一般是代表单个数据的圆点或其他符号，用于强调数据点的位置，常见于折线图和散点图中。

Matplotlib 中内置了许多数据标记，使用这些数据标记可以便捷地为折线图或散点图标注数据点。使用 Pyplot 的 plot() 函数绘制折线图或者使用 scatter() 函数绘制散点图时，如果想要给数据点自定义一些不一样的数据标记，可以使用 marker 参数。将数据标记的取值传递给 marker 参数，即可为折线图或散点图添加不同样式的数据标记。

扫描二维码，浏览使用 marker 参数定义数据标记的内容，查看绘制带实心圆标记的折线和带下箭头标记的折线的示例代码与输出结果。

电子活页 7-4

使用 marker 参数
定义数据标记

3. 自定义标记大小、颜色、边框宽度等属性

使用 Matplotlib 绘制图形时，可以自定义标记的大小、颜色、边框宽度等属性，使用的参数如下：

- markersize：简写为 ms，定义标记的大小。
- markerfacecolor：简写为 mfc，定义标记内部的填充颜色。
- markerfacecoloralt：简写为 mfcalt，定义标记备用的填充颜色。
- markeredgecolor：简写为 mec，定义标记的边框颜色。
- markeredgewidth：简写为 mew，定义标记的边框宽度。

例如，设置标记大小为 20 并设置标记内部填充颜色和边框颜色的代码如下：

```
import matplotlib.pyplot as plt
import numpy as np
ypoints = np.array([6, 2, 13, 10])
plt.plot(ypoints, marker = 'o', ms = 20, mec = 'r', mfc = '#4CAF50')
plt.show()
```

输出结果如图 7-4 所示。

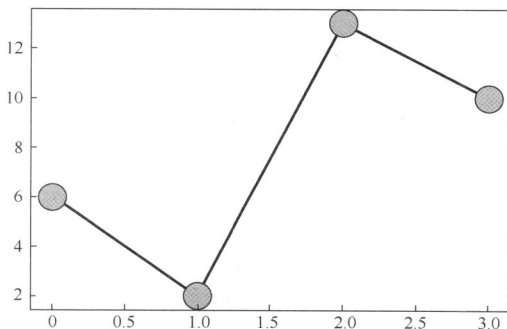

图 7-4　绘制自定义标记大小、标记内部填充颜色与边框颜色的折线

4. 使用 linestyle 参数自定义线条的类型

使用 Matplotlib 绘制图形时，默认的线条类型（即线型）是实线。当使用 Pyplot 模块的 plot()函数绘制折线图、显示网格或添加参考线时，可以使用 linestyle 参数自定义线型，该参数简写为 ls。plot()函数中线条的类型字符如表 7-5 所示。

表 7-5　plot()函数中线条的类型字符

序号	字符	线的类型	说明
1	'-'	'solid'（默认）	实线样式
2	'--'	'dotted'	短横线样式
3	'-.'	'dashed'	点划线样式
4	':'	'dashdot'	虚线样式
5	" 或 ' '	'None'	不画线

示例代码如下：

```
ypoints = np.array([6, 2, 13, 10])
plt.plot(ypoints, linestyle = 'dotted')
plt.plot(ypoints, ls = '-.')
```

5. 使用 color 参数自定义线条的颜色

使用 Matplotlib 绘制图形时，线条的颜色可以使用 color 参数来定义，该参数的简写为 c。plot()函数中的颜色字符如表 7-6 所示。当然也可以自定义颜色，例如 SeaGreen、#8FBC8F 等，#8FBC8F 表示自定义 RGB 颜色字符串。

表 7-6　plot()函数中的颜色字符

序号	字符	颜色	序号	字符	颜色	序号	字符	颜色
1	'b'	蓝色	4	'c'	青色	7	'k'	黑色
2	'g'	绿色	5	'm'	品红色	8	'w'	白色
3	'r'	红色	6	'y'	黄色			

示例代码如下：

```
ypoints = np.array([6, 2, 13, 10])
plt.plot(ypoints, color = 'r')
plt.plot(ypoints, c = '#8FBC8F')
plt.plot(ypoints, c = 'SeaGreen')
```

6. 使用 linewidth 参数自定义线条的宽度

使用 Matplotlib 绘制图形时，线条的宽度可以使用 linewidth 参数来定义，该参数的简写为 lw，该参数值可以是浮点数，例如 2.0、5.67 等。

示例代码如下：

```
ypoints = np.array([6, 2, 13, 10])
plt.plot(ypoints, linewidth = '12.5')
```

7. 使用 fmt 参数定义标记、线条样式和颜色等基本格式

使用 plot()函数绘制图形时，可以使用字符串分别定义数据标记、线条样式、颜色、线条宽度等属

性,但每次都需要分别给参数 marker、linestyle、color、linewidth 设置相应的值,这使得代码有些烦琐。为此,Matplotlib 提供了由数据标记、线型、颜色构成的格式字符串,格式字符串是用于快速设置线条基本样式的缩写形式的字符串。

plot()函数的 fmt 参数可以接收格式字符串,以便能同时为线条指定多种样式。fmt 参数的基本语法格式如下:

```
fmt = '[marker][line][color]'    # '[数据标记] [线型] [颜色]'
```

其中 marker 字符如电子活页 7-4 所示,line 字符如表 7-5 所示,color 字符如表 7-6 所示。fmt 参数不支持以 fmt 为关键字的形式传递参数,只支持以位置的形式传递参数。

以上格式字符串中的每个选项都是可选项,选项之间组合的顺序也是可变的,若未提供则会使用样式的默认值。其中,格式字符串中有多个选项时,颜色只能使用字母缩写的形式表示。如果格式字符串中只有颜色一个选项,则可以使用十六进制、单词拼写等其他形式表示。

扫描二维,浏览使用 fmt 参数定义标记、线条样式和颜色的示例代码与输出结果。

电子活页 7-5

使用 fmt 参数定义标记、线条样式和颜色

7.1.5　使用 plot()函数绘制图形时设置辅助元素

Matplotlib 绘制图形的辅助元素及对应的设置函数如表 7-7 所示。

表 7-7　Matplotlib 绘制图形的辅助元素及对应的设置函数

序号	辅助元素名称	对应的设置函数
1	x轴标签文本	xlabel(xlabel)
2	x轴坐标刻度	xlim(left,right)
3	x轴坐标点显示	xticks(ticks=None, labels=None)
4	图表标题	title(label)
5	图例	legend(handles, labels, loc, bbox_to_anchor)
6	网格	grid(axis = 'both | x | y', linewidth)
7	水平参考线	axhline(y=0, xmin=0, xmax=1, linestyle= '- ')
8	垂直参考线	axvline(x=0, ymin=0, ymax=1, linestyle='–')
9	水平参考区域	axhspan(ymin, ymax, xmin=0, xmax=1)
10	垂直参考区域	axvspan(xmin, xmax, ymin=0, ymax=1)
11	指向型文本注释	annotate(s, xy, xytext, arrowprops)
12	无指向型文本注释	text(x, y, s, ha, va)
13	表格	table(cellText, cellLoc=right, rowLabels=None, colLabels=None)

Matplotlib 绘制图形的辅助元素的参考样例如图 7-5 所示。

Matplotlib 绘制图形常见的辅助元素说明如下:

● 坐标轴:分为单坐标轴和双坐标轴,单坐标轴按不同的方向可分为水平坐标轴(又称 x 轴)和垂直坐标轴(又称 y 轴)。坐标轴由刻度线(包括主刻度线和次刻度线)、轴脊和坐标轴标签组成,"x轴""y轴"表示坐标轴的标签;坐标轴上数字(整数或小数)对应短竖线为刻度线,且为主刻度线,Matplotlib

绘制图形的次刻度线默认情况下是隐藏的；刻度线上方的横线为轴脊。不同图形的辅助元素是有区别的，例如饼图没有坐标轴，折线图有坐标轴。

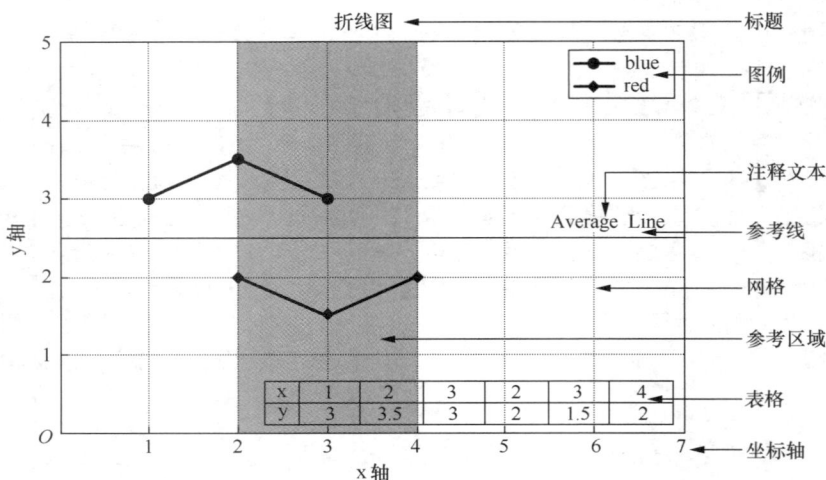

图7-5　Matplotlib 绘制图形的辅助元素的参考样例

- 标题：图形的说明文本。
- 图例：指出图表中的各组图形采用的标识方式。
- 网格：从坐标轴刻度开始的、贯穿绘图区域的若干条直线，作为估算图形所示值的标准。
- 参考线：标记坐标轴上特殊值的一条直线。
- 参考区域：标记坐标轴上特殊范围的一块区域。
- 注释文本：对图形的一些注释和说明。
- 表格：列举图形中的重要数据。

【技能训练 7-4】使用 plot()函数绘制图形并设置辅助元素

【训练要求】

在 Jupyter Notebook 开发环境中创建 j7-04.ipynb，然后编写代码使用 plot()函数绘制图形并设置辅助元素。

【实施过程】

1．使用 plot()函数绘制图形时设置 x 轴和 y 轴的标签

使用 plot()函数绘制图形时，可以使用 xlabel()和 ylabel()函数来设置 x 轴和 y 轴的标签。

代码如下：

```
import numpy as np
import matplotlib.pyplot as plt
x = np.array([1, 2, 3, 4])
y = np.array([1, 4, 9, 16])
plt.plot(x, y)
plt.xlabel("x – label")
plt.ylabel("y – label")
plt.show()
```

输出结果如图 7-6 所示。

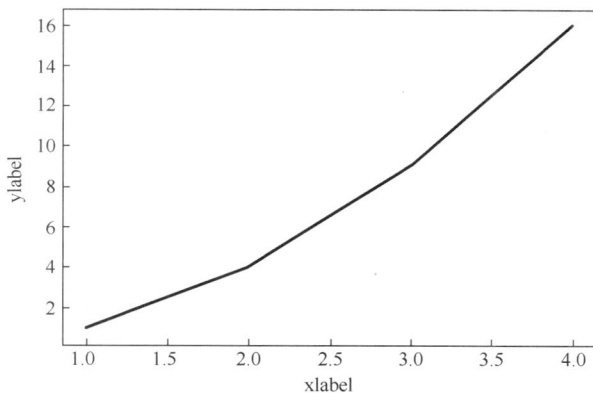

图 7-6　使用 plot()函数绘制图形时设置 *x* 轴和 *y* 轴的标签

2. 使用 plot()函数绘制图形时设置图形的标题

使用 plot()函数绘制图形时，可以使用 title()函数来设置图形的标题。

示例代码如下：

```
plt.title("Test Title")
```

3. 使用 plot()函数绘制图形时设置标题与标签显示的位置

使用 plot()函数绘制图形时，title()函数提供了 loc 参数来设置图形标题显示的位置，其值可以设置为'left'、'right'和'center'，默认值为'center'。

xlabel()函数提供了 loc 参数来设置 *x* 轴标签显示的位置，其值可以设置为'left'、'right'和'center'，默认值为'center'。

ylabel()函数提供了 loc 参数来设置 *y* 轴标签显示的位置，其值可以设置为'bottom'、'top'和'center'，默认值为'center'。

示例代码如下：

```
plt.title("测试", loc="left")
plt.xlabel("x 轴", loc="right ")
plt.ylabel("y 轴", loc="top")
```

电子活页 7-6

使用 plot()函数绘制
图形时设置网格线

4. 使用 plot()函数绘制图形时设置网格线

使用 plot()函数绘制图形时，可以使用 Pyplot 中的 grid()函数来设置图形的网格线。

扫描二维码，浏览使用 plot()函数绘制图形时设置网格线的示例代码与输出结果。

5. 使用 plot()函数绘制包含多种辅助元素的图形

代码如下：

```
import matplotlib.pyplot as plt
import numpy as np
#支持中文显示
plt.rcParams['font.sans-serif'] = ['SimHei']
plt.rcParams['axes.unicode_minus'] = False
#设置绘图数据
x1 = np.array([1, 2, 3])
x2 = np.array([2, 3, 4])
y1 = np.array([3, 3.5, 3])
```

207

```
y2 = np.array([2,1.5, 2])
#设置坐标轴的标签
plt.xlabel('x 轴')
plt.ylabel('y 轴')
#设置 x 轴与 y 轴的刻度范围
plt.xlim(0,7)
plt.ylim(0,5)
#添加标题
plt.title('折线图')
#绘制图形，且添加实心圆标记
lines = plt.plot(x1,y1,'b',x2,y2,'r', marker = 'o')
#添加图例
plt.legend(lines,['blue','red'])
#显示水平方向和垂直方向的网格线
plt.grid(axis='both')
#绘制水平参考线
plt.axhline(y=2.5,linestyle='-')
#绘制垂直参考区域
plt.axvspan(xmin=2,xmax=4,alpha=0.3)
#添加无指向型文本注释
plt.text(5.5,2.7,'Average Line')
#添加自定义样式的表格
plt.table(cellText=[[1, 2, 3,2, 3, 4],[3, 3.5, 3,2,1.5, 2]],
        colWidths=[0.1] * 6,
        cellLoc='center',
        rowLabels=[' x ',' y '],
        loc='lower right')
#展示图形及辅助元素
plt.show()
```

输出结果如图 7-7 所示。

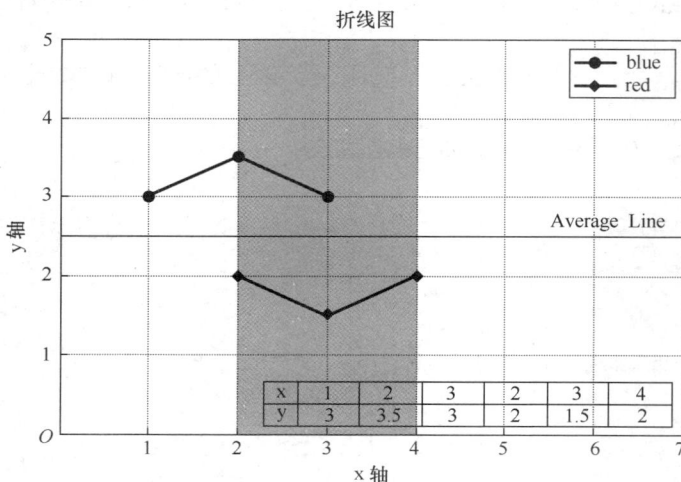

图 7-7　使用 plot()函数绘制的包含多种辅助元素的图形

7.2 应用 Pyplot 子模块的函数绘制图形

7.2.1 使用 Pyplot 的 plot() 函数绘制线性函数图形与波形图

1. 使用 plot() 函数绘制线性函数图形

【技能训练 7-5】使用 plot() 函数绘制线性函数图形

【训练要求】

在 Jupyter Notebook 开发环境中创建 j7-05.ipynb，然后编写代码使用 plot() 函数绘制线性函数图形。

【实施过程】

（1）绘制经过坐标(1, 3)和(8, 10)的一条直线

（2）绘制函数 $y = 2x + 5$ 的图像

扫描二维码，浏览使用 plot() 函数绘制线性函数图形的示例代码与输出结果。

电子活页 7-7

使用 plot() 函数绘制
线性函数图形

2. 使用 plot() 函数绘制波形图

【技能训练 7-6】在 Jupyter Notebook 开发环境中绘制波形图

【训练要求】

在 Jupyter Notebook 开发环境中创建 j7-06.ipynb，然后编写代码绘制波形图。

【实施过程】

（1）使用 plot() 函数绘制单一正弦波形图

代码如下：

```python
import numpy as np
import matplotlib.pyplot as plt
# 计算正弦曲线上的 x 和 y 坐标
# 获取 0 到 2π 之间的 ndarray 对象
x = np.arange(0, 2 * np.pi, 0.1)
y = np.sin(x)
plt.title("sine wave image")
plt.xlabel("angle")
plt.ylabel("sine")
# 使用 plot() 函数绘图
plt.plot(x, y)
#使用 show() 函数展示图形
plt.show()
```

输出结果如图 7-8 所示。

（2）使用 plot() 函数绘制正弦和余弦波形图

在 plt.plot() 函数中可以包含两对坐标值，示例代码为：plt.plot(x,y,x,z)。第一对是(x,y)值，对应其正弦波形图；第二对是(x,z)值，对应其余弦波形图。

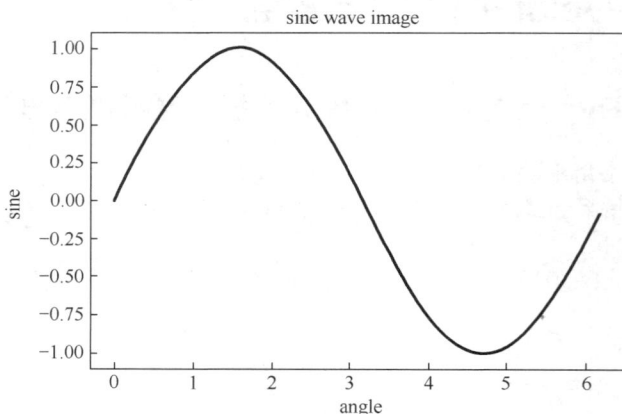

图 7-8　绘制的单一正弦波形图

电子活页 7-8

使用 plot()函数绘制
正弦和余弦波形图

扫描二维码，浏览使用 plot()函数绘制正弦和余弦波形图的示例代码与输出结果。

7.2.2　使用 Pyplot 的 plot()函数绘制折线图

折线图（Line Chart）是一种将数据点按照顺序连接起来的图形，可以看作将散点图按照 x 轴坐标顺序连接起来的图形。普通折线图是以折线的上升或下降来表示统计数量的增减变化的统计图，也称为折线统计图。折线图的主要功能是查看因变量 y 随着自变量 x 改变的趋势，最适用于显示随时间而变化的连续数据，同时可以看出数量的差异和增长趋势的变化。

电子活页 7-9

使用 plot()函数绘制
经过 4 个指定点的
一条折线

【技能训练 7-7】使用 Pyplot 模块的 plot()函数绘制折线图
【训练要求】

在 Jupyter Notebook 开发环境中创建 j7-07.ipynb，然后编写代码使用 Pyplot 子模块的 plot()函数绘制折线图。

【实施过程】

（1）使用 plot()函数绘制经过 4 个指定点的一条折线

扫描二维码，浏览使用 plot()函数绘制经过 4 个指定点的一条折线的示例代码与输出结果。

（2）使用 plot()函数绘制带"*"标记的折线

使用 plot()函数绘制带"*"标记的折线的代码如下：

```
import matplotlib.pyplot as plt
import numpy as np
ypoints = np.array([1,3,4,5,8,9,6,1,3,4,5,2,4])
plt.plot(ypoints, marker = '*')
plt.show()
```

输出结果如图 7-9 所示。

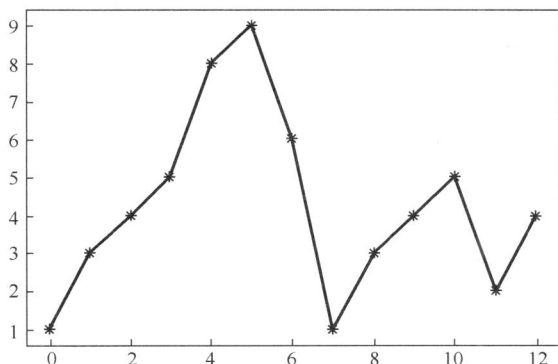

图 7-9　绘制带 "*" 标记的折线

电子活页 7-10

使用 plot()函数绘制
多条折线

（3）使用 plot()函数绘制多条折线

plot()函数中可以包含多对(x,y)值来绘制多条折线。

扫描二维码，浏览使用 plot()函数绘制多条折线的示例代码与输出结果。

7.2.3　使用 Pyplot 的 bar()函数绘制柱形图

柱形图是数据分析常用图形之一，由一系列高度不等的柱子表示数据分布的情况。柱形图使用柱子来显示数据，并且柱子的高度与数据值成正比。柱形图用于显示一段时间内的数据变化或显示各项数据之间的比较情况，一般用于描述分类数据，每根柱子宽度相同，柱子之间有间距。使用柱形图时，一般将类型字段设为横坐标，将统计值设为纵坐标。

Pyplot 模块中提供了 bar()函数来绘制柱形图，bar()函数的语法格式如下：

```
bar(x, height, width=0.8, bottom=None, *, align='center', data=None, **kwargs)
```

该函数常用参数说明如下：

- x：表示柱形图的 *x* 轴数据，数据类型可以为整型或浮点型。
- height：接收浮点型数组，表示柱子的高度。
- width：接收浮点型数组，表示柱子的宽度，默认值为 0.8，取值范围为 0~1。
- bottom：接收浮点型数组，表示底座的 *y* 坐标，默认值为 0，为可选参数。
- align：*x* 坐标值相对于柱形图柱子的对齐方式，默认值为'center'，即柱形图的柱子以 *x* 坐标值为中心。将该参数值设置为'edge'时，则将柱形图各个柱子的左边缘与 *x* 坐标值对齐。如果要设置 *x* 坐标值对齐各个柱子的右边缘，则设置 align='edge'的同时传递负数的宽度值。
- kwargs：其他参数。

在绘制的柱形图中各个柱子上方可以添加数据标签，数据标签的位置比每个柱子略高。设置柱形图数据标签可以使用 text()函数，该函数主要参数有 3 个，分别是数据标签横坐标、数据标签纵坐标和数据标签显示值。

在柱形图上添加数据标签的代码如下：

```
x = np.array(["第 1 季度", "第 2 季度", "第 3 季度", "第 4 季度"])
y = np.array([400, 520, 180, 380])
plt.bar(x,y)
for i,j in zip(x,y):
    plt.text(i, j+10, j, color='g', size=12, ha='center')
```

text()函数的第 1 个参数"i"表示数据标签的横坐标；第 2 个参数"j+10"表示数据标签的纵坐标，即在每个柱子高度 j 上移 10 的位置添加数据标签，"10"表示柱子高度与数据标签之间的距离；第 3 个参数"j"表示显示的数据标签值，即每个柱子的实际高度；第 4 个参数用于设置数据标签的文本颜色为绿色；第 5 个参数用于设置数据标签的文本大小为 12；第 6 个参数用于设置数据标签处于每个柱子水平居中位置。

【技能训练 7-8】使用 Pyplot 子模块的 bar()函数绘制柱形图

【训练要求】

在 Jupyter Notebook 开发环境中创建 j7-08.ipynb，然后编写代码使用 Pyplot 子模块的 bar()函数绘制柱形图。

【实施过程】

1. 绘制包含一组数据的柱形图

（1）使用 bar()函数的默认参数值绘制柱形图

代码如下：

```
import matplotlib.pyplot as plt
import numpy as np
plt.rcParams["font.sans-serif"]=["SimHei"]  # 设置字体
plt.rcParams["axes.unicode_minus"]=False   # 解决图形中的负号的乱码问题
x = np.array(["第 1 季度", "第 2 季度", "第 3 季度", "第 4 季度"])
y = np.array([400, 520, 180, 380])
plt.bar(x,y)
plt.show()
```

输出结果如图 7-10 所示。

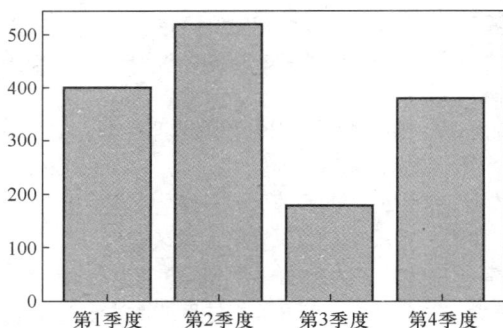

图 7-10　使用 bar()函数的默认参数值绘制柱形图

电子活页 7-11

绘制显示数据标签的
柱形图

（2）绘制显示数据标签的柱形图

扫描二维码，浏览绘制显示数据标签的柱形图的示例代码与输出结果。

（3）设置柱子为同一种颜色#4CAF50

示例代码如下：

```
plt.bar(x, y, color = "#4CAF50")
```

（4）设置柱子为不同的颜色

示例代码如下：

```
plt.bar(x, y, color = ["#4CAF50","red","hotpink","#556B2F"])
```

（5）设置柱子宽度为 0.2

代码如下：

```
plt.bar(x, y, width = 0.2)
plt.show()
```

输出结果如图 7-11 所示。

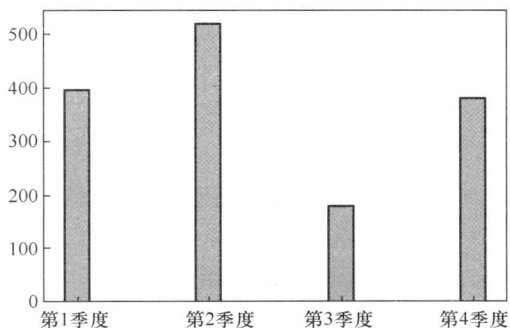

图 7-11　柱子宽度设置为 0.2 的柱形图

2. 绘制包含两组数据的柱形图

扫描二维码，浏览绘制包含两组数据的柱形图的示例代码与输出结果。

7.2.4　使用 Pyplot 的 barh()函数绘制条形图

条形图与柱形图类似，两者都可以用于比较多个数据。两者的区别在于图形方向，柱形图为垂直方向，条形图为水平方向，因此，条形图又称为横向柱形图。当坐标轴刻度取值较多且名称较长时，可以考虑使用条形图。

条形图也称为条形统计图，是统计分析中常用的图形，该图可以清楚地表明各个数据的大小。

条形图具有以下特点。

① 易于比较数据之间的差别。

② 能清楚地表示出数量的多少。

Pyplot 模块中提供了 barh()函数来绘制条形图，barh()函数的语法格式如下：

barh(y, height, width, color, edgecolor, label, **kwargs)

barh()函数参数说明如下。

- y：y 轴对应的数据列表。
- height：条形的高度。
- width：条形的长度。
- color：条形的颜色。
- edgecolor：条形边框的颜色。
- label：图例的内容，用于解释每个条形的含义。

在条形图各个条形右侧可以添加数据标签。设置条形图数据标签也可以使用 text()函数，该函数主要参数有 3 个，分别是数据标签纵坐标、数据标签横坐标（条形的长度）、数据标签显示值。

（1）使用 barh()函数的默认参数值绘制条形图

代码如下：

```
import matplotlib.pyplot as plt
import numpy as np
x = np.array(["第 1 季度", "第 2 季度", "第 3 季度", "第 4 季度"])
y = np.array([400, 520, 180, 380])
```

电子活页 7-12

绘制包含两组数据的
柱形图

```
plt.barh(x, y, height = 0.2)
plt.show()
```

输出结果如图 7-12 所示。

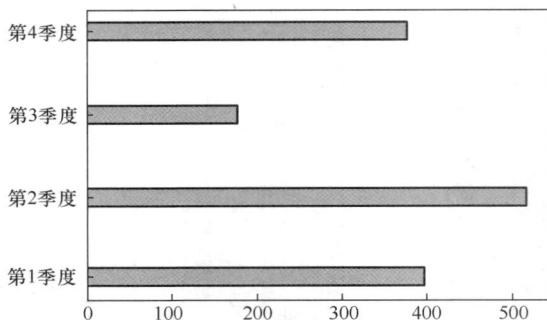

图 7-12　使用 barh()函数的默认参数值绘制条形图

（2）绘制显示数据标签的条形图

绘制显示数据标签的条形图的代码如下：

```
plt.barh(x,y)
for i,j in zip(y,x):
    plt.text(i+20,j, i, color='g', size=12, ha='center')
plt.show()
```

输出结果如图 7-13 所示。

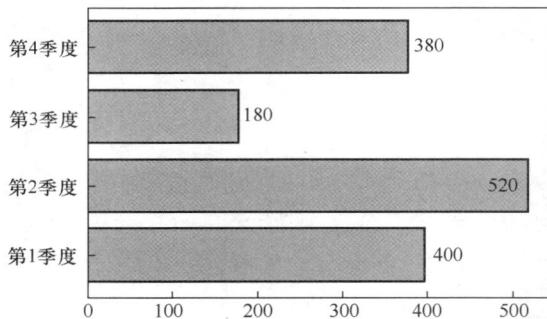

图 7-13　显示数据标签的条形图

7.2.5　使用 Pyplot 的 scatter()函数绘制散点图

散点图（Scatter Diagram）又称为散点分布图，是一种以一个变量为横坐标，以另一个变量为纵坐标，利用坐标点（散点）的分布形态反映变量间的统计关系的图形。散点图是数据点在直角坐标系平面上的分布图，在统计学的回归分析与预测中经常被用到。散点图中，x 轴和 y 轴分别表示两个数据字段，这样可以很容易地通过散点看出两个字段之间是否存在某种关联关系。

散点图将序列显示为一组点，值由点在图表中的位置表示，类别由图表中的不同标记表示。散点图通常用于比较跨类别的聚合数据。如果数据集中包含非常多的点，或想要处理值的分布和数据点的分簇，那么散点图便是最佳图表类型之一。

散点图可以提供以下两类关键信息。

① 变量之间是否存在数值或数量的关联关系，关联关系趋势是线性还是非线性的。

② 如果有某一个点或者某几个点偏离大多数点，也就是离群点，通过散点图可以一目了然，从而可以进一步分析这些离群点是否可能在建模分析中对总体产生很大影响。

散点图通过散点的疏密程度和变化趋势表示变量的数量关系，如果有 3 个变量，并且自变量为分类变量，通过对点的形状或者点的颜色进行区分，即可了解这些变量之间的关系。

Pyplot 模块中提供了 scatter()函数来绘制散点图。

扫描二维码，浏览 scatter()函数的语法格式及参数说明。

电子活页 7-13

scatter()函数的语法
格式及参数说明

【技能训练 7-9】使用 Pyplot 的 scatter()函数绘制散点图

【训练要求】

在 Jupyter Notebook 开发环境中创建 j7-09.ipynb，然后编写代码使用 Pyplot 的 scatter()函数绘制散点图。

【实施过程】

（1）使用 scatter()函数的默认设置绘制散点图

代码如下：

```
import matplotlib.pyplot as plt
import numpy as np
x = np.array([1, 2, 3, 4, 5, 6, 7, 8])
y = np.array([1, 4, 9, 16, 7, 11, 23, 18])
plt.scatter(x, y)
plt.show()
```

输出结果如图 7-14 所示。

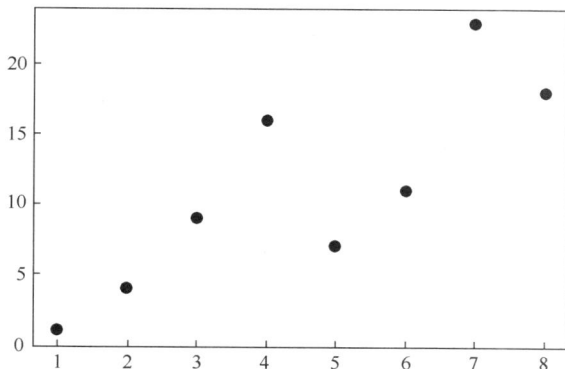

图 7-14　使用 scatter()函数的默认设置绘制散点图

（2）自定义点的颜色绘制一组散点图

扫描二维码，浏览自定义点的颜色绘制一组散点图的示例代码与输出结果。

（3）使用 scatter()函数绘制两组散点图

代码如下：

电子活页 7-14

自定义点的颜色绘制
一组散点图

```
import matplotlib.pyplot as plt
import numpy as np
x = np.array([5,7,8,7,2,17,2,9,4,11,12,9,6])
y = np.array([99,86,87,88,111,86,103,87,94,78,77,85,86])
plt.scatter(x, y, color = 'hotpink')
x = np.array([2,2,8,1,15,8,12,9,7,3,11,4,7,14,12])
```

```
y = np.array([100,105,84,105,90,99,90,95,94,100,79,112,91,80,85])
plt.scatter(x, y, color = '#88c999')
plt.show()
```

输出结果如图 7-15 所示。

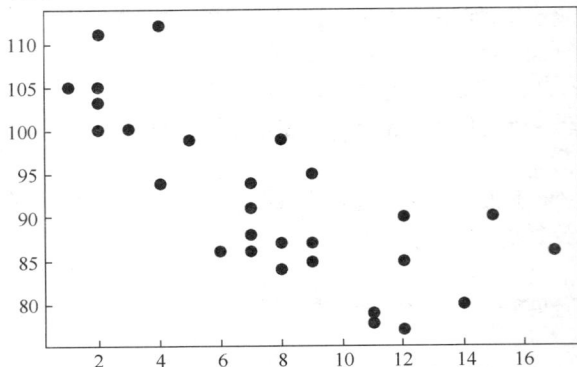

图 7-15　使用 scatter()函数绘制两组散点图

（4）使用 scatter()函数绘制散点图时设置与显示颜色条

Matplotlib 模块提供了很多可用的颜色条，颜色条就是一个颜色列表，其中每种颜色都有一个取值范围为 0 到 100 的值。设置颜色条需要使用 cmap 参数，该参数默认值为'viridis'，并将颜色值设置为 0 到 100 的数组。如果要显示颜色条，需要使用 plt.colorbar()方法。

① 将 cmap 参数设置为'viridis'绘制散点图。

② 将 cmap 参数设置为'afmhot_r'绘制散点图。

扫描二维码，浏览绘制散点图时设置与显示颜色条的示例代码与输出结果。

电子活页 7-15

绘制散点图时设置与
显示颜色条

7.2.6　使用 Pyplot 的 pie()函数绘制饼图

饼图可以比较清楚地反映出部分与部分、部分与整体之间的数量关系，易于比较直观地显示每组数据相对于总数的比例。饼图适用于表示简单的占比比例，在不要求数据精细的情况下，明确显示数据的比例情况，尤其适用于渠道来源分析等场景。

饼图用于显示一个数据序列中各组成部分的大小与各组成部分占总和的比例，以圆形代表研究对象的整体，以圆心为共同顶点的各个不同的扇形显示各组成部分在整体中所占的比例，一般可用图例表明各扇形所代表项目的名称及其所占百分比。数据序列每个元素具有唯一的颜色，并且与图例中的颜色对应。

电子活页 7-16

pie()函数的语法格式
及参数说明

Pyplot 模块中提供了 pie()函数来绘制饼图。

扫描二维码，浏览 pie()函数的语法格式及参数说明。

【技能训练 7-10】使用 Pyplot 的 pie()函数绘制饼图

【训练要求】

在 Jupyter Notebook 开发环境中创建 j7-10.ipynb，然后编写代码使用 Pyplot 的 pie()函数绘制饼图。

【实施过程】

（1）使用 pie()函数默认设置绘制饼图

代码如下：

```
import matplotlib.pyplot as plt
import numpy as np
```

```
y = np.array([400, 520, 180, 380])
plt.pie(y)
plt.show()
```

输出结果如图 7-16 所示。

（2）使用 pie()函数自定义参数设置绘制饼图

自定义 pie()函数的参数 labels、colors，可设置饼图各个扇形的标签与颜色；自定义参数 autopct，可设置格式化输出百分比。

代码如下：

```
import matplotlib.pyplot as plt
import numpy as np
y = np.array([400, 520, 180, 380])
plt.pie(y,
        labels=['第 1 季度','第 2 季度','第 3 季度','第 4 季度'],        # 设置饼图标签
        colors=["#d5695d", "#5d8ca8", "#65a479", "#a564c9"],        # 设置饼图颜色
        autopct='%.1f%%',        # 格式化输出百分比
        )
plt.title("各季度的销售情况")        # 设置标题
plt.show()
```

输出结果如图 7-17 所示。

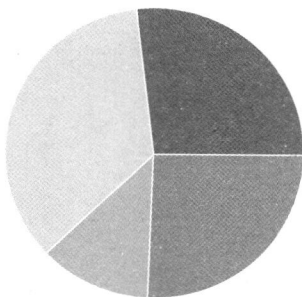

图 7-16　使用 pie()函数默认设置绘制饼图

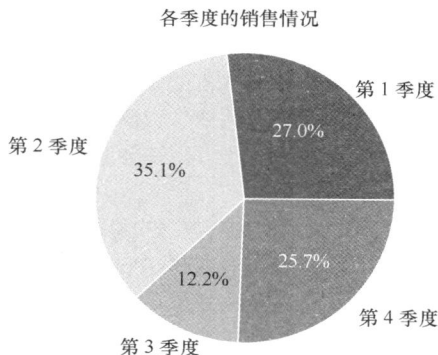

各季度的销售情况

图 7-17　使用 pie()函数自定义参数设置绘制饼图

（3）使用 pie()函数绘制一个扇形突出显示的饼图

自定义 pie()函数的参数 explode 突出显示一个扇形。

代码如下：

```
import matplotlib.pyplot as plt
import numpy as np
y = np.array([400, 520, 180, 380])
plt.pie(y,
        labels=['第 1 季度','第 2 季度','第 3 季度','第 4 季度'],    # 设置饼图标签
        colors=["#d5695d", "#5d8ca8", "#65a479", "#a564c9"],    # 设置饼图颜色
        explode=(0, 0.2, 0, 0),    # 第 2 部分突出显示，值越大，距离中心越远
        autopct='%.2f%%',        # 格式化输出百分比
        )
```

```
plt.title("各季度的销售情况")
plt.show()
```

输出结果如图 7-18 所示。

图 7-18　使用 pie() 函数绘制一个扇形突出显示的饼图

7.2.7　使用 Pyplot 的 boxplot() 函数绘制箱形图

箱形图又称为箱线图、盒须图、盒式图，是一种用于显示一组数据分布情况的统计图。不同于一般的折线图、柱形图或饼图等传统图表只是对数据大小、占比、趋势等进行呈现，箱形图包含一些统计学的均值、分位数、极值等统计量。因此，箱形图信息量较大，不仅能够分析不同类别数据平均水平差异（需在箱形图中加入均值点），还能揭示数据间离散程度、异常值、分布差异等。

箱形图主要用于分析数据内部的分布状态或分散状态，例如分布是否对称、是否存在离散点，它能显示出一组数据的上限、下限、中位数及上/下四分位数。箱形图还可以检测这组数据是否存在异常值。箱形图作为描述统计的工具之一，其主要功能如下。

① 了解数据的形状。

电子活页 7-17

② 判断数据的偏态和尾重。

③ 识别数据中的异常值。

Pyplot 模块中提供了 boxplot() 函数来绘制箱形图。

扫描二维码，浏览 boxplot() 函数的语法格式及参数说明。

boxplot() 函数的语法格式及参数说明

【技能训练 7-11】使用 Pyplot 的 boxplot() 函数绘制箱形图

【训练要求】

在 Jupyter Notebook 开发环境中创建 j7-11.ipynb，然后编写代码使用 Pyplot 的 boxplot() 函数绘制箱形图。

【实施过程】

1. 使用 boxplot() 函数默认设置绘制箱形图

这里使用 boxplot() 函数的默认设置绘制包含 80 个 1～100 的随机整数的箱形图
代码如下：

```
import matplotlib.pyplot as plt
import numpy as np
data=np.random.randint(1,100,80)
plt.boxplot(data)
plt.show()
```

输出结果如图 7-19 所示。

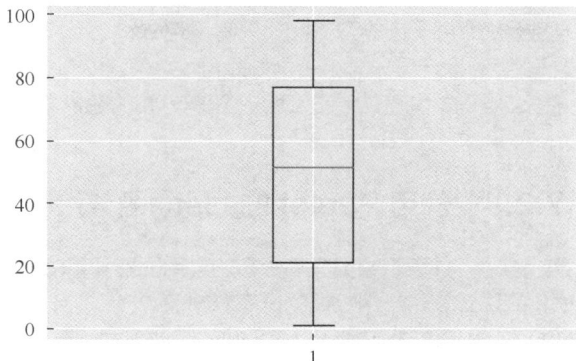

图 7-19　使用 boxplot() 函数的默认设置绘制箱形图

2. 使用 boxplot() 函数自定义设置绘制箱形图

这里使用 boxplot() 函数的自定义设置绘制包含 80 个 1～100 的随机整数的箱形图。

扫描二维码，浏览使用 boxplot() 函数自定义设置绘制箱形图的示例代码及输出结果。

电子活页 7-18

使用 boxplot() 函数
自定义设置绘制
箱形图

3. 使用 boxplot() 函数绘制 3 组服从正态分布的随机数的箱形图

这里利用 NumPy 模块生成 3 组服从正态分布的随机数。

代码如下：

```
import matplotlib.pyplot as plt
import numpy as np
all_data=[np.random.normal(0, std, 100) for std in range(1,4)]
figure,axes=plt.subplots()                 #得到画板、轴
axes.boxplot(all_data, patch_artist=True)   #描点上色
plt.show()
```

输出结果如图 7-20 所示。

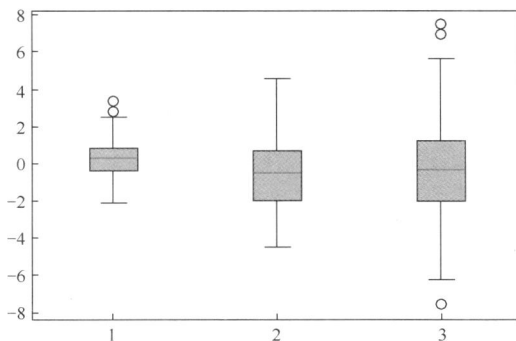

图 7-20　3 组服从正态分布的随机数的箱形图

plt.subplots 是子图集合，当不指定 plt.subplots() 的 nrows 和 ncols 参数时，默认只生成一张图。设置 patch_artist = True，即可自动填充颜色。

4. 使用 subplots()函数结合 boxplot()函数的自定义设置绘制 3 组服从正态分布的随机数的箱形图

有时会有把多张图放在同一行输出的需求，这时只需指定 plt.subplots()函数的 nrows、ncols 参数。例如，想生成一个 1×2 的面板，即每一行放 2 张图，只需设定 nrows=1、ncols=2。当然，还可以通过参数 figsize 指定图形大小，例如 figsize=(9,4)。

电子活页 7–19

绘制 3 组服从正态分布的随机数的箱形图

扫描二维码，浏览绘制 3 组服从正态分布的随机数的箱形图的示例代码及输出结果。

7.2.8　使用 Pyplot 的 hist()函数绘制直方图

直方图是一种表示数据概率分布的常用图形，NumPy 提供的 histogram()函数以数据集的形式表示一组数据的概率分布值。

NumPy 内置的 histogram()函数的语法格式如下：

```
histogram(data, bins=10, range=None, normed=None, weights=None, density=False)
```

histogram()函数的参数说明如下：

- data：要绘制的数组或数组的序列。
- bins：使用 int 或 str 序列定义的一个指定范围内的等宽框数，默认值为 10。
- range：使用可选参数设置箱子的上下限。
- normed：与 density 参数相同的可选参数，对于不等的箱宽给出错误的结果。
- weights：可选参数，定义与数据具有相同维度的权重数组。
- density：可选参数，如果其值为 False，则包含每个箱子中样本数；如果其值为 True，则箱子中包含概率密度函数。

histogram()函数将数组 data 和 bins 作为两个参数，其中 bins 数组的连续元素作为 range 区间的边界值。histogram()函数有两个返回值，分别是 hist 与 bin_edges，分别代表直方图高度值与 range 数值区间范围。

Pyplot 模块的 hist()函数以图形形式表示数据集的频率分布值，即将一个输入数组 array 和 bins 数组作为参数，并将其输出为直方图。

【技能训练 7-12】使用 NumPy 模块的 histogram()函数和 Pyplot 模块的 hist()函数绘制直方图
【训练要求】

在 Jupyter Notebook 开发环境中创建 j7-12.ipynb，然后编写代码使用 NumPy 模块的 histogram()函数和 Pyplot 模块的 hist()函数绘制直方图。

电子活页 7–20

使用 NumPy 模块的 histogram()函数和 Pyplot 模块的 hist()函数绘制直方图

【实施过程】

（1）输出 histogram()函数的返回值 hist 与 bin_edges
（2）创建数字直方图
（3）使用 Pyplot 模块的 hist()函数创建直方图

上面的直方图的数字表示形式可以转换为图形形式。Pyplot 模块的 hist()函数将数据集数组和 bins 数组作为参数，并创建相应数据值的直方图。

扫描二维码，浏览使用 NumPy 模块的 histogram()函数和 Pyplot 模块的 hist()函数绘制直方图的实现过程、示例代码及输出结果。

7.2.9　在同一画布的不同区域绘制多个图形

为了深入理解数据的含义，通常会将数据以一组相关图形的形式并排显示到同一画布上，以便从多个角度比较和分析数据。基于上述需求，Matplotlib 提供了将整个画布规划成若干区域，以及在指定区域上绘制子图（指每个区域上的图形）的功能。

Matplotlib 可以将整个画布规划成等分布局的 $m \times n$（m 行 × n 列）的矩阵区域，并按照先行后列的顺序对每个区域进行编号（编号从 1 开始），然后在选中的某个或某些区域中绘制单个或多个子图。

可以使用 Pyplot 中的 subplot()函数和 subplots()函数来绘制多个子图。subplot()函数在绘图时需要指定位置；subplots()函数可以一次生成多个对象，在调用时只需要调用生成对象的 ax 即可。

【技能训练 7-13】在同一画布中绘制多个子图

【训练要求】

在 Jupyter Notebook 开发环境中创建 j7-13.ipynb，然后编写代码在同一画布中绘制多个子图。

【实施过程】

1. 使用 subplot()函数在同一画布的不同区域绘制多个子图

subplot()函数允许在同一画布的不同位置绘制多个子图，可以理解为对画布按行、列分割。subplot()函数的语法格式如下：

```
subplot(nrows, ncols, index, **kwargs)
```

subplot()函数的常用参数说明如下：

- nrows：规划区域的行数。
- ncols：规划区域的列数。
- index：规划区域的索引值，默认从 1 开始编号。

subplot()函数使用 3 个整数描述子图的位置信息。将整个绘图区域分成 nrows 行和 ncols 列，然后按从左到右、从上到下的顺序对每个子区域进行编号，左上的子区域的编号为 1、右下的子区域编号为 N，编号可以通过参数 index 来设置，子图将分布在设定的位置上。例如，plt.subplot(2, 3, 5)表示子图位于第 2 行第 3 列中的第 5 个位置上。

例如，设置 nrows=1、ncols=2，就是将画布分割成 1×2 的区域，对应的坐标为(1, 1)、(1, 2)。

index=1 表示的坐标为(1, 1)，即第 1 行第 1 列的子图。

index=2 表示的坐标为(1, 2)，即第 1 行第 2 列的子图。

设置 nrows=2、ncols=2，就是将画布分割成 2×2 的区域，对应的坐标为(1, 1)、(1, 2)、(2, 1)、(2, 2)

index=1 表示的坐标为(1, 1)，即第 1 行第 1 列的子图。

index=2 表示的坐标为(1, 2)，即第 1 行第 2 列的子图。

index=3 表示的坐标为(2, 1)，即第 2 行第 1 列的子图。

index=4 表示的坐标为(2, 2)，即第 2 行第 2 列的子图。

（1）在同一画布中绘制左右两个线性图形

（2）在同一画布中绘制上下两个波形图（正弦和余弦波形图）

扫描二维码，浏览使用 subplots 在同一画布中的不同区域绘制多个子图的示例代码及输出结果。

电子活页 7-21

使用 subplot()函数在同一画布的不同区域绘制多个子图

2. 使用 subplots()函数一次绘制多个子图

subplots()函数可以在规划好的区域中一次绘制多个子图。

subplots()函数的语法格式如下：

```
matplotlib.pyplot.subplots(nrows=1, ncols=1, *, sharex=False, sharey=False, **kwargs)
```

subplots()函数的常用参数说明如下：

- nrows：默认值为 1，设置图表的行数。
- ncols：默认值为 1，设置图表的列数。
- sharex、sharey：设置 x、y 轴是否共享属性，默认值为 False，其值可以设置为 True、False、None、'all'、'row'或'col'，其中 False 或 None 表示每个子图的 x 轴或 y 轴都是独立的，True 或'all'表

示所有子图都共享 x 轴或 y 轴，'row'用于设置每个子图行共享一个 x 轴或 y 轴，'col'用于设置每个子图列共享一个 x 轴或 y 轴。

subplots()函数会返回一个包含两个元素的元组，其中的第 1 个元素为 Figure 对象，第 2 个元素为 Axes 对象或 Axes 对象数组。

将画布规划成 2×2 的矩阵区域，然后在第 1、4 两个区域绘制子图的代码如下：

```python
import matplotlib.pyplot as plt
# 将画布划分为 2×2 的矩阵区域
fig, ax_arr = plt.subplots(2, 2)
# 获取 ax_arr 数组第 0 行第 0 列的元素，也就是第 1 个区域的元素
axes1 = ax_arr[0, 0]
axes1.plot([1,3,5,7,9])
# 获取 ax_arr 数组第 1 行第 1 列的元素，也就是第 4 个区域的元素
axes2 = ax_arr[1, 1]
axes2.plot([2,4,6,8,10])
```

输出结果如图 7-21 所示。

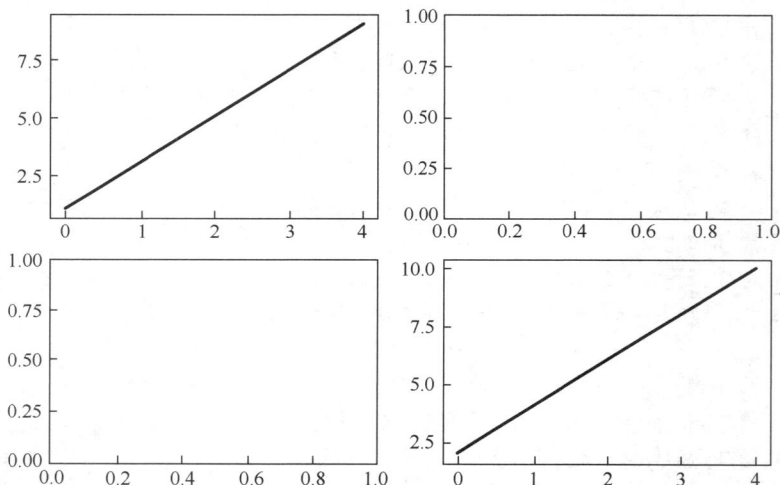

图 7-21　使用 subplots()函数一次绘制多个子图

7.3　使用 pandas 的 plot()方法绘制图形

pandas 在数据可视化方面同样有着较为广泛的应用，pandas 能够实现数据可视化，主要利用了 Matplotlib 模块的 plot()方法，pandas 在 Matplotlib 模块的基础上单独封装了一个 plot()接口，通过调用该接口可以实现常用的绘图操作。

7.3.1　使用 Series 对象的 plot()方法绘制图形

【技能训练 7-14】使用 Series 对象的 plot()方法绘制图形
【训练要求】

在 Jupyter Notebook 开发环境中创建 j7-14.ipynb，然后编写代码使用 Series 对象的 plot()方法绘制图形。

【实施过程】

1. 使用 Series 对象的 plot()方法绘制柱形图

Series 对象有一个名为 plot 的方法可以用来生成图表，可以选择生成折线图、饼图、柱形图等，默认使用 Series 对象的索引作为横坐标，使用 Series 对象的数据值作为纵坐标。

代码如下：

```
import matplotlib.pyplot as plt
import pandas as pd
# 配置支持中文的非衬线字体（默认的字体无法显示中文）
plt.rcParams['font.sans-serif'] = ['SimHei']
# 使用指定的中文字体时需要进行如下配置来避免负号无法显示
plt.rcParams['axes.unicode_minus'] = False
ser1 = pd.Series({'一季度': 400, '二季度': 520, '三季度': 180, '四季度': 380})
# 通过 Series 对象的 plot()方法绘图，kind='bar'表示绘制柱形图
ser1.plot(kind='bar', color=['r', 'g', 'b', 'y'])
# x 轴的坐标旋转到 0 度（中文水平显示）
plt.xticks(rotation=0)
# 在柱形图的柱子上显示数据标签
for i in range(4):
    plt.text(i, ser1[i] + 5, ser1[i], ha='center')
# 显示图形
plt.show()
```

Series 对象的柱形图如图 7-22 所示。

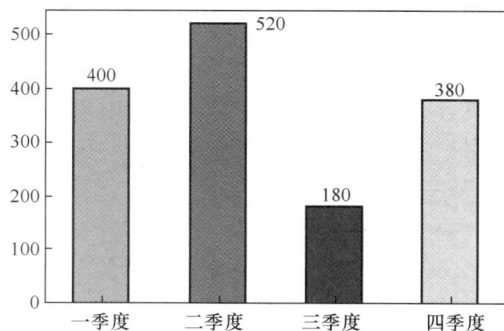

图 7-22　Series 对象的柱形图

2. 使用 Series 对象的 plot()方法绘制反映每个季度占比的饼图

代码如下：

```
#配置 autopct 参数可以在饼图上显示每个扇形的占比
ser1.plot(kind='pie', autopct='%.1f%%')
# 设置 y 轴的标签（显示在饼图左侧的文字）
plt.ylabel('各季度占比')
plt.show()
```

Series 对象的饼图如图 7-23 所示。

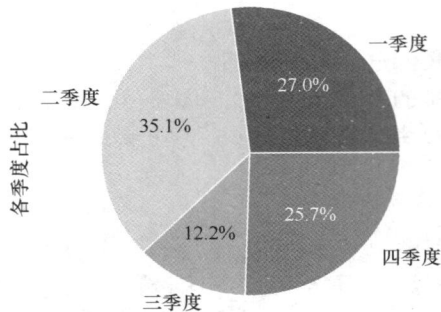

图 7-23　Series 对象的饼图

7.3.2　使用 DataFrame 对象的 plot()方法绘制图形

【技能训练 7-15】使用 DataFrame 对象的 plot()方法绘制图形

【训练要求】

在 Jupyter Notebook 开发环境中创建 j7-15.ipynb，然后编写代码使用 DataFrame 对象的 plot()方法绘制图形。

【实施过程】

1．使用 DataFrame 对象的 plot()方法默认设置绘制折线图

绘制 2022 年 1 月 1 日至 1 月 10 日长沙市最高气温、最低气温和空气质量指数的折线图，对应的代码如下：

```
import pandas as pd
data1=[[11,3],[15,8],[16,10],[18,14],[25,19],[32,23],[34,26],[33,25],[34,23],
       [22,15],[19,8],[13,4]]
df1 = pd.DataFrame(data1, index = ['1','2','3','4','5','6','7','8','9','10','11','12'],
                   columns=['AverageHighT', 'AverageLowT'])
df1.plot()
```

使用 DataFrame 对象的 plot()方法绘制的折线图如图 7-24 所示。

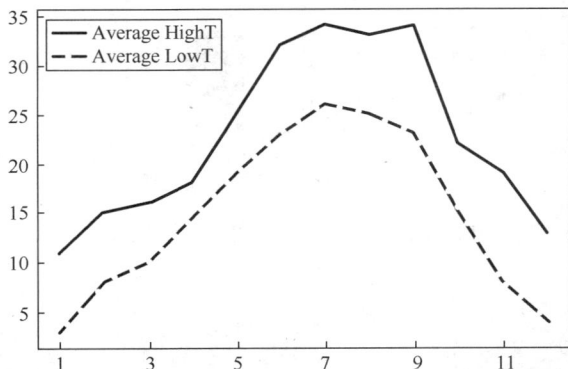

图 7-24　使用 DataFrame 对象的 plot()方法绘制的折线图

2．使用 DataFrame 对象的 plot()方法绘制图形时通过参数 kind 指定绘图类型

使用 DataFrame 对象的 plot()方法绘制图形时，会将每一列数据绘制成一条曲线，默认按照列的名称在适当的位置展示图例，这比使用 Matplotlib 绘制图形节省时间，且数据更规范。

使用 DataFrame 对象的 plot()方法绘制图形时除了可以使用默认的线条绘图外，还可以使用其他绘图方式。

扫描二维码，浏览 DataFrame 对象的 plot()方法的语法格式及参数说明。

plot()方法常用的语法格式如下：

电子活页 7-22

DataFrame 对象的
plot()方法的语法格式
及参数说明

```
plot(kind, color)
```

通过参数 kind 可以把图形类型传递给 plot()方法，其中 kind='line'表示绘制折线图，kind='bar'表示绘制柱形图，kind='barh'表示绘制条形图；参数 color 用于设置颜色。

绘制柱形图时，也可以写成以下简洁的形式：

```
plot.bar()
```

每种绘图类型都有相对应的方法，例如 df.plot(kind='line')与 df.plot.line()等价。绘制其他类型图形的方法如下：

- 折线图：plot.line()。
- 条形图：plot.barh()。
- 直方图：plot.hist()。
- 箱形图：plot.box()。
- 区域图：plot.area()。
- 散点图：plot.scatter()。

（1）使用 DataFrame 对象的 plot()方法绘制折线图

pandas 绘制折线图有两种方法，一种是直接使用 DataFrame.plot()方法绘制，另一种是使用 DataFrame.plot.line(self, x=None, y=None, **kwargs)方法绘制。

绘制一月至六月网上商城产品的订购量与收藏量折线图的代码如下：

```
import pandas as pd
import matplotlib.pyplot as plt
plt.rcParams['font.sans-serif'] = ['SimHei']
plt.rcParams['axes.unicode_minus'] = False
test_dict = {'订购量':[1000,2000,5000,2000,4000,3000],
             '收藏量':[1500,2300,3500,2400,1900,3000]}
lineDf = pd.DataFrame(test_dict,index=['一月','二月','三月','四月','五月','六月'])
lineDf.plot()
```

使用 DataFrame 对象的 plot()方法绘制的折线图如图 7-25 所示。

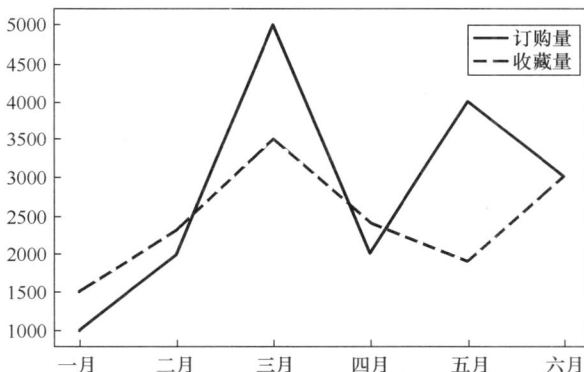

图 7-25　使用 DataFrame 对象的 plot()方法绘制的折线图

上述代码的最后一行也可以写成以下形式：

```
lineDf.plot.line()
```

如果要将"订购量"与"收藏量"分开绘制为子图，对应的代码如下：

```
line.plot.line(subplots=True)
```

绘制的折线图子图如图 7-26 所示。

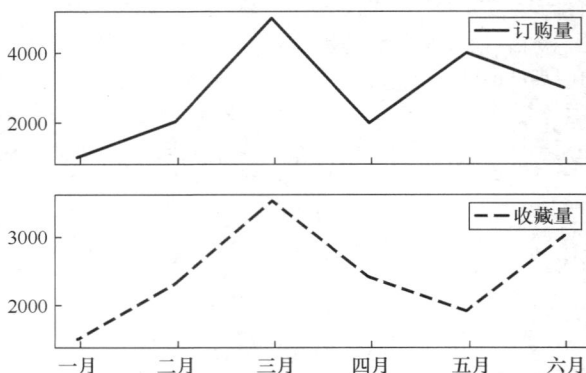

图 7-26　绘制的折线图子图

（2）使用 DataFrame 对象的方法分别绘制柱形图、柱形堆叠图和条形图

基于 2022 年 1 月 1 日至 1 月 10 日长沙市最高气温和最低气温创建数据集 df2，对应的代码如下：

```
import pandas as pd
data2=[[12,1],[15,4],[12,8],[12,6],[7,5],[6,5],[7,6],[6,3],[10,5],[9,3]]
df2 = pd.DataFrame(data2, index = range(10), columns=['highT', 'lowT'])
```

① 使用 DataFrame 对象的方法基于数据集 df2 绘制柱形图。

② 使用 DataFrame 对象的方法基于数据集 df2 绘制柱形堆叠图。

③ 使用 DataFrame 对象的 barh()方法基于数据集 df2 绘制条形图。

扫描二维码，浏览使用 DataFrame 对象的方法分别绘制柱形图、柱形堆叠图和条形图的实现过程、示例代码及输出结果。

电子活页 7-23

使用 DataFrame 对象的方法分别绘制柱形图、柱形堆叠图和条形图

（3）使用 DataFrame 对象的方法分别绘制直方图、箱形图、面积图和散点图

基于 2022 年 1 月 1 日至 1 月 10 日长沙市最高气温和最低气温创建数据集 df3，对应的代码如下：

```
df3 = pd.DataFrame({'highT':[12,15,12,12,7,6,7,6,10,9],
                    'lowT':[1,4,8,6,5,5,6,3,5,3]},
                    columns=['highT', 'lowT'])
```

扫描二维码，浏览使用 DataFrame 对象的方法分别绘制直方图、箱形图、面积图和散点图的实现过程、示例代码及输出结果。

电子活页 7-24

使用 DataFrame 对象的方法分别绘制直方图、箱形图、面积图和散点图

（4）绘制 4 组随机生成数据的箱形图

绘制 4 组随机生成数据的箱形图的代码如下：

```
import numpy as np
import pandas as pd
import matplotlib.pyplot as plt
np.random.seed(2)        #设置随机种子
#先生成 0～1 的 5×4 数据，再将其装入 4 列的 DataFrame 中
```

```
df4 = pd.DataFrame(np.random.rand(5,4), columns=['A', 'B', 'C', 'D'])
df4.boxplot()       #也可使用 plot.box()
plt.show()
```

输出结果如图 7-27 所示。

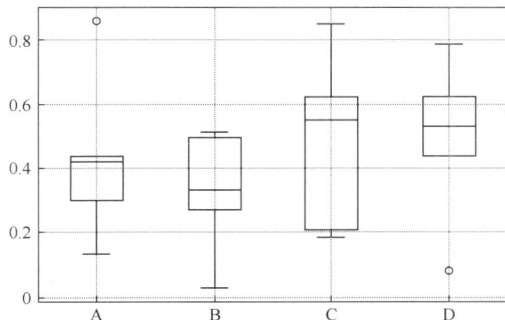

图 7-27   4 组随机生成数据的箱形图

从图 7-27 中可以看出，A、B、C、D 这 4 组数据中 A、D 组数据较集中（大部分在上、下四分位数之间），但都有异常值，C 组数据的离散程度（最大值与最小值之间的距离）最大。

（5）使用 DataFrame 对象的 pie()方法绘制饼图

扫描二维码，浏览使用 DataFrame 对象的 pie()方法绘制饼图的实现过程、示例代码及输出结果。

电子活页 7-25

使用 DataFrame
对象的 pie()方法
绘制饼图

7.4   使用 seaborn 模块绘制统计图表

7.4.1   初识 seaborn 模块

seaborn 是一种开源的数据可视化工具，是一个使用 Python 绘制统计图形的模块。seaborn 建立在 Matplotlib 之上，因此 seaborn 的很多图表接口和参数设置与 Matplotlib 得很接近。同时，seaborn 在 Matplotlib 的基础上进行了更高级的二次封装，因此它可以进行更复杂的图形设计和输出。seaborn 能高度兼容 NumPy 与 pandas 的数据结构以及 SciPy 与 statsmodels 等统计模式。seaborn 已集成在 Anaconda 中，无须单独安装。

电子活页 7-26

seaborn 的主要功能

扫描二维码，浏览 seaborn 的主要功能。

使用 seaborn 绘图时，也会出现无法正常显示中文的问题。可以通过添加以下设置字体的代码解决中文显示为方块的问题。

```
import seaborn as sns       # 将 seaborn 命名为 sns
sns.set_style("darkgrid",{"font.sans-serif":['KaiTi', 'Arial']})
```

7.4.2   seaborn 的风格设置

seaborn 的风格设置主要分为两类，其一是风格（Style）设置，其二是环境（Context）设置。

1. 设置 seaborn 的风格

设置 seaborn 风格的方法主要有以下 3 种。

227

① set()方法，这是 seaborn 的通用设置接口，可以应用 seaborn 的默认主题、缩放和调色板。

② set_style()方法，这是 seaborn 的风格设置专用接口，设置后全局风格都会改变。

③ axes_style()方法，该方法用于设置当前图形（Axes 对象）的风格，同时返回设置后的风格系列参数。

当前 seaborn 支持的风格主要有 5 种：darkgrid（默认风格，灰色网格背景）、whitegrid（白色网格背景）、dark（灰色背景）、white（白色背景）、ticks（四周加边框和刻度）。

与 Matplotlib 绘图风格相比，seaborn 绘制的直方图会自动增加空白间隔，图形更为清晰。不同 seaborn 风格主要在绘图背景色上存在差异。

2. 设置 seaborn 的环境

设置 seaborn 环境的方法有 3 种。

① set()方法，这是 seaborn 的通用设置接口。

② set_context()方法，这是 seaborn 的环境设置专用接口，设置后全局绘图环境都会改变。

③ plotting_context()方法，该方法用于设置当前图形（Axes 对象）的绘图环境，同时返回设置后的环境系列参数。

当前 seaborn 支持的绘图环境主要有 4 种：notebook（默认绘图环境）、paper、talk、poster。4 种默认绘图环境直观的区别在于字体大小的不同，且其他方面也略有差异。

3. 设置 seaborn 的颜色

seaborn 风格多变的另一个原因就是支持个性化的颜色设置，设置颜色的方法有多种，常用方法包括以下 2 种。

① color_palette()方法，这是基于 RGB 原理设置颜色的接口，可接收一个调色板对象作为参数，同时可以设置颜色数量。color_palette()方法提供了 8 种不同的颜色。

② hls_palette()方法，这是基于 Hue（色相）、Luminance（亮度）、Saturation（饱和度）原理设置颜色的接口。hls_palette()方法提供了均匀过渡的 8 种颜色样例。

seaborn 还提供了一个专门查看绘制颜色结果的方法 palplot()。示例代码如下：

```
sns.palplot(sns.color_palette(n_colors=8)
sns.palplot(sns.hls_palette(n_colors=8)
```

4. 认识 seaborn 的数据集

seaborn 自带了一些经典的数据集，在联网状态下，可通过 load_dataset()接口进行获取，首次下载后即可通过缓存加载。

【技能训练 7-16】使用 seaborn 模块绘制散点图和折线图

【训练要求】

数据源为 CSV 文件 sales_advert.csv，该文件为某零售商广告投入与销售收入相关数据文件，包括以下 7 列有效数据：revenue（门店销售额）、reach（微信推送次数）、local_tv（本地电视广告投入）、online（线上广告投入）、instore（门店内海报陈列等投入）、person（门店销售人员投入）、event（门店促销事件）。其中，门店促销事件细分为 cobranding（品牌联合促销）、holiday（节假日）、special（门店特别促销）、non_event（无促销活动）。

在 Jupyter Notebook 开发环境中创建 j7-16.ipynb，然后编写代码使用 seaborn 模块的绘制散点图和折线图。

【实施过程】

1. 导入所需的模块

绘制图形的第一步是导入所需要的各种模块。

代码如下：

```
import numpy as np
import pandas as pd
import matplotlib.pyplot as plt
import seaborn as sns          # 导入 seaborn 模块并将其重命名为 sns
sns.set()                      #应用 seaborn 的默认主题、缩放和调色板
```

2. 获取绘图所需的数据

（1）使用 read_csv()函数和 read_excel()函数获取数据

使用 read_csv()获取数据的示例代码如下：

```
sales_advert = pd.read_csv(r".\data\sales_advert.csv")
```

使用 read_excel()获取数据的示例代码如下：

```
sales_advert = pd.read_excel(r'.\data\sales_advert.xlsx')
```

（2）使用 load_dataset()函数获取数据

load_dataset()函数的语法格式如下：

```
load_dataset(name, cache=True, data_home=None, **kws)
```

load_dataset()函数主要参数说明如下：

- name 参数表示数据集的名称。
- data_home 参数用于设置 seaborn-data 的本地路径。seaborn-data 的默认路径是 C:\Users，也可以自行设置 seaborn-data 的本地路径，此时需要下载 seaborn-data 数据集到本地。
- cache 参数用于设置加载数据集的位置。当 cache=True 时，就会根据 data_home 的设置值来加载数据集。

从当前文件夹的子文件夹 data 中获取数据集 sales_advert.csv 中数据的代码如下：

```
sales_advert = sns.load_dataset(name="sales_advert", cache=True, data_home="./data")
```

上述代码通过 sns.load_dataset()函数加载本地数据集 sales_advert.csv，返回值 sales_advert 是一个 DataFrame 对象。

3. 数据预处理

删除无效列的代码如下：

```
sales_advert.drop(axis = 1,columns = "Unnamed: 0",inplace=True)
sales_advert.head()    # 输出 sales_advert 数据集的前 5 行，以观察数据结构
```

输出结果：

	revenue	reach	local_tv	online	instore	person	event
0	45860.28	2	31694.91	2115	3296	8	non_event
1	63588.23	2	35040.17	1826	2501	14	special
2	23272.69	4	30992.82	1851	2524	6	special
3	45911.23	2	29417.78	2437	3049	12	special
4	36644.23	2	35611.11	1122	1142	13	cobranding

4. 绘制散点图和折线图

绘制散点图和折线图有助于理解数据集中变量如何相互关联，以及这些关系如何依赖于其他变量。

seaborn 的 relplot()函数提供了几种描述可视化变量之间关系的方法，通过设置 kind 参数选择要使用的方法，并设置 hue、size 和 style 等参数可以显示数据的不同子集。

229

扫描二维码，浏览 relplot()函数的语法格式及参数说明。

绘制散点图有以下两种常用形式。

• 使用 sns.relplot(kind="scatter")形式。由于 kind 参数的默认值为"scatter"，所以 sns.relplot(kind="scatter")等价于 sns.relplot()，参数 kind="scatter"可以省略不写。

• 使用 scatterplot()形式。

绘制折线图也有以下两种常用形式。

• 使用 sns.relplot(kind="line")形式。

• 使用 lineplot()形式。

（1）使用 relplot()函数绘制简单的散点图

代码如下：

```
sns.relplot(x='local_tv', y='revenue', data=sales_advert)
```

上述代码通过 sns.relplot()函数绘制 local_tv 与 revenue 变量的关系图，x 坐标轴标签为 local_tv，y 坐标轴标签为 revenue。

输出结果如图 7-28 所示。

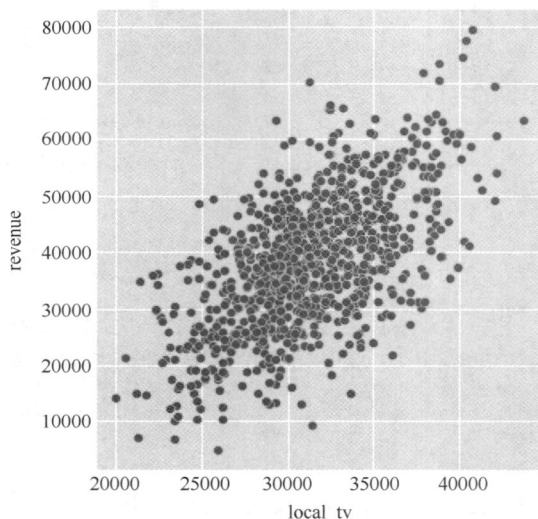

图 7-28　使用 relplot()函数绘制的散点图

使用以下的代码也可以绘制如图 7-28 所示的散点图。

```
sns.relplot(x='local_tv', y='revenue', kind="scatter", data=sales_advert)
```

（2）使用 relplot()函数绘制分组散点图

使用 relplot()函数绘制分组散点图时，可以通过设置 hue 参数，实现按数据集中指定变量进行分组，并且将不同分组的点显示为不同的颜色的效果。

（3）使用 relplot(kind="line")绘制折线图

扫描二维码，浏览使用 relplot()函数绘制分组散点图和折线图的实现过程、示例代码及输出结果。

seaborn 还提供了 scatterplot()函数和 lineplot()函数，分别用于绘制散点图和折线图。

使用 scatterplot() 函数绘制散点图的示例代码如下：

```
sns.scatterplot(x='local_tv', y='revenue', data=sales_advert)
```

使用 lineplot() 函数绘制折线图的示例代码如下：

```
sns.lineplot(x='local_tv', y='revenue', data=sales_advert)
```

7.5 使用 pyecharts 模块实现数据可视化

pyecharts 是一个数据可视化工具，其配置灵活，绘制的图形相对美观、顺滑。pyecharts 主要基于 Web 浏览器进行显示，可以绘制很多图形，包括折线图、柱形图、饼图、漏斗图、地图和极坐标图等。使用 pyecharts 绘图代码量很少，绘制的图形比较美观。

7.5.1 初识 pyecharts 模块

1. pyecharts 简介

Echarts 是一个由百度公司开发的数据可视化 JS 模块，其凭借良好的交互性、精巧的图表设计，得到了众多用户的认可。pyecharts 是一个用于生成 Echarts 图表的模块，主要作用是与 Python 进行对接，方便用户在 Python 中直接使用 Echarts 生成图。使用 pyecharts 可以生成独立的网页，也可以在 Flask、Django 中集成使用。

pyecharts 分为 v0.5.X 和 v1 两个大版本，v0.5.X 和 v1 互不兼容，v1 是一个全新的版本。由于 v0.5.X 目前已经不再维护，因此推荐安装 v1 版本。

pyecharts 可以绘制以下各种图表：Bar（柱形图/条形图）、Bar3D（3D 柱形图）、Boxplot（箱形图）、EffectScatter（带有涟漪特效动画的散点图）、Funnel（漏斗图）、Gauge（仪表盘）、Geo（地理坐标系）、GeoLines（地理坐标系线图）、Graph（关系图）、HeatMap（热力图）、Kline/Candlestick（K 线图）、Line（折线图/面积图）、Line3D（3D 折线图）、Liquid（水球图）、Map（地图）、Parallel（平行坐标系）、Pie（饼图）、Polar（极坐标系）、Radar（雷达图）、Sankey（桑基图）、Scatter（散点图）、Scatter3D（3D 散点图）、ThemeRiver（主题河流图）、TreeMap（矩形树图）、WordCloud（词云图）。

用户还可以通过自定义类实现多样化的需求，常见的自定义类如下。

① Grid 类：并行显示多个图形。

② Overlap 类：将不同类型图表叠加在同一个图形上。

③ Page 类：同一网页按顺序展示多个图形。

④ Timeline 类：提供时间线轮播多个图形。

2. pyecharts 的环境搭建

（1）安装与搭建 Python 环境

扫描二维码，浏览下载与安装 Python 的过程与方法。

（2）安装 pyecharts

可以使用 pip 安装，命令如下：

```
pip install pyecharts
```

或：

```
pip3 install pyecharts
```

建议通过清华镜像下载 pyecharts：

```
pip install -i https://pypi.tuna.tsinghua.edu.cn/simple pyecharts
```

电子活页 7-29

下载与安装 Python

7.5.2 pyecharts 绘制图形的基本方法

1. 导入绘图相关模块

导入绘图相关模块的代码如下：

```
from pyecharts import options as opts
from pyecharts.charts import *
from pyecharts.faker import Faker
```

2. pyecharts 绘制图形的展示与保存

（1）在 Jupyter Notebook 环境中展示图形

如需使用 Jupyter Notebook 来展示图形，只需要调用实例对象自身即可，render()方法同时兼容 Python 2 和 Python 3 的 Jupyter Notebook 环境，并且所有图形均可正常显示。

（2）在网页中展示图形

render()方法默认会在当前文件夹中生成一个 render.html 文件，该文件可以使用浏览器打开。

（3）使用 pyecharts-snapshot 插件将图形保存为指定格式的文件

如果想直接将图形保存为 PNG、PDF、GIF 格式的文件，可以使用 pyecharts-snapshot 插件。使用该插件应确保系统上已经安装了 Node.js 环境。安装 pyecharts-snapshot 插件的命令如下：

```
pip install pyecharts-snapshot
```

调用 render()方法直接将图形保存为文件的语法格式如下：

```
bar.render(path='snapshot.png')
```

文件扩展名可以为.svg、.jpeg、.png、.pdf、.gif 等。注意，SVG 文件需要在初始化 bar 的时候进行相应的设置，对应的代码为 renderer='svg'。

3. 使用 pyecharts 绘制图形的基本过程

扫描二维码，了解使用 pyecharts 绘制图形的基本过程。

电子活页 7–30

使用 pyecharts 绘制图形的基本过程

4. 使用 pyecharts 绘制柱形图时根据需要设置合适的配置项

（1）使用 set_series_opts()方法设置系列配置项

可以使用 set_series_opts()方法进行标签设置，隐藏标签数字的代码如下：

```
.set_series_opts(label_opts=opts.LabelOpts(is_show=False))
```

其中 False 表示隐藏标签数字。

（2）使用 set_global_opts()方法设置全局配置项

可以使用代码 title_opts=opts.TitleOpts(title="主标题名称", subtitle="副标题名称")设置图形的主标题名称和副标题名称。

可以使用 yaxis_opts=opts.AxisOpts(name)、xaxis_opts=opts.AxisOpts(name)方法，对图形的坐标轴进行命名。

使用 set_global_opts()方法设置全局配置项的示例代码如下：

```
.set_global_opts(title_opts=opts.TitleOpts(title="柱形图对比", subtitle=""),
                 yaxis_opts=opts.AxisOpts(name="销售数量"),
                 xaxis_opts=opts.AxisOpts(name="水果类型"))
```

【技能训练 7-17】使用 pyecharts 的方法绘制简单的柱形图

【训练要求】

在 Jupyter Notebook 开发环境中创建 j7-17.ipynb，然后编写代码使用 pyecharts 的方法绘制简单的柱形图。

【实施过程】

1. 导入模块

代码如下：

```
from pyecharts import options as opts
from pyecharts.charts import Bar,Line
from pyecharts.faker import Faker
```

2. 准备数据

代码如下：

```
electric = ["吸尘器", "冰箱", "洗衣机", "热水器", "空调", "电视机"]
number=[27, 51, 80, 23, 133, 50]
fruits = ["草莓", "芒果", "葡萄", "雪梨", "西瓜", "柠檬"]
enfruits =["Strawberry", "mango", "grape", "Sydney", "watermelon", "lemon"]
y_value1 = [5, 20, 36, 10, 75, 90]
y_value2 = [10, 25, 8, 60, 20, 80]
```

3. 使用多种方法绘制柱形图

（1）使用普通调用方法与列表数据绘制柱形图

代码如下：

```
bar = Bar()
bar.add_xaxis(["吸尘器", "冰箱", "洗衣机", "热水器", "空调", "电视机"])
bar.add_yaxis("销售量", [27, 51, 80, 23, 133, 50])
bar.render_notebook()
```

输出结果如图 7-29 所示。

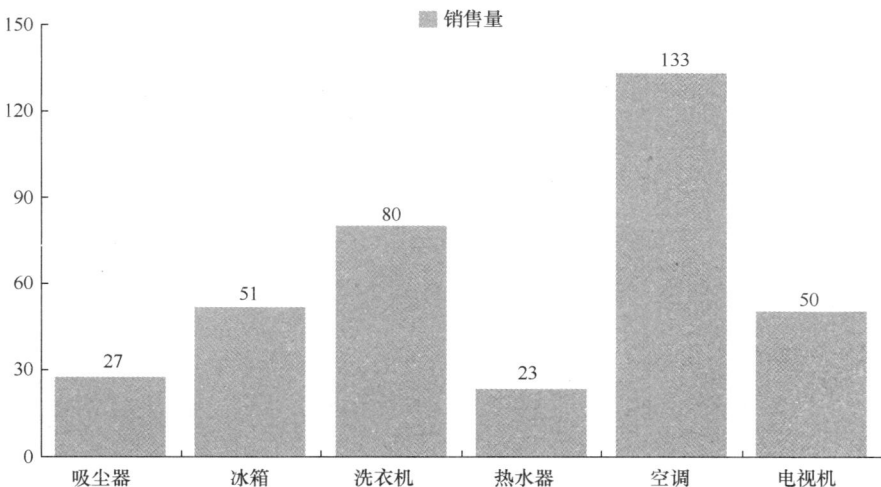

图 7-29　使用普通调用方法与列表数据绘制的柱形图

（2）使用普通调用方法与列表变量绘制柱形图

代码如下：

```
bar = Bar()
bar.add_xaxis(electric)
bar.add_yaxis("销售量", number)
bar.set_global_opts(title_opts=opts.TitleOpts(title="家用电器销售量柱形图",
```

```
                                          subtitle="2022-03"))
    bar.render_notebook()
```

输出结果如图 7-30 所示。

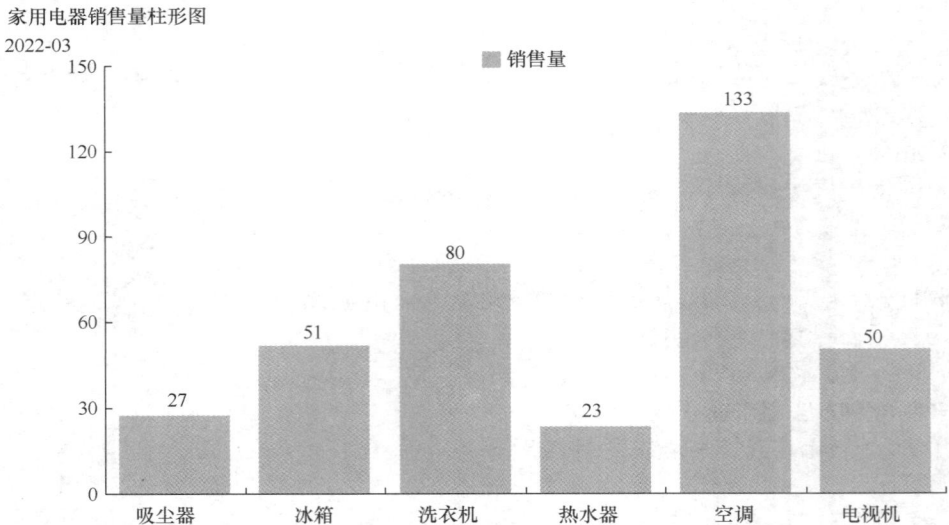

家用电器销售量柱形图
2022-03

图 7-30　使用普通调用方法与列表变量绘制的柱形图

（3）使用链式调用方法绘制柱形图

代码如下：

```
bar = (
    Bar()
    .add_xaxis(electric)
    .add_yaxis("", number)          # y 轴设置
    .set_global_opts(title_opts=opts.TitleOpts(title="家用电器销售量柱形图", subtitle=""))
    # 或者直接使用字典参数
    # .set_global_opts(title_opts={"text": "主标题", "subtext": "副标题"})
    )
# render()方法会生成本地 HTML 文件，默认会在当前文件夹中生成 render.html 文件
# 也可以传入路径参数，例如 bar.render("mycharts.html")
bar.render()
```

输出结果为：在当前文件夹中生成 render.html 文件，该文件输出柱形图。

【技能训练 7-18】使用 pyecharts 的自定义配置项一步一步地绘制柱形图

【训练要求】

在 Jupyter Notebook 开发环境中创建 j7-18.ipynb，然后在单元格中编写代码使用 pyecharts 的自定义配置项一步一步地绘制柱形图。

【实施过程】

本技能训练导入模块与准备数据的代码与【技能训练 7-17】的相同，详见【技能训练 7-17】的代码。

（1）绘制柱形图时选择合适的内置主题

内置主题类型可以使用 pyecharts.globals.ThemeType 代码查看。选择 WESTEROS 内置主题的代码如下：

```
init_opts=opts.InitOpts(theme=ThemeType.WESTEROS)
```

（2）绘制柱形图时旋转 x 轴标签

在全局配置项中，使用 xaxis_opts=opts.AxisOpts(axislabel_opts=opts.LabelOpts(rotate=-15))设置旋转 x 轴标签，rotate = -15 表示 x 轴标签逆时针旋转 15 度。

通过 add_yaxis(category_gap="50%")设置柱子宽度，值越大表明柱子的间距越大，柱子宽度越小。通过 add_yaxis(gap="0%")设置不同系列的柱子之间的距离，值越小表明不同系列的柱子之间的距离越小。

（3）绘制柱形图时添加标记线

在系列配置项中使用 set_series_opts()方法的 markline_opts=opts.MarkLineOpts()参数指定值的标记线。

（4）绘制柱形图时添加标记点

柱形图需要添加标记点时，将 markline_opts 参数设置为 markpoint_opts，即把标记从线型转换为点型。

扫描二维码，浏览使用 pyecharts 的自定义配置项绘制柱形图的实现过程、示例代码及输出结果。

电子活页 7-31

使用 pyecharts
的自定义配置项
绘制柱形图

【技能训练 7-19】使用 pyecharts 绘制有特色的柱形图

【训练要求】

在 Jupyter Notebook 开发环境中创建 j7-19.ipynb，然后在单元格中编写代码使用 pyecharts 绘制柱状堆叠效果的柱形图和外观为渐变圆柱的柱形图。

【实施过程】

本技能训练导入模块与准备数据的代码与【技能训练 7-17】的相同，详见【技能训练 7-17】的代码。

（1）绘制柱状堆叠效果的柱形图

在 add_yaxis()方法中设置 stack 参数即可实现柱状堆叠效果。

电子活页 7-32

（2）绘制外观为渐变圆柱的柱形图

通过自定义柱形图中的柱子形状与颜色即可实现外观为渐变圆柱的效果。

扫描二维码，浏览使用 pyecharts 绘制有特色的柱形图的实现过程、示例代码及输出结果。

使用 pyecharts 绘制
有特色的柱形图

【技能训练 7-20】使用 pyecharts 的方法绘制各具特色的图形

【训练要求】

在 Jupyter Notebook 开发环境中创建 j7-20.ipynb，然后在单元格中编写代码使用 pyecharts 的方法绘制各具特色的图形。

【实施过程】

（1）导入模块

（2）准备数据

（3）绘制饼图

（4）绘制折线图

（5）绘制仪表盘

（6）绘制水球图

（7）应用 pyecharts 的时间轴组件绘制柱形图

扫描二维码，浏览使用 pyecharts 的方法绘制各具特色的图形的实现过程、示例代码及输出结果。

电子活页 7-33

使用 pyecharts 的
方法绘制各具
特色的图形

应用与实战

【任务 7-1】药品销售数据可视化展示与分析

【任务描述】

Excel 文件 "药品销售数据.xlsx" 共有 6578 行药店的药品销售数据，该 Excel 文件共有 7 列有效数据，分别为销售时间、社保卡号、商品编码、商品名称、销售数量、应收金额、实收金额，通过分析药品销售数据，看看哪些药物购买者较多，哪些天购药者较多等。

本任务主要实现以下数据可视化展示与分析操作。

① 绘制折线图分析每天的消费金额。

② 绘制折线图分析每月的消费趋势。

③ 分析销量排前十位的药品的销售情况。

④ 分析一周中每天的销售数量和金额。

⑤ 使用 pyecharts 绘制一周内各天的药品销量柱形图和销量排前十位的药品柱形图。

数据导入与审阅详见模块 4，数据预处理详见模块 5 的，数据统计与分析详见模块 6。

【任务实现】

在 Jupyter Notebook 开发环境中创建 t7-01.ipynb，然后在单元格中编写代码与输出对应的结果。

扫描二维码，浏览药品销售数据可视化展示与分析的实现过程、示例代码及输出结果。

电子活页 7-34

药品销售数据可视化
展示与分析

【任务 7-2】网上商城用户消费行为可视化展示与分析

【任务描述】

文件 df_short.csv 中共有 55148 行网上商城的用户消费数据，该文件中共有 7 个有效列，其含义说明详见模块 4。

本任务主要实现以下数据可视化展示与分析操作。

① 绘制图形统计、分析用户的浏览与消费情况。

② 各类用户行为的相关分析。

③ 消费商品类型分析。

数据导入与审阅详见模块 4，数据预处理详见模块 5，数据统计与分析详见模块 6。

【任务实现】

在 Jupyter Notebook 开发环境中创建 t7-02.ipynb，然后在单元格中编写代码与输出对应的结果。

1. 绘制图形统计、分析用户的浏览与消费情况

（1）计算消费占比与绘制柱形图

（2）平台活跃状况分类分析与图形绘制

（3）用户消费次数统计、分析

（4）多次交易群体分析

（5）用户消费时间分析

（6）分析 4 月平台活跃情况与用户交易情况

（7）统计、分析 4 月的每日浏览量

（8）统计、分析 4 月的每日访客数

（9）统计各月与一周内各天的交易行为发生次数与绘制饼图

（10）分析一周内各天的订单量分布情况

（11）平台活跃度的时间趋势分析

（12）第 1 季度平台活跃度的时间趋势分析

2. 各类用户行为的相关分析

（1）统计各类用户行为数量与绘制柱形图

（2）透视分析各类用户行为数据

（3）分析各类用户行为的变化趋势

（4）按用户行为分类提取数据

（5）统计、分析浏览数量、购买数量、收藏数量与加入购物数量排前几位的商品类型

（6）汇聚每个商品类型的浏览数量、收藏数量、加入购物车数量与购买数量数据

（7）浏览数量、加入购物车数量、收藏数量与购买数量之间的相关分析

（8）绘制浏览数量、加入购物车数量、收藏数量与购买数量相关关系的热力图

（9）分析用户行为的时间变化趋势

（10）分析各类用户行为的占比

3. 消费商品类型分析

（1）提取购买数量排前 5 位的商品类型

（2）绘制购买数量排前 5 位的商品类型饼图

（3）绘制购买数量排前 5 位的商品类型条形图

（4）绘制购买数量排前 5 位的商品类型柱形图

（5）绘制购买数量排前 5 位的商品类型的棒棒糖图

（6）分析购买数量排前 5 位的商品类型的受欢迎程度

电子活页 7-35

网上商城用户
消费行为可视化
展示与分析

扫描二维码，浏览网上商城用户消费行为可视化展示与分析的实现过程、示例代码及输出结果。

【任务 7-3】绘制折线图分析股票数据

【任务描述】

使用已有股票数据，编写代码绘制高质量折线图分析股票数据，步骤如下。

① 导入模块与读取数据。

② 绘制简单的股票收盘价折线图。

③ 给折线图添加标题并设置 Y 轴标签。

④ 给折线图添加图例。

⑤ 将折线图中的网格线去掉。

⑥ 在折线图中添加一些注释文字。

⑦ 在折线图中正确显示中文。

⑧ 在折线图中设置 X 轴、Y 轴上刻度字体的大小。

电子活页 7-36

绘制折线图分析
股票数据

【任务实现】

在 Jupyter Notebook 开发环境中创建 t7-03.ipynb，然后在单元格中编写代码与输出对应的结果。

扫描二维码，浏览绘制折线图分析股票数据的实现过程、示例代码及输出结果。

【任务 7-4】绘制学习小组课程成绩的箱形图

【任务描述】

学习小组 4 门课程成绩如表 7-8 所示。

表 7-8　学习小组 4 门课程成绩

姓名	大学语文	经济数学	大学英语	信息技术
安静	90	95	81	78
路远	97	51	76	81
温暖	71	74	88	95
向北	70	78	66	70
阳光	93	63	79	67
白雪	86	91	83	82
夏天	83	82	92	72
云朵	78	75	78	80
方程	85	71	86	81
简单	81	55	78	77

① 使用 Pyplot 的 boxplot()函数绘制学习小组 4 门课程成绩的箱形图。

② 使用 pandas 自带的 DataFrame 对象的 plot()方法绘制学习小组 4 门课程成绩的箱形图。

电子活页 7-37

绘制学习小组课程
成绩的箱形图

【任务实现】

在 Jupyter Notebook 开发环境中创建 t7-04.ipynb，然后在单元格中编写代码与输出对应的结果。

扫描二维码，浏览绘制学习小组课程成绩的箱形图的实现过程、示例代码及输出结果。

【任务 7-5】绘制旅客年龄分布的箱形图

【任务描述】

从 Excel 文件 train.xlsx 中读取旅客数据，该文件主要包括 3 列数据，即"Name"列、"Sex"列和"Age"列，利用"Age"列数据绘制旅客年龄分布的箱形图。

电子活页 7-38

绘制旅客年龄分布的
箱形图

【任务实现】

在 Jupyter Notebook 开发环境中创建 t7-05.ipynb，然后在单元格中编写代码与输出对应的结果。

扫描二维码，浏览绘制旅客年龄分布的箱形图的实现过程、示例代码及输出结果。

【任务 7-6】使用 pyecharts 模块分析订单数据与用户购物偏好

【任务描述】

① 针对电商平台用户实际的订单数据（主要包含订单号、用户 ID、消费商品的类别、商品品牌、购物日期等）从时间维度分析订单数量及其变化。

② 针对用户偏好数据（主要包含用户 ID、用户偏好的细分类别、浏览购物平台时间、活跃度等）分析用户购物偏好，包括用户浏览最多、收藏最多的商品类型是什么？用户最喜欢在哪些时间段浏览购物平台？

电子活页 7-39

使用 pyecharts 库
分析订单数据与
用户购物偏好

【任务实现】

在 Jupyter Notebook 开发环境中创建 t7-06.ipynb，然后在单元格中编写代码与输出对应的结果。

扫描二维码，浏览使用 pyecharts 库分析订单数据与用户购物偏好的实现过程、示例代码及输出结果。

在线练习与考核

扫描二维码，完成本模块的在线练习与考核。

电子活页 7-40

在线练习与考核

模块 8
时间序列操作与数据抽样

08

在实际生产和科学研究中，对某一个或者一组变量进行观察、测量，在一系列时刻所得到的离散数字组成的序列，称为时间序列（Time Series）。时间序列分析是根据系统观察得到的时间序列数据，通过曲线拟合和参数估计来建立数学模型的方法。时间序列分析常用于国民宏观经济控制、市场潜力预测、气象预测、农作物害虫灾害预报等各个场景。

时间序列（或称动态数列）是指将同一统计指标的数值按其出现时间的顺序排列而成的数列，例如某地近 10 年的气温、降雨量，某股票上半年的收盘价等。时间序列中的时间段可以是一组固定频率或非固定频率的时间值，时间形式可以是年份、季度、月份或其他时间形式。在 pandas 中创建 Series 对象或 DataFrame 对象时可以指定索引为时间索引来生成一个时间序列。

学习与训练

8.1　pandas 时间生成与转换

数据分析的对象不仅限于数值和字符串等类型的数据，也包括日期和时间类型的数据，通过日期和时间类型数据能够获取对应的年、月、日等信息。但是，从 CSV 文件中导入的数据都是字符串形式的，无法实现大部分与时间相关的分析。因此，在进行数据序列分析时，常常需要将字符型数据转换为日期和时间类型数据。

pandas 提供了多个与时间相关的类，常用的时间类介绍如下。

① Timestamp：基础的时间类，表示某个时间点。在数据分析中经常需要从这个类中提取年、月、日等信息，相应的创建函数包括 to_datetime()、Timestamp()。

② Timedelta：表示时间间隔，例如 2 天、3 小时等。

③ DatetimeIndex：表示一组由 Timestamp 构成的索引，用来作为 DataFrame 对象或 Series 对象的索引，相应的创建函数包括 to_datetime()、date_range()、DatetimeIndex()。

④ Period：表示时间周期数据，相应的创建函数为 Period()。

⑤ PeriodIndex：PeriodIndex 类型数据的元素类型是 Period，相应的创建方法包括函数 period_range()、periodIndex 类的构造方法。

8.1.1　pandas 时间序列

时间序列就是由时间构成的序列，它指的是在一定时间内按照时间顺序测量的某个变量的取值序列，例如温度会随着时间发生变化、股票的价格会随着时间不断地波动，这里用到的一系列的时间数据，就可以看作时间序列。

时间序列主要有以下 3 种类型数据。

- 特定的时刻，也就是时间戳（TimeStamp）。
- 固定的日期，例如某年某月某日。
- 时间间隔，每隔一段时间，具有规律性。

在处理时间序列的过程中，我们一般会遇到两个问题，第一，如何创建时间序列；第二，如何更改已生成时间序列的频率。pandas 为解决上述问题提供了一套简单、易用的方法。

1. 使用 Python 内置的 datetime 模块来获取当前时间

通过 datetime 模块提供的 now()方法可以获取当前时间。

2. 创建时间戳

时间戳是时间序列中基本的数据类型，它将数值与时间点结合在一起。pandas 中，如果要生成一个时间戳类数据，可以先创建一个字符型的时间数据，再将其转换为时间戳类数据。

可以将由整型或浮点型数据表示的时间数据转换为时间戳，时间戳默认的单位是纳秒。

3. 转换为时间戳

可以使用 to_datetime()函数将 Series 对象或字符串类型的 list 对象转换为时间戳，其中 list 对象会转换为 DatetimeIndex 对象。

to_datetime()函数的语法格式如下：

```
pd.to_datetime(Series 对象或字符串类型的 list 对象)
```

【技能训练 8-1】获取当前时间与创建时间戳

【训练要求】

在 Jupyter Notebook 开发环境中创建 j8-01.ipynb，然后编写代码获取当前时间与创建时间戳。

【实施过程】

扫描二维码，浏览获取当前时间与创建时间戳的实现过程、示例代码与输出结果。

电子活页 8-1

获取当前时间与
创建时间戳

4. 使用 date_range()函数创建日期序列

pandas 提供了用来创建日期序列的函数 date_range()，日期序列只包含年、月、日，不包含时、分、秒。使用 date_range()函数可以创建某段连续的时间或者固定间隔的时间段。在调用其构造方法时，至少指定 start、end、periods 中的两个参数值，否则程序会报错。

date_range()函数的语法格式如下：

```
date_range(start=None, end=None, periods=None, freq= None, tz=None,
           normalize=False, name=None, closed=None, **kwargs)
pd.date_range(start, stop, periods, freq)
```

该函数主要参数说明如下。

- start：开始时间。
- end：结束时间。
- periods：固定时期，取值为整数或 None。
- freq：时间频率或日期偏移量，取值为字符串或 DateOffset，默认值为'D'，也就是"日"。freq='Y'表示时间频率为年，freq='M'表示时间频率为月，freq='W'表示时间频率为周，freq='D'表示时间频率为日，freq='H'表示时间频率为小时，freq='T'表示时间频率为分钟，freq='S'表示时间频率为秒。
- normalize：若该参数设置为 True，则表示将 start、end 参数值正则化为午夜时间戳。
- name：生成时间索引对象的名称，取值为字符串或 None。
- closed：若 closed='left'，则表示在返回的结果基础上，再取左开右闭的结果；若 closed='right'，则表示在返回的结果基础上，再取左闭右开的结果。

【技能训练 8-2】使用 date_range()函数创建日期序列

【训练要求】

在 Jupyter Notebook 开发环境中创建 j8-02.ipynb，然后编写代码使用 date_range()函数创建日期序列。

【实施过程】

（1）设置时间频率为日

（2）设置时间频率为周

（3）设置时间频率为小时

（4）设置时间频率为 30min

（5）设置日期范围内的日期序列

扫描二维码，浏览使用 date_range()函数创建日期序列的示例代码与输出结果。

电子活页 8-2

使用 date_range()
函数创建日期序列

5. 使用 period_range()函数创建时间周期

period_range()函数可用于创建规则的时间周期，返回固定频率的 PeriodIndex。该函数的语法格式如下：

```
pandas.period_range(start=None, end=None, periods=None, freq=None, name=None)
```

该函数参数说明如下：

- start：字符串格式的日期或 period-like，表示时间周期的左边界，默认值为 None。
- end：字符串格式的日期或 period-like，表示时间周期的右边界，默认值为 None。
- periods：整数类型，表示要生成的周期数，默认值为 None。
- freq：可选参数，表示频率别名，可以为字符串或 DateOffset 数据，默认值为'D'，即时间频率为日。freq='Y'表示时间频率为年，freq='M'表示时间频率为月，freq='W'表示时间频率为周，freq='D'表示时间频率为日，freq='H'表示时间频率为小时，freq='T'表示时间频率为分钟，freq='S'表示时间频率为秒。
- name：字符串，即产生的 PeriodIndex 的名称，默认值为 None。

> **注意**
>
> start、end 和 periods 这 3 个参数中至少指定 2 个参数的值。

6. 计算时间周期

时间周期表示的是时间区间，例如数日、数月、数季、数年等，Period 类的构造函数需要用到一个字符串或整数。

周期计算指的是对时间周期进行算术运算，所有的操作将在频率的基础上执行。

【技能训练 8-3】使用 period_range()函数创建时间周期与计算时间周期

【训练要求】

在 Jupyter Notebook 开发环境中创建 j8-03.ipynb，然后编写代码使用 period_range()函数创建时间周期与计算时间周期。

【实施过程】

（1）使用 period_range()函数创建时间周期

① 设置时间频率为年。

代码如下：

```
import pandas as pd
#'Y'表示年
```

```
p1 = pd.period_range('2022','2026', freq='Y')
print(p1)
```

输出结果：

```
PeriodIndex(['2022', '2023', '2024', '2025', '2026'], dtype='period[A-DEC]')
```

② 设置时间频率为月。

代码如下：

```
rng2 = pd.period_range('2022-01-01', '2022-06-30', freq = 'M')
print(rng2)
```

输出结果：

```
PeriodIndex(['2022-01', '2022-02', '2022-03', '2022-04', '2022-05', '2022-06'], dtype='period[M]')
```

③ 设置日期范围内的时间索引。

代码如下：

```
# PeriodIndex 类保存了一组时间周期，它可以在任何 pandas 数据结构中被用作索引
import numpy as np
ts2 = pd.Series(np.random.randn(len(rng2)), index = rng2)
print(ts2)
```

输出结果：

```
2022-01    2.007999
2022-02    0.062943
2022-03    0.683297
2022-04    0.489457
2022-05    0.470534
2022-06   -0.864056
Freq: M, dtype: float64
```

代码如下：

```
print(ped2.index)
```

输出结果：

```
PeriodIndex(['2022-01', '2022-02', '2022-03', '2022-04', '2022-05', '2022-06'],
            dtype='period[M]')
```

（2）计算时间周期

① 使用 Period 类的构造函数创建时间周期。

代码如下：

```
p2= pd.Period('2022',freq = 'A-DEC')
p2
```

输出结果：

```
# 这个 Period 对象表示的是从 2022 年 1 月 1 日到 2022 年 12 月 31 日之间的整段时间
Period('2022', 'A-DEC')
```

② 移动或滞后时间序列。

代码如下：

```
#只需对 Period 对象加上或减去一个整数即可达到根据其频率进行移动的目的
print(p2+5)
print(p2-4)
```

输出结果：

2027

2018

代码如下：

```
print(pd.Period('2023-01'))
print(pd.Period("2023-01", freq="D"))
#'S'表示秒
p3 = pd.Period('2023', freq='S')
print(p3)
#加3601s的时间
print(p3+3601)
```

输出结果：

2023-01

2023-01-01

2023-01-01 00:00:00

2023-01-01 01:00:01

③ 计算时间差额。

代码如下：

```
# 如果两个Period对象拥有相同频率，则它们的差就是它们之间的单位数量
print(pd.Period('2035',freq='A-DEC')-pd.Period('2023',freq = 'A-DEC'))
```

输出结果：

<12 * YearEnds: month=12>

代码如下：

```
#定义时间周期，默认freq='Y'
p4=pd.Period('2023')
p5=pd.Period('2035')
#f表示字符串格式化输出
print(f'p4={p4}年')
print(f'p5={p5}年')
print(f'p5 和 p4 间隔{p5-p4}年')
```

输出结果：

p4=2023 年

p5=2035 年

p5 和 p4 间隔<12 * YearEnds: month=12>年

④ 使用 PeriodIndex 类将一个字符串数组转换为一段时间周期。

PeriodIndex 类的构造函数允许直接使用一组字符串表示一段时间周期。

代码如下：

```
values1 =['2022Q1','2023Q2','2024Q3']
index1 = pd.PeriodIndex(values1,freq = 'Q-DEC')
print(index1)
```

输出结果：

PeriodIndex(['2022Q1', '2023Q2', '2024Q3'], dtype='period[Q-DEC]')

7. 时间的频率转换

Time Period 表示时间跨度，对应一段时间周期，它被定义在 pandas 的 Period 类中。通过该类提供的方法可以实现将频率转换为周期。例如 Period ()函数可以将频率"M"（月）转换为 Period。

Period 和 PeriodIndex 对象都可以通过其asfreq()函数转换成其他频率，使用 asfreq()函数和 start 参数，可以输出"01"，若使用 end 参数，则输出"31"。

对于常用的时间序列频率，pandas 为其规定了一些字符串别名，将这些别名称为"offset"（偏移量），如表 8-1 所示。

表 8-1　常用时间序列频率的字符串别名

序号	别名	说明	序号	别名	说明
1	B	工作日频率	14	BQS	工作季度开始频率
2	D	日历日频率	15	BA	工作年度结束频率
3	W	每周频率	16	BAS	工作年度开始频率
4	M	月末频率	17	BH	营业时间频率
5	A	年终频率	18	H	小时频率
6	SM	半月结束频率	19	T 或 min	每分钟频率
7	BM	工作月末频率	20	S	每秒频率
8	MS	月开始频率	21	L 或 ms	毫秒频率
9	SMS	半月开始频率	22	U 或 us	微秒频率
10	BMS	工作月开始频率	23	N	纳秒频率
11	Q	季末频率	24	W-MON、W-TUE 等	从每周指定的星期几（MON、TUE、WED、THU、FRI、SAT、SUM）开始算起
12	BQ	工作季度结束频率	25	Q-JAN、Q-FEB 等	对于以指定月份（JAN、FEB、MAR、APR、MAY、JUN、JUL、AUG、SEP、OCT、NOV、DEC）结束的年度，每季度最后一月的最后一个日历日
13	QS	季度开始频率	26	WOM-1MON、WOM-2MON 等	产生每月第 1、第 2、第 3 或第 4 周的星期几。例如，WOM-3FRI 表示每月第 3 个星期五

【技能训练 8-4】更改时间频率与转换时间频率

【训练要求】

在 Jupyter Notebook 开发环境中创建 j8-04.ipynb，然后编写代码更改时间频率与转换时间频率。

【实施过程】

（1）更改时间频率

使用以下方法可以更改时间频率，例如将按分钟的时间频率更改为按小时。

代码如下：

```
import numpy as np
import pandas as pd
print(pd.date_range('01/01/2023', periods=5, freq='M'))
```

```
#时间频率更改为按小时
print(pd.date_range("9:00", "12:00", freq="H").time)
```

输出结果：

```
DatetimeIndex(['2023-01-31', '2023-02-28', '2023-03-31', '2023-04-30',
               '2023-05-31'],
              dtype='datetime64[ns]', freq='M')
[datetime.time(9, 0) datetime.time(10, 0) datetime.time(11, 0)
 datetime.time(12, 0)]
```

（2）使用 asfreq()函数输出时间点

代码如下：

```
p1 = pd.Period('2022', freq='M')
#指定 start 参数
print(p1.asfreq('D', 'start'))
#指定 end 参数
print(p1.asfreq('D', 'end'))
```

输出结果：

```
2022-01-01
2022-01-31
```

（3）使用 asfreq()函数转换时间频率

代码如下：

```
rng2 = pd.period_range('2022','2025', freq = 'A-DEC')
ts2 = pd.Series(np.random.randn(len(rng2)), index = rng2)
print(ts2)
```

输出结果：

```
2022    -1.136846
2023    -0.268926
2024    -0.393970
2025    -0.294340
Freq: A-DEC, dtype: float64
```

代码如下：

```
# 根据年度时间周期的第一个月，每年的时间周期被取代为每月的时间周期
ts2.asfreq('M',how = 'start')
```

输出结果：

```
2022-01    -1.136846
2023-01    -0.268926
2024-01    -0.393970
2025-01    -0.294340
Freq: M, dtype: float64
```

代码如下：

```
# 每年的最后一个工作日，可以使用'B'频率，并指明该时间周期的末尾
ts2.asfreq('B',how = 'end')
```

输出结果:

2022-12-30	-1.136846
2023-12-29	-0.268926
2024-12-31	-0.393970
2025-12-31	-0.294340

Freq: B, dtype: float64

8. 使用 shift() 函数移动或滞后时间序列

移动指的是沿着时间轴将数据前移或后移, Series 对象和 DataFrame 对象都有一个 shift() 函数用于执行单纯的前移或后移操作, 保持索引不变。

【技能训练 8-5】使用 shift() 函数移动或滞后时间序列

【训练要求】

在 Jupyter Notebook 开发环境中创建 j8-05.ipynb, 然后编写代码使用 shift() 函数移动或滞后时间序列。

【实施过程】

（1）使用 shift() 函数将数据后移

（2）使用 shift() 函数移动时间序列

（3）计算一个时间序列或多个时间序列（DataFrame 的列）中的百分比变化

（4）对时间戳（Timestamp）进行位移

扫描二维码, 浏览使用 shift() 函数移动或滞后时间序列的示例代码与输出结果。

电子活页 8-3

使用 shift() 函数移动
或滞后时间序列

9. Timestamp 与 Period 相互转换

（1）将 Timestamp 转换为 Period

通过使用 to_period() 函数, 可以将由时间戳索引的 Series 对象和 DataFrame 对象转换为以时间周期索引。

代码如下:

```
import pandas as pd
import numpy as np
rng1 = pd.date_range('2022-01-01',periods = 3, freq = 'M')
ts1 = pd.Series(np.random.randn(len(rng1)), index = rng1)
pts1 = ts1.to_period()
print(pts1)
```

输出结果:

2022-01	0.852636
2022-02	-1.447622
2022-03	0.712293

Freq: M, dtype: float64

（2）将 Period 转换为 Timestamp

使用 to_timestamp() 函数可以将时间周期转换为时间戳。

代码如下:

```
pts2=pd.Period("2023-01-01", freq="D")
pts2.to_timestamp()
```

输出结果:

```
Timestamp('2023-01-01 00:00:00')
```

247

10. 创建工作日日期范围

bdate_range()函数用于创建工作日的日期范围，与 date_range()不同，它创建的日期范围不包括周六、周日。

代码如下：

```
print(pd.bdate_range('01/01/2023', periods=8))
```

输出结果：

```
DatetimeIndex(['2023-01-02', '2023-01-03', '2023-01-04', '2023-01-05',
               '2023-01-06', '2023-01-09', '2023-01-10', '2023-01-11'],
              dtype='datetime64[ns]', freq='B')
```

上述代码中，date_range()的默认频率是日历日，而 bdate_range()的默认频率是工作日。

8.1.2 pandas 日期和时间格式化

当进行数据分析时，我们会遇到很多带有日期、时间数据的数据集，在处理这些数据集时，可能会遇到日期和时间格式不统一的问题，此时就需要对日期和时间做统一的格式化处理。例如"Sunday, January, 2023"可以写成"1/1/2023"，或者写成"01-01-2023"。

1. 认知日期和时间格式化符号

对日期和时间进行格式化处理时，它们都有固定的格式化符号，例如小时的格式化符号为%H，分钟的格式化符号为%M，秒的格式化符号为%S。常用的日期和时间格式化符号如表 8-2 所示。

表 8-2　常用的日期和时间格式化符号

序号	符号	说明	序号	符号	说明
1	%y	两位数的年份表示（00~99）	11	%b	本地缩写英文的月份名称
2	%Y	四位数的年份表示（0000~9999）	12	%B	本地完整英文的月份名称
3	%m	月份（01~12）	13	%w	星期（0~6），星期日为新的星期的开始
4	%d	月内的一天（0~31）	14	%W	一年中的星期数（00~53），星期一为新的星期的开始
5	%H	24 小时制小时数（0~23）	15	%x	本地相应的日期表示
6	%I	12 小时制小时数（01~12）	16	%X	本地相应的时间表示
7	%M	分钟数（00~59）	17	%Z	当前时区的名称
8	%S	秒（00~59）	18	%U	一年中的星期数（00~53），星期日为新的星期的开始
9	%a	本地缩写英文的星期名称	19	%j	年内的一天（001~365）
10	%A	本地完整英文的星期名称	20	%c	本地相应的日期表示和时间表示

2. 将字符串日期转换为 datetime 类型

Python 内置的 strptime()函数可以根据指定的格式将字符串日期转换为 datetime 类型。

strptime()函数的语法格式如下：

```
time.strptime(string[, format])
```

该函数参数说明如下：

- string：时间字符串。
- format：格式化符号，如表 8-2 所示。

strptime()函数返回 struct_time 对象。

> **注意**
>
> strftime()函数可以将 datetime 类型转换为字符串类型，与 strptime()函数的功能相反。

除了使用 Python 内置的 strptime()函数外，还可以使用 pandas 模块的 pd.to_datetime()和 pd.DatetimeIndex()函数可以对字符串日期进行转换。

【技能训练 8-6】格式化日期和时间与设置时间序列

【训练要求】

在 Jupyter Notebook 开发环境中创建 j8-06.ipynb，然后编写代码格式化日期和时间与设置时间序列。

【实施过程】

（1）使用 strptime()函数将字符串日期转换为 datetime 类型

代码如下：

```
from datetime import datetime
#定义字符串日期
date_str1 = 'January,1,2023'
date_str2 = '1/1/23'
date_str3 = '01-01-2023'
#将字符串日期转换为 datetime 类型
dt1 = datetime.strptime(date_str1, '%B,%d,%Y')
dt2 = datetime.strptime(date_str2, '%d/%m/%y')
dt3 = datetime.strptime(date_str3, '%d-%m-%Y')
#处理为相同格式，并输出
print(dt1)
print(dt2)
print(dt3)
```

输出结果：

```
2023-01-01 00:00:00
2023-01-01 00:00:00
2023-01-01 00:00:00
```

（2）使用 to_datetime()函数将字符串日期转换为 datetime 类型

代码如下：

```
import pandas as pd
import numpy as np
date1 = ['2020-01-01 11:00:00','2012-01-02 11:00:00']
pd_date1=pd.to_datetime(date1)
df1=pd.Series(np.random.randn(2),index=pd_date1)
print(df1)
```

输出结果：

```
2020-01-01 11:00:00    1.958485
2012-01-02 11:00:00   -0.992629
```

dtype: float64

（3）使用 DatetimeIndex()函数设置时间序列

代码如下：

```
date2 = pd.DatetimeIndex(['1/1/2023', '1/2/2023', '1/3/2023'])
dt2 = pd.Series(np.random.randn(3),index = date2)
print(dt2)
```

输出结果：

```
2023-01-01    -0.441676
2023-01-02     1.674437
2023-01-03    -1.144286
dtype: float64
```

8.1.3　Pandas 的 Timedelta

Timedelta（时间差）在 pandas 中是表示两个 datetime 数据差值（或者增量）的类型，两个 datetime 数据相减得出的结果就是一个 Timedelta 类型数据。

我们可以使用不同的时间单位来表示它，例如天、小时、分、秒、微秒。Timedelta 可以是正值，也可以是负值。

【技能训练 8-7】应用 Timedelta

【训练要求】

在 Jupyter Notebook 开发环境中创建 j8-07.ipynb，然后编写代码应用 Timedelta。

【实施过程】

1．计算两个 datetime 数据的差值

代码如下：

```
pd.to_datetime('2023-09-01') – pd.to_datetime('2023-01-01')
```

输出结果：

```
Timedelta('243 days 00:00:00')
```

可以看出，结果是一个 Timedelta 类型数据，并且算出了 2023 年 1 月 1 日到 2023 年 9 月 1 日共有多少天。

代码如下：

```
#只写年，默认为 1 月 1 日
pd.to_datetime('2023-09-01') – pd.to_datetime('2023')
```

输出结果：

```
Timedelta('243 days 00:00:00')
```

代码如下：

```
#只写年、月，默认为 1 日
pd.to_datetime('2023-09-01') – pd.to_datetime('2023-01')
```

输出结果：

```
Timedelta('243 days 00:00:00')
```

可以看到上述两段代码的输出结果是一样的，都为 Timedelta('243 days 00:00:00')。

代码如下：

```
#计算出生日期为 2000 年 1 月 1 日的人的年龄
```

```
#使用 pd.datetime.now()获取当前时间
difference = (pd.datetime.now() – pd.to_datetime('2000-01-01')) / pd.Timedelta(days=365)
age = int(difference)
print(age)
```

2. Timedelta()函数的参数

（1）通过字符串传递参数

代码如下：

```
pd.Timedelta('6 days 6 hours 6 minutes 6 seconds')
```

输出结果：

```
Timedelta('6 days 06:06:06')
```

（2）通过整数和 unit 参数传递参数

代码如下：

```
print(pd.Timedelta(8, unit='h'))
pd.Timedelta(6, unit='d')
```

输出结果：

```
0 days 08:00:00
Timedelta('6 days 00:00:00')
```

（3）通过数据偏移量传递参数

周、天、小时、分钟、秒、毫秒、微秒、纳秒都可以用作数据偏移量的单位。

代码如下：

```
pd.Timedelta(days=6, hours=6)
```

输出结果：

```
Timedelta('6 days 06:00:00')
```

3. 使用 pd.to_timedelta()将具有 timedelta 格式的值转换为 Timedelta 类型

使用 pd.to_timedelta()函数将具有 timedelta 格式的值（标量、数组、列表或 Series）转换为 Timedelta 类型。如果输入的是 Series 对象，则返回 Series 对象；如果输入的是标量，则返回标量，其他情况下返回 TimedeltaIndex。

代码如下：

```
import pandas as pd
print(pd.to_timedelta(['1 days 06:05:01.00003', '15.5us', 'nan']))
print(pd.to_timedelta(np.arange(3), unit='h'))
```

输出结果：

```
TimedeltaIndex(['1 days 06:05:01.000030', '0 days 00:00:00.000015500', NaT],
            dtype='timedelta64[ns]', freq=None)
TimedeltaIndex(['0 days 00:00:00', '0 days 01:00:00', '0 days 02:00:00'],
            dtype='timedelta64[ns]', freq=None)
```

8.2 pandas 随机抽样

随机抽样是统计学中常用的一种方法，它可以帮助我们从大量的数据中选取一部分作为样本，以便通过对这些样本的研究来推断总体特性或规律。在 pandas 中，如果想要对数据集进行随机抽样，需要使用 sample()函数。

sample()函数的语法格式如下：

> DataFrame.sample(n=None, frac=None, replace=False, weights=None,
>   random_state=None, axis=None)

该函数参数说明如下：

- n：要抽取的行数。
- frac：抽取的比例，例如 frac=0.5 代表抽取总体数据的 50%。
- replace：布尔类型参数，表示是否以有放回抽样的方式进行抽取，默认值为 False，表示取出数据后不再放回。
- weights：可选参数，代表每个样本的权重值，该参数值是字符串或者数组。
- random_state：可选参数，控制随机数据的状态，默认值为 None，表示随机数据不会重复；若该参数的值为 1 则表示会取得重复数据。
- axis：在哪个方向上抽取数据，axis=1 表示在列方向上抽取数据，axis=0 表示在行方向上抽取数据。

该函数返回与数据集类型相同的新对象，其功能相当于 numpy.random.choice()。

【技能训练 8-8】对数据集进行随机抽样

【训练要求】

在 Jupyter Notebook 开发环境中创建 j8-08.ipynb，然后编写代码对数据集进行随机抽样。

【实施过程】

（1）创建 DataFrame 对象

代码如下：

```
import pandas as pd
data1 = { 'name':['安静', '路远', '温暖', '向北'],
        'sex':[ '女', '男', '男', '女'],
        'age':[21, 20, 19, 22],
        'score': [71, 80, 89, 92] }
label1=['stu1', 'stu2', 'stu3', 'stu4']
df1 = pd.DataFrame(data1,index=label1)
```

（2）默认随机选择两行

代码如下：

```
df1.sample(n=2)
```

输出结果：

	name	sex	age	score
stu4	向北	女	22	92
stu3	温暖	男	19	89

（3）随机选择两列

代码如下：

```
df1.sample(n=2,axis=1)
```

输出结果：

	name	score
stu1	安静	71
stu2	路远	80
stu3	温暖	89
stu4	向北	92

（4）抽取总体数据的 50%

代码如下：

```
df1.sample(frac=0.5, replace=False)
```

输出结果：

	name	sex	age	score
stu2	路远	男	20	80
stu3	温暖	男	19	89

（5）设置权重值为序列[12, 2, 1, 8]

代码如下：

```
#权重值为序列[12, 2, 1, 8]，并且允许出现重复数据
df1.sample(n=2, weights= [12, 2, 1, 8], random_state=1)
```

输出结果：

	name	sex	age	score
stu1	安静	女	21	71
stu4	向北	女	22	92

8.3　pandas 数据重抽样

数据重抽样是将时间序列从一个频率转换至另一个频率的过程，它主要有两种实现方式，分别是降抽样和升抽样。降抽样是指将高频率（间隔短）的数据转换为低频率（间隔长）的数据，例如将每日抽样的频率变成每月抽样；升抽样则恰好相反，即将低频率的数据转换为高频率的数据，例如将每月抽样的频率变成每日抽样。

pandas 提供了 resample()函数来实现数据重抽样。

8.3.1　使用 resample()函数实现数据降抽样

通过 resample()函数完成数据的降抽样，例如将按天抽样的频率转换为按月抽样。降抽样时，时间间隔会变大，总体的数据量会减少；只需要从高频向低频转换时，应用聚合函数即可。

8.3.2　使用 resample()函数实现数据升抽样

升抽样是将低频率的数据转换为高频率的数据，例如将按周抽样的频率变成按天抽样。升抽样时，时间间隔会变小，总体的数据量会增多，这很有可能会导致某些时间戳没有相应的数据。将按周抽样变成按天抽样需要使用 resample()函数和 asfreq()函数联合实现，asfreq()函数会将数据转换为指定的频率。

8.3.3　使用 asfreq()函数实现频率转换

asfreq()函数不仅能够实现频率转换，还可以保留原频率对应的数值，同时它也可以单独使用。

8.3.4　对缺失值进行插值处理

升抽样时可能会产生缺失值，我们需要对缺失值进行处理，一般有以下几种处理方式。

① pad/ffill：使用前一个非缺失值填充缺失值。
② backfill/bfill：使用后一个非缺失值填充缺失值。

③ interpolater('linear')：线性插值方法。

④ fillna(value)：指定一个值替换缺失值。

【技能训练 8-9】实现数据重抽样

【训练要求】

在 Jupyter Notebook 开发环境中创建 j8-09.ipynb，然后编写代码实现数据重抽样。

【实施过程】

（1）使用 resample()函数实现数据降抽样

代码如下：

```
import pandas as pd
import numpy as np
rng1 = pd.date_range('1/1/2023',periods=100,freq='D')
ts1 = pd.Series(np.random.randn(len(rng1)), index=rng1)
#降采样后聚合
ts1.resample('M').mean()
```

输出结果：

```
2023-01-31    -0.196671
2023-02-28     0.126507
2023-03-31     0.104002
2023-04-30    -0.062278
Freq: M, dtype: float64
```

（2）设置参数 kind=period 实现数据降抽样

如果只想看到月份，那么可以设置参数 kind=period。

代码如下：

```
ts1.resample('M', kind='period').mean()
```

输出结果：

```
2023-01    -0.196671
2023-02     0.126507
2023-03     0.104002
2023-04    -0.062278
Freq: M, dtype: float64
```

（3）使用 resample()函数实现数据升抽样

代码如下：

```
import pandas as pd
import numpy as np
#生成时间序列数据
rng2 = pd.date_range('1/1/2023', periods=20, freq='3D')
ts2 = pd.Series(np.random.randn(len(rng2)), index=rng2)
print(ts2.head())
```

输出结果：

```
2023-01-01    -0.607376
2023-01-04     0.470148
2023-01-07     2.003793
```

```
2023-01-10    -0.360967
2023-01-13     0.095826
Freq: 3D, dtype: float64
```

代码如下：

```
#使用 asfreq()函数在原数据基础上实现频率转换
ts2.resample('D').asfreq().head()
```

输出结果：

```
2023-01-01    -0.607376
2023-01-02         NaN
2023-01-03         NaN
2023-01-04     0.470148
2023-01-05         NaN
Freq: D, dtype: float64
```

（4）使用 asfreq()函数实现频率转换

代码如下：

```
#频率为分钟
index1 = pd.date_range('1/1/2023', periods=6, freq='T')
series1 = pd.Series([0.0, None, 2.0, 3.0,4.0,5.0], index=index1)
df1 = pd.DataFrame({'Number':series1})
print(df1)
```

输出结果：

```
                     Number
2023-01-01 00:00:00  0.0
2023-01-01 00:01:00  NaN
2023-01-01 00:02:00  2.0
2023-01-01 00:03:00  3.0
2023-01-01 00:04:00  4.0
2023-01-01 00:05:00  5.0
```

代码如下：

```
#频率为45s
print(df1.asfreq("45s"))
```

输出结果：

```
                     Number
2023-01-01 00:00:00  0.0
2023-01-01 00:00:45  NaN
2023-01-01 00:01:30  NaN
2023-01-01 00:02:15  NaN
2023-01-01 00:03:00  3.0
2023-01-01 00:03:45  NaN
2023-01-01 00:04:30  NaN
```

（5）对缺失值进行插值处理

使用插值方法处理缺失值的代码如下：

```
import pandas as pd
import numpy as np
#创建时间序列数据
rng3 = pd.date_range('1/1/2023', periods=20, freq='3D')
ts3 = pd.Series(np.random.randn(len(rng3)), index=rng3)
print(ts3.resample('D').asfreq().head())
```

输出结果：

```
2023-01-01    0.809722
2023-01-02         NaN
2023-01-03         NaN
2023-01-04    1.084274
2023-01-05         NaN
Freq: D, dtype: float64
```

代码如下：

```
#使用 ffill 处理缺失值
ts3.resample('D').asfreq().ffill().head()
```

输出结果：

```
2023-01-01    0.809722
2023-01-02    0.809722
2023-01-03    0.809722
2023-01-04    1.084274
2023-01-05    1.084274
Freq: D, dtype: float64
```

应用与实战

【任务 8-1】对日期和时间数据进行灵活处理

【任务描述】

编写代码实现以下功能。

① 从 Excel 文件 orderInfo.xlsx 的第一个工作表中获取"订单完成时间"和"商品金额"两列数据。

② 查看获取的数据的列名、数据类型、记录数量等相关信息。

③ 单独提取"订单完成时间"列数据，指定格式符为"%Y-%m-%d"，将无效的数据解析为 NaN。

④ 查看数据集中各列数据的数据类型。

⑤ 随机获取 DataFrame 中的 5 条销售日期数据。

⑥ 分别从"销售日期"列中获取无时/分/秒的日期、年、月、日、季度和星期，并输出这些数据及对应数据类型。

⑦ 将年份 2021 和 2022、月份 2 和 3、天数 4 和 15、小时数 2 和 3 通过 DataFrame 结构组合

为日期和时间数据。

⑧ 将前面从"销售日期"列中提取的年、月、日数据重新组合为日期和时间数据。

⑨ 从"销售日期"列中提取由年、月组成的数据。

【任务实现】

在 Jupyter Notebook 开发环境中创建 t8-01.ipynb，然后在单元格中编写代码与输出对应的结果。

扫描二维码，浏览对日期和时间数据进行灵活处理的实现过程、示例代码与输出结果。

电子活页 8-4

对日期和时间数据
进行灵活处理

【任务 8-2】分析股票数据时应用 pandas 日期序列

【任务描述】

编写代码实现以下功能。

① 导入模块。

② 导入数据。

③ 数据预处理。

④ 绘制最高价与最低价趋势图。

⑤ 获取特征参数。

⑥ 绘制股票开盘价的年度趋势图。

⑦ 绘制股票多维度的直方图。

⑧ 计算股票的每日收益并绘制图形。

⑨ 绘制收盘价对数变换后的序列趋势图。

⑩ 绘制收盘价移动平均和对数变换后的序列趋势图。

【任务实现】

在 Jupyter Notebook 开发环境中创建 t8-02.ipynb，然后在单元格中编写代码与输出对应的结果。

扫描二维码，浏览分析股票数据时应用 pandas 日期序列的实现过程、示例代码与输出结果。

电子活页 8-5

分析股票数据时应用
pandas 日期序列

在线练习与考核

扫描二维码，完成本模块的在线练习与考核。

电子活页 8-6

在线练习与考核

模块 9
数据分析与可视化综合实战

09

为了更好地满足人民日益增长的美好生活需要，各行各业应运用科学方法精准施策、主动作为。大数据分析是提高服务质量、精准度、满意度的有效方法。本模块优选城市气温数据分析、网上商城订单数据分析等典型数据分析案例，从数据导入与审阅、数据预处理、数据可视化、数据分析等方面，详细讲解数据分析与可视化综合实战，力求帮助读者掌握数据分析与可视化方法，提高数据分析的能力。

学习与训练

9.1 数据分析的过程

数据分析的过程可以概括为以下几个步骤：转换和处理原始数据，用可视化方式呈现数据，建模并做出预测。其中，前面的步骤对后面的步骤而言是至关重要的。因此，数据分析过程可以总结为问题定义、数据收集与提取、数据预处理、数据分析、数据展示与探索、预测模型创建和选择、模型评估以及部署与应用 8 个阶段。

1. 问题定义

在进行数据分析前，首先需要明确数据分析的目的，也就是本次数据分析要研究的主要问题和预期的分析目标，这称为问题定义。只有清楚地了解数据分析的目的是什么，才能提出有价值的问题，并提供清晰的指引方向。

在这个过程中，要确保分析框架的体系化和逻辑性，将分析目的分解成若干个不同的分析要点。例如，如何具体开展数据分析？需要从哪几个角度进行分析？采用哪些分析指标（各类分析指标需怎样合理搭配使用）？

数据分析通常始于要解决的问题，而这个问题需要事先明确。问题定义阶段及其产生的相关文档将决定整个数据分析所遵循的指导方针。

2. 数据收集与提取

在完成问题定义阶段后，分析数据之前，首先要做的就是获取数据。数据收集对数据分析的成功起着至关重要的作用，所采集的样本数据应尽可能地反映实际情况，能够描述系统真实的反应。如果收集的数据不合适，或者对不能很好地代表系统的数据集进行数据分析，得到的模型将会偏离作为研究对象的系统。

数据来源丰富多样，常见的数据来源包括数据库、第三方数据统计工具、专业的调研机构的统计年鉴或报告、市场调查和互联网等。例如使用 SQL 语句直接从数据库中获取相关业务数据；到特定的网站上下载一些科研机构、企业、政府的公开数据集，这些数据集通常比较完善，质量相对较高。尽管这些数据的发布比较滞后，但因其具有较高的客观性和权威性，依然具有很大的价值。此外，还可以通过编写代码收集互联网上的数据，例如，可以通过爬虫获取淘宝网上商品的销售和评价信息、租房网站上某城市的租房信息、豆瓣网上电影及其评分信息、网易云音乐评论排行信息等。基于互联网爬取的数据，可以针对某个行业、某一类人群进行分析，这是一种非常精准的市场调研和竞品分析的方式。

数据提取是将数据取出的过程，数据提取的核心问题是从哪里取、何时取、如何取。

- 从哪里取：数据来源 —— 不同的数据来源得到的数据结果未必一致。
- 何时取：提取时间 —— 不同时间取出来的数据结果未必一致。
- 如何取：提取规则 —— 不同提取规则下得到的数据结果很难一致。

3. 数据预处理

通过数据采集获得的原始数据，可能会存在不完整、不一致的"脏数据"，这些数据无法直接用于数据分析。数据预处理就是将数据采集阶段获得的原始数据进行数据清洗和数据变换，转变为"干净"的数据。只有使用这些干净的数据，才能获得更加精确的分析结果。

数据预处理主要包括数据清洗、数据合并、数据变换、数据规约等处理方法，即将各种原始数据加工成符合准确、完整、简洁等标准的高质量数据，以更好地服务于数据分析工作。

（1）数据清洗

数据清理主要是将脏数据变成干净数据的过程。通过一系列的方法对脏数据进行处理，包括删除重复数据、填充缺失数据、检测异常数据等，以达到清除冗余数据、纠正错误数据的目的。

（2）数据合并

数据合并主要是把多个数据源合并成一个数据集，以达到增大数据量的目的。

（3）数据变换

数据变换主要是将数据变换成适当的形式，以降低数据的复杂度。

（4）数据规约

数据规约主要是在尽可能保持数据原貌的前提下，最大限度地精简数据量，包括降低数据的维度和删除与数据分析主题无关的多余数据等。

数据清洗、数据合并、数据变换、数据规约都是数据预处理的主要步骤，它们并没有严格的先后顺序。在实际应用时，并非一定要全部使用，具体要视业务需求和数据质量而定。

4. 数据分析

数据分析是指通过多种分析手段、方法和技巧，对准备好的数据进行探索性分析，从中发现因果关系、内部联系和隐藏的规律性，为科学决策提供参考。

数据预处理完毕，需要对数据进行综合分析和相关分析，这要求对产品、业务、技术等方面了如指掌，同时需要熟悉数据分析原理和方法。常用的数据分析方法包括分类、聚类、关联和预测等。此外，还需要熟悉数据分析工具，例如，Excel 是简单的数据分析工具，Python、FineBI 等是专业的数据分析工具。

5. 数据展示与探索

数据可视化是获得信息的最佳方式之一。通过可视化的方式呈现数据，不仅能突出要点信息，还可以揭示通过简单统计无法察觉的模式和结论。

数据展示的最佳方式之一是图表。能用图说明问题的就不用表，能用表说明问题的就不用文字。借助数据可视化图表，能有效、直观地传达信息、观点和建议，也可以使用报告等形式与他人交流。

一般情况下，数据是通过表格和图形的方式来呈现的。常用的数据图表包括饼图、柱形图、条形图、折线图、气泡图、散点图、雷达图等。这些图表可被进一步加工、整理成我们需要的图形，例如金字塔图、矩阵图、漏斗图、帕累托图等。

数据探索的本质是从图形或统计数字中搜寻数据，以发现数据中的模式、关系。数据探索包括初步的数据检验、确定数据类型、选择适合定义模型的数据分析方法。

6. 预测模型创建和选择

预测模型是指用于预测的、用数学语言或公式来描述事物间的数量关系的模型。它在一定程度上揭示了事物间的内在规律，是计算预测值的直接依据。在数据分析中，预测模型的创建和选择阶段需要创建或选择合适的统计模型来预测某一个结果的概率。

具体来说，预测模型主要有以下2个方面的用途。

① 使用回归模型来预测系统所产生数据的值。

② 使用分类模型或聚类模型为新数据分类。

事实上，根据输出结果的类型，预测模型可分为以下3种。

① 分类模型：模型输出结果为类别型数据。

② 回归模型：模型输出结果为数值型数据。

③ 聚类模型：模型输出结果为描述型数据。

7. 模型评估

模型评估阶段，也称为测试阶段。在此阶段，从整个数据分析的原始数据集中抽取出一部分数据用作验证集，并用验证集去评估使用先前创建的模型是否有效。

一般来说，用于建模的数据称为训练集，用于验证模型的数据称为验证集。通过比较模型和实际系统的输出结果，就能评估错误率。不同的测试集可用于确定模型的有效性区间。预测结果只在一定范围内有效，预测值和有效值之间存在不同层次的对应关系。

模型评估阶段，不仅可以得到模型确切有效的程度，还可以比较出它与其他模型的差异。模型评估的技巧有许多，其中著名的有交叉验证。它的基本操作是将训练集分成不同部分，每一部分轮流作为验证集，同时其余部分用作训练集。通过这种迭代的方式，可以获得最佳模型。

8. 部署与应用

数据分析的最后一个阶段是部署与应用。在部署过程中，需要将数据分析得到的结果应用到实际场景中，这是数据应用具有实际价值的直接体现。这一阶段旨在展示分析结果。若应用场景为商业领域，则需将分析结果转换为有益的商业方案。若应用场景为科技领域，则需将分析结果转换为设计方案或科技出版物。

数据分析的结果有多种部署方案，通常这个阶段也称为数据报告的撰写阶段。数据报告应详细描述以下几点：结果分析、决策部署、风险分析、评估商业影响。

9.2 基于互联网的数据分析的专业术语解释

基于互联网的数据分析，例如电子商务用户行为分析，经常会涉及转化率、跳出率、有效用户、活跃用户、流失用户、核心用户、用户流失率等专业术语。对这些术语的解释如下。

1. 转化率

转化率是指访问网站的用户中进行了相应动作的用户所占的百分比，计算公式为：进行了相应动作的访问量/总访问量。

2. 跳出率

跳出率是指访问网站的用户中在某一页面未采取任何操作就退出网站或 App 的用户所占的百分比，计算公式为：当前页面退出产品的访问量/当前页面的总访问量。

3. 有效用户

有效用户是指注册过产品并在当前产品中发生过行为的用户。

4. 活跃用户

活跃用户是指打开产品并且每天在当前产品中发生行为的用户。

5. 流失用户

流失用户是指曾经打开过产品或注册过产品，由于某种原因已经放弃了产品，不能再为产品创造价值的用户。

6. 核心用户

核心用户是指经常参与产品相关活动且每天打开该产品，在线时间很长，能够为产品创造价值的用户。

7. 用户流失率

用户流失率计算公式为：*N* 月内未打开产品的用户/*N* 月前的用户总数。

应用与实战

【综合实战 9-1】分析城市气温数据

【任务描述】

数据源为 Excel 文件"长沙市天气数据.xlsx"。该 Excel 文件共有 7 个字段，分别为日期、最高气温、最低气温、天气、风向、风力、空气质量指数，共有 365 条记录。编写代码对城市气温数据进行导入与审阅、预处理、可视化展示与分析。

【任务实现】

在 Jupyter Notebook 开发环境中创建 t9-01.ipynb，然后在单元格中编写代码与输出对应的结果。

1. 导入模块

代码如下：

```
import numpy as np
import pandas as pd
import matplotlib.pyplot as plt
from collections import Counter
# 解决 pandas 无法显示中文的问题
plt.rcParams['font.sans-serif']=['SimHei']          #用来正常显示中文
plt.rcParams['axes.unicode_minus']=False            #用来正常显示负号
```

2. 导入数据

代码如下：

```
path='.\data\长沙市天气数据.xlsx'
weatherDf = pd.read_excel(path,converters={'日期':str})
```

3. 数据审阅

（1）输出前 5 行数据

代码如下：

```
#head()方法从 0 开始计数
weatherDf.head()
```

输出结果：

	日期	最高气温	最低气温	天气	风向	风力	空气质量指数
0	2021-01-01 周五	10℃	-2℃	晴	东南风	1级	70 良
1	2021-01-02 周六	13℃	3℃	晴~多云	东风	1级	85 良
2	2021-01-03 周日	9℃	2℃	多云	西北风	2级	97 良
3	2021-01-04 周一	11℃	4℃	晴~多云	西北风	2级	130 轻度
4	2021-01-05 周二	6℃	3℃	阴	西北风	3级	236 重度

（2）输出后 5 行数据

代码如下：

```
weatherDf.tail()
```

输出结果：

	日期	最高气温	最低气温	天气	风向	风力	空气质量指数
360	2021-12-27 周一	1℃	0℃	多云~阴	西北风	2级	57 良
361	2021-12-28 周二	4℃	3℃	多云~阴	西南风	1级	115 轻度
362	2021-12-29 周三	8℃	3℃	多云~晴	西北风	1级	86 良
363	2021-12-30 周四	12℃	0℃	晴~多云	西北风	1级	95 良
364	2021-12-31 周五	10℃	4℃	多云~阴	西北风	1级	117 轻度

（3）查看各列的数据类型

代码如下：

```
weatherDf.dtypes
```

输出结果：

```
日期          object
最高气温        object
最低气温        object
天气          object
风向          object
风力          object
空气质量指数      object
dtype: object
```

（4）查看数据集的基本信息

代码如下：

```
weatherDf.info()
```

输出结果：

```
<class 'pandas.core.frame.DataFrame'>
RangeIndex: 365 entries, 0 to 364
Data columns (total 7 columns):
 #   Column      Non-Null Count   Dtype
---  ------      --------------   -----
 0   日期          365 non-null     object
 1   最高气温        365 non-null     object
 2   最低气温        365 non-null     object
 3   天气          365 non-null     object
 4   风向          365 non-null     object
 5   风力          365 non-null     object
 6   空气质量指数      365 non-null     object
dtypes: object(7)
memory usage: 20.1+ KB
```

4. 数据预处理

（1）删除温度的后缀

代码如下：

```
weatherDf.loc[:, "最高气温"] =weatherDf["最高气温"].str.replace("℃", "").astype('int32')
weatherDf.loc[:, "最低气温"] = weatherDf["最低气温"].str.replace("℃", "").astype('int32')
```

```
weatherDf.head()
```

输出结果:

	日期	最高气温	最低气温	天气	风向	风力	空气质量指数
0	2021-01-01 周五	10	-2	晴	东南风	1级	70 良
1	2021-01-02 周六	13	3	晴~多云	东风	1级	85 良
2	2021-01-03 周日	9	2	多云	西北风	2级	97 良
3	2021-01-04 周一	11	4	晴~多云	西北风	2级	130 轻度
4	2021-01-05 周二	6	3	阴	西北风	3级	236 重度

（2）查询最低气温低于 0℃ 的前 5 行数据

代码如下:

```
weatherDf[weatherDf["最低气温"] < 0].head()
```

输出结果:

	日期	最高气温	最低气温	天气	风向	风力	空气质量指数
0	2021-01-01 周五	10	-2	晴	东南风	1级	70 良
6	2021-01-07 周四	2	-4	阴~多云	北风	4级	67 良
7	2021-01-08 周五	6	-3	晴	北风	3级	51 良
10	2021-01-11 周一	10	-1	多云	北风	3级	61 良
359	2021-12-26 周日	0	-2	多云~小雪	西北风	3级	45 优

（3）查看前 3 行数据

代码如下:

```
# 输出前 3 行
print('-' * 21, '输出前 3 行的数据', '-' * 21)
weatherDf.head(3)
```

输出结果:

--------------------- 输出前 3 行的数据 ---------------------

	日期	最高气温	最低气温	天气	风向	风力	空气质量指数
0	2021-01-01 周五	10	-2	晴	东南风	1级	70 良
1	2021-01-02 周六	13	3	晴~多云	东风	1级	85 良
2	2021-01-03 周日	9	2	多云	西北风	2级	97 良

（4）查看数值列的统计结果

代码如下:

```
print('-' * 2, '查看数值列的统计结果', '-' * 2)
weatherDf.describe()
```

输出结果:

-- 查看数值列的统计结果 --

	最高气温	最低气温
count	365.000000	365.000000
mean	23.060274	15.394521
std	9.542944	8.552551
min	0.000000	-4.000000
25%	16.000000	8.000000
50%	22.000000	15.000000
75%	33.000000	24.000000
max	40.000000	28.000000

263

（5）统计数值列的平均值、最大值和最小值

代码如下：

```
print(weatherDf['最高气温'].mean())
# 最高气温
print(weatherDf['最高气温'].max())
# 最低气温
print(weatherDf['最低气温'].min())
```

输出结果：

```
23.06027397260274
40
-4
```

（6）唯一性去重

唯一性去重一般不用于数值列，而用于枚举、分类列。

代码如下：

```
print('-' * 25, '唯一去重性', '-' * 25)
print(weatherDf['天气'].unique())
print(weatherDf['风向'].unique())
print(weatherDf['风力'].unique())
```

（7）按值计数

代码如下：

```
print('-' * 25, '按值计数', '-' * 25)
print(weatherDf['天气'].value_counts())
print(weatherDf['风向'].value_counts())
print(weatherDf['风力'].value_counts())
```

（8）分离"空气质量指数"列数据

代码如下：

```
#使用 split()方法将字符串分割为列表
aqiDf =weatherDf['空气质量指数'].astype(str).str.split(" ",1, expand=True)
#修改"空气质量指数"列的值
weatherDf.loc[:,'空气质量指数']=aqiDf[0]
weatherDf['空气质量等级'] =aqiDf[1]
weatherDf.head(3)
```

输出结果：

	日期	最高气温	最低气温	天气	风向	风力	空气质量指数	空气质量等级
0	2021-01-01 周五	10	-2	晴	东南风	1级	70	良
1	2021-01-02 周六	13	3	晴~多云	东风	1级	85	良
2	2021-01-03 周日	9	2	多云	西北风	2级	97	良

（9）添加"aqiLevel"列

代码如下：

```
def spaqi(aqi):
    aqilist=[]
    for str in aqi:
```

```
            if str=='优':
                aqiLevel=1
            elif str=='良':
                aqiLevel = 2
            elif str=='轻度':
                aqiLevel = 3
            elif str=='中度':
                aqiLevel = 4
            elif str=='重度':
                aqiLevel = 5
            aqilist.append(aqiLevel)
    aqiser=pd.Series(aqilist)
    return aqiser
weatherDf['aqiLevel']=spaqi(weatherDf['空气质量等级'])
weatherDf['空气质量指数']=weatherDf['空气质量指数'].astype('int32')
weatherDf.head(3)
```

输出结果：

	日期	最高气温	最低气温	天气	风向	风力	空气质量指数	空气质量等级	aqiLevel
0	2021-01-01 周五	10	-2	晴	东南风	1级	70	良	2
1	2021-01-02 周六	13	3	晴~多云	东风	1级	85	良	2
2	2021-01-03 周日	9	2	多云	西北风	2级	97	良	2

（10）分享"日期"列数据并将其转换为日期格式

代码如下：

```
df2 = weatherDf.copy()
df2[['日期', '星期']] = df2['日期'].str.split(' ', 2, expand = True)
df2.loc[:,'日期']=pd.to_datetime(df2.loc[:,'日期'],
                        format='%Y-%m-%d',errors='coerce')
df2.sort_values('日期', inplace=True)
df2.head()
```

输出结果：

	日期	最高气温	最低气温	天气	风向	风力	空气质量指数	空气质量等级	aqiLevel	星期
0	2021-01-01	10	-2	晴	东南风	1级	70	良	2	周五
1	2021-01-02	13	3	晴~多云	东风	1级	85	良	2	周六
2	2021-01-03	9	2	多云	西北风	2级	97	良	2	周日
3	2021-01-04	11	4	晴~多云	西北风	2级	130	轻度	3	周一
4	2021-01-05	6	3	阴	西北风	3级	236	重度	5	周二

5. 数据可视化

（1）绘制 2021 年长沙市 AQI（空气质量指数）全年走势图

代码如下：

```
import matplotlib.pyplot as plt
# pandas 无法显示中文问题的解决方案
plt.rcParams['font.sans-serif']=['SimHei']      #用来正常显示中文
plt.rcParams['axes.unicode_minus']=False    #用来正常显示负号
```

```
fig, ax = plt.subplots(figsize=(20,15))
ax.plot(df2['日期'], df2['空气质量指数'])
ax.set(xlabel='日期', ylabel='AQI 指数',
       title='2021 年长沙市 AQI（空气质量指数）全年走势图')
ax.grid()
fig.savefig("长沙 AQI.png")
plt.show()
```

输出结果如图 9-1 所示。

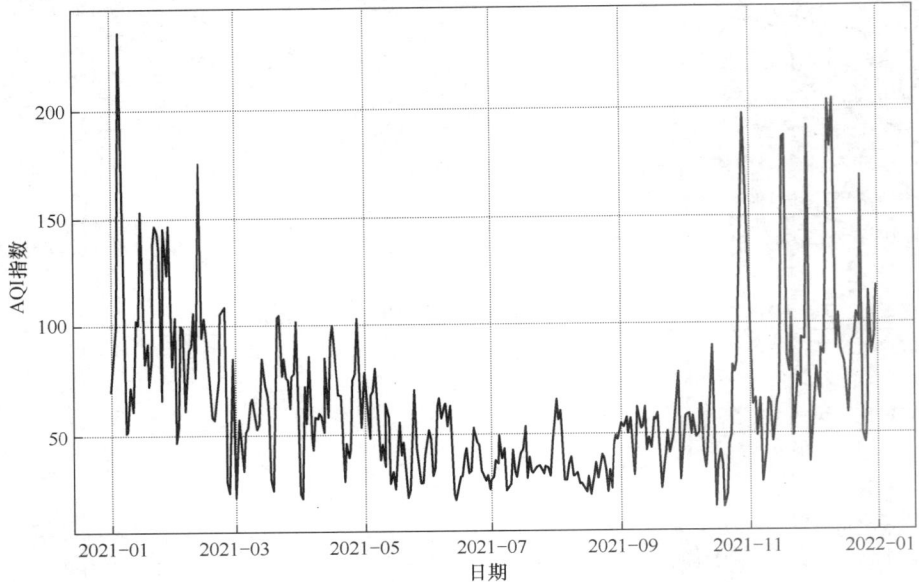

图 9-1　2021 年长沙市 AQI（空气质量指数）全年走势图

（2）绘制 2021 年长沙市空气质量指数季度箱形图

代码如下：

```
import numpy as np
#拆分季度
df2['quarters'] = df2['日期'].dt.quarter
q1 = df2[df2.quarters == 1]
q2 = df2[df2.quarters == 2]
q3 = df2[df2.quarters == 3]
q4 = df2[df2.quarters == 4]
all_data = [   np.array(q1['空气质量指数']),
            np.array(q2['空气质量指数']),
            np.array(q3['空气质量指数']),
            np.array(q4['空气质量指数']),
            ]
labels = ['第一季度',
        '第二季度',
```

```
                '第三季度',
                '第四季度']
fig, ax1 = plt.subplots(figsize=(6,5))
bplot1 = ax1.boxplot(all_data,
                     vert=True,
                     patch_artist=True,
                     labels=labels)
ax1.set_title('2021 年长沙市空气质量指数季度箱形图')
colors = ['pink', 'lightblue', 'lightgreen','grey']
for patch, color in zip(bplot1['boxes'], colors):
    patch.set_facecolor(color)
ax1.yaxis.grid(True)
ax1.set_ylabel('空气质量指数')
fig.savefig("2021 年长沙市空气质量指数季度箱形图.png")
plt.show()
```

输出结果如图 9-2 所示。

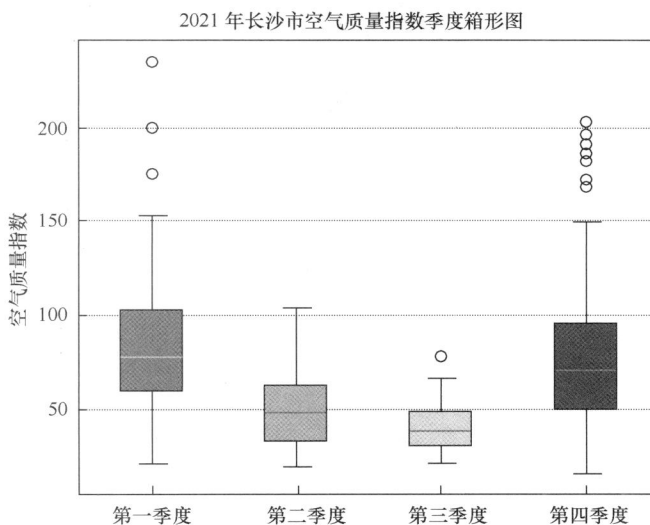

图 9-2　2021 年长沙市空气质量指数季度箱形图

（3）绘制 2021 年 1 月长沙市空气质量饼图

代码如下：

```
#长沙市 2021 年 1 月空气质量
air_quality = ['良','优','良','轻度','重度','中度','良','良','良','良','良',
'良','轻度','轻度','中度','轻度','良','良','良','良','轻度',
'轻度','轻度','轻度','良','轻度','轻度','轻度','轻度','优','轻度']
#统计各个空气质量等级出现的次数，返回一个字典
data_count = Counter(air_quality)
# labels = ["优", "良", "轻度", "中度", "重度"]
labels=data_count.keys()
#从字典中取出各个键值对的值
```

```
datas=data_count.values()
# datas = [data_count[f'{i}'] for i in labels]
colors=['red','tomato','turquoise', '#228fbd','#cbc547']
fig = plt.figure()
plt.pie(datas,labels=labels,colors=colors,startangle=180,shadow=True,autopct='%.2f%%')
plt.title('长沙市 2021 年 1 月空气质量')
plt.legend()
fig.savefig("2021 年 1 月长沙市空气质量饼图.png")
plt.show()
```

输出结果如图 9-3 所示。

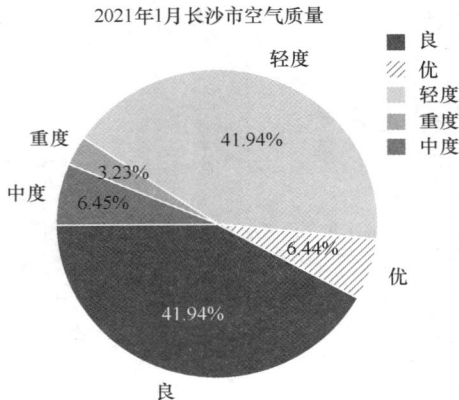

图 9-3　2021 年 1 月长沙市空气质量饼图

6. 数据分析

（1）复杂条件查询

如果要使用多个条件进行查询，可使用&符号串联查询条件，每个条件都要使用括号。

① 查询最高气温小于 40℃，最低气温大于 15℃，并且是晴天，空气指数为优的数据。

代码如下：

```
weatherDf[(weatherDf["最高气温"]<=40) & (weatherDf["最低气温"]>=15)
        & (weatherDf["天气"]=='晴')  & (weatherDf["aqiLevel"]==1)]
```

使用 df.query()方法可以简化查询。

使用 df.query()方法实现类似功能的代码如下：

```
weatherDf.query("最高气温<=40 & 最低气温>=15 & 天气=='晴' & aqiLevel==1")
```

输出结果：

	日期	最高气温	最低气温	天气	风向	风力	空气质量指数	空气质量等级	aqiLevel
188	2021-07-08 周四	35℃	28℃	晴	西南风	3级	23	优	1
192	2021-07-12 周一	36℃	28℃	晴	南风	3级	32	优	1
194	2021-07-14 周三	37℃	28℃	晴	西南风	3级	35	优	1
206	2021-07-26 周一	35℃	26℃	晴	西北风	3级	31	优	1
241	2021-08-30 周一	36℃	26℃	晴	东南风	2级	47	优	1
263	2021-09-21 周二	35℃	20℃	晴	东南风	1级	35	优	1
264	2021-09-22 周三	36℃	23℃	晴	东南风	2级	41	优	1
266	2021-09-24 周五	37℃	27℃	晴	东南风	2级	41	优	1
267	2021-09-25 周六	37℃	26℃	晴	南风	2级	46	优	1
276	2021-10-04 周一	36℃	26℃	晴	东南风	2级	49	优	1

② 查询最低气温低于–10℃的数据。

代码如下:

```
weatherDf.query("最高气温 > 35").head()
```

输出结果:

	日期	最高气温	最低气温	天气	风向	风力	空气质量指数	空气质量等级	aqiLevel
158	2021-06-08 周二	37℃	23℃	多云	东南风	2级	62	良	2
159	2021-06-09 周三	37℃	25℃	阴~小雨	东南风	2级	64	良	2
166	2021-06-16 周三	36℃	27℃	阴~晴	南风	3级	30	优	1
174	2021-06-24 周四	36℃	25℃	多云	东风	2级	46	优	1
175	2021-06-25 周五	36℃	27℃	阴~多云	东南风	2级	44	优	1

③ 查询温差大于 15℃的数据。

代码如下:

```
weatherDf.query("最高气温-最低气温 >= 15").head()
```

输出结果:

	日期	最高气温	最低气温	天气	风向	风力	空气质量指数	空气质量等级	aqiLevel
13	2021-01-14 周四	20℃	4℃	多云~晴	东南风	2级	101	轻度	3
14	2021-01-15 周五	20℃	5℃	晴~多云	西北风	2级	153	中度	4
17	2021-01-18 周一	15℃	0℃	晴	东南风	2级	92	良	2
48	2021-02-18 周四	20℃	5℃	晴	东风	1级	58	良	2
49	2021-02-19 周五	22℃	7℃	晴	南风	2级	57	良	2

④ 使用外部的变量查询两个指定温度之间的数据。

代码如下:

```
high_temperature = 20
low_temperature = 10
weatherDf.query("最高气温<=@high_temperature & 最低气温>=
                               @low_temperature").head()
```

输出结果:

	日期	最高气温	最低气温	天气	风向	风力	空气质量指数	空气质量等级	aqiLevel
70	2021-03-12 周五	19℃	10℃	多云~小雨	东北风	1级	55	良	2
71	2021-03-13 周六	19℃	13℃	阴~多云	东北风	1级	72	良	2
74	2021-03-16 周二	19℃	15℃	小雨~中雨	西北风	2级	69	良	2
75	2021-03-17 周三	15℃	13℃	小雨	西北风	3级	59	良	2
76	2021-03-18 周四	14℃	11℃	小雨	西北风	2级	29	优	1

（2）计算协方差

代码如下:

```
print(weatherDf['最高气温'].cov(weatherDf['最低气温']))
print(weatherDf['最高气温'].cov(weatherDf['空气质量指数']))
print(weatherDf['最低气温'].cov(weatherDf['空气质量指数']))
```

输出结果:

```
74.24263886798134
–152.876253198856
–163.91504591299108
```

（3）查看协方差矩阵

代码如下：

```
print('-' * 20, '协方差矩阵', '-' * 20)
weatherDf.cov()
```

输出结果：

------------------- 协方差矩阵 -------------------

	最高气温	最低气温	空气质量指数	aqiLevel
最高气温	91.067786	74.242639	-152.876253	-3.251912
最低气温	74.242639	73.146124	-163.915046	-3.489786
空气质量指数	-152.876253	-163.915046	1377.171052	27.884134
aqiLevel	-3.251912	-3.489786	27.884134	0.650504

（4）计算相关系数

① 查看相关系数矩阵。

代码如下：

```
weatherDf.corr()
```

输出结果：

	最高气温	最低气温	空气质量指数	aqiLevel
最高气温	1.000000	0.909652	-0.431682	-0.422504
最低气温	0.909652	1.000000	-0.516451	-0.505916
空气质量指数	-0.431682	-0.516451	1.000000	0.931619
aqiLevel	-0.422504	-0.505916	0.931619	1.000000

② 查看空气质量指数和最高气温的相关系数。

代码如下：

```
weatherDf['空气质量指数'].corr(weatherDf['最高气温'])
```

输出结果：

```
-0.4316817605342009
```

③ 查看空气质量指数和最低气温的相关系数。

代码如下：

```
weatherDf['空气质量指数'].corr(weatherDf['最低气温'])
```

输出结果：

```
-0.5164511143419311
```

④ 查看空气质量指数和温差的相关系数。

代码如下：

```
weatherDf['空气质量指数'].corr(weatherDf['最高气温'] - weatherDf['最低气温'])
```

输出结果：

```
0.07500360963052113
```

【综合实战 9-2】分析网上商城订单数据

【任务描述】

数据源为 Excel 文件 order_report.xlsx，该 Excel 文件共收集了一个月内的 28010 条数据，共有以下 7 个字段：订单编号、总金额（即订单总金额）、实际支付金额（在已付款的情况下为总金额–退款金额；在未付款的情况下为 0）、收货地址（即各个省级行政区）、订单创建时间（即下单时间）、订单付款时间（即付款时间）、退款金额（即付款后申请退款的金额；如未付款，则退款金额为 0）。

编写代码以行业常见指标对订单数据进行综合分析，包括以下两方面的内容。

① 订单每个环节的转化率。

② 订单成交的时间（按天）趋势（按实际成交）。

【任务实现】

在 Jupyter Notebook 开发环境中创建 t9-02.ipynb，然后在单元格中编写代码与输出对应的结果。

1. 导入模块

代码如下：

```
import pandas as pd
import numpy as np
import datetime
import matplotlib.pyplot as plt
%matplotlib inline
from pyecharts.charts import Funnel     #编者计算机安装了 pyecharts 1.9.1
from pyecharts import options as opts
plt.rcParams['font.sans-serif'] = ['SimHei']
plt.rcParams['axes.unicode_minus'] = False
```

2. 导入数据

代码如下：

```
df = pd.read_excel(r'.\data\order_report.xlsx')
df.head()
```

输出结果：

	订单编号	总金额	实际支付金额	收货地址	订单创建时间	订单付款时间	退款金额
0	1	178.8	0.0	上海市	2022-05-21 00:00:00	NaT	0.0
1	2	21.0	21.0	内蒙古自治区	2022-05-20 23:59:54	2022-05-21 00:00:02	0.0
2	3	37.0	0.0	安徽省	2022-05-20 23:59:35	NaT	0.0
3	4	157.0	157.0	湖南省	2022-05-20 23:58:34	2022-05-20 23:58:44	0.0
4	5	64.8	0.0	江苏省	2022-05-20 23:57:04	2022-05-20 23:57:11	64.8

3. 数据审阅

（1）检查字段名是否正确

如果字段名包含多余字符，可以使用 strip()函数直接将其删除。

代码如下：

```
df.columns
```

输出结果：

```
Index(['订单编号', '总金额', '实际支付金额', '收货地址', '订单创建时间', '订单付款时间',
       '退款金额'], dtype='object')
```

（2）使用 info()函数查看各字段的详细信息

代码如下：

```
df.info()
```

输出结果：

```
<class 'pandas.core.frame.DataFrame'>
RangeIndex: 28010 entries, 0 to 28009
Data columns (total 7 columns):
 #   Column    Non-Null Count  Dtype
---  ------    --------------  -----
 0   订单编号     28010 non-null  int64
 1   总金额      28010 non-null  float64
 2   实际支付金额   28010 non-null  float64
 3   收货地址     28010 non-null  object
 4   订单创建时间   28010 non-null  datetime64[ns]
 5   订单付款时间   24087 non-null  datetime64[ns]
 6   退款金额     28010 non-null  float64
dtypes: datetime64[ns](2), float64(3), int64(1), object(1)
memory usage: 1.5+ MB
```

4. 数据预处理

数据预处理主要包括数据重复值、缺失值、异常值处理。

（1）重复值统计

代码如下：

```
df.duplicated().sum()
```

输出结果：

```
0
```

（2）缺失值统计

代码如下：

```
df.isnull().sum()
```

输出结果：

```
订单编号          0
总金额           0
实际支付金额        0
收货地址          0
订单创建时间        0
订单付款时间        3923
退款金额          0
dtype: int64
```

通过输出结果可以看到，订单付款时间缺失 3923 个值，因为实际付款金额无缺失，所以对订单付款时间缺失值暂不作处理，属正常现象。当然也可以使用 0 做缺失值填充。

5. 数据可视化展示

（1）统计各字段数量

通过创建字典来输出最终的统计表格，包含总订单数、付款订单数、到款订单数和全额到款订单数。其中到款订单数、全额到款订单数均是在付款订单的基础上进行筛选的。

代码如下：

```
dict_convs = dict()
key = '总订单数'
dict_convs[key] = len(df)
key = '付款订单数'
# 订单付款时间不为空的，表示付过款
df_payed = df[df['订单付款时间'].notnull()]
dict_convs[key] = len(df_payed)
```

```
key = '到款订单数'
# 买家实际支付金额=总金额–退款金额（在已付款的情况下）
# 买家实际支付金额不为 0 的，说明订单商家收到过款
df_trans = df_payed[df_payed['实际支付金额'] != 0]
dict_convs[key] = len(df_trans)
key = '全额到款订单数'
# 在已付款的订单中，退款金额为 0 的，说明没有退款，表示全额收款
df_trans_full = df_payed[df_payed['退款金额'] == 0]
dict_convs[key] = len(df_trans_full)
len(df_trans_full)
df_convs = pd.Series(dict_convs,name = '订单数').to_frame()
df_convs
```

输出结果：

	订单数
总订单数	28010
付款订单数	24087
到款订单数	18955
全额到款订单数	18441

创建字典后，可通过 pd.Series(dict_convs,name = '订单数').to_frame()将字典转化为表格形式。

（2）计算总体转化率

通过对整个订单数量的统计，计算各环节订单数占总订单数的比例，计算总体转化率（每个环节订单数除以总订单数），并形成漏斗图。

代码如下：

```
name = '总体转化率'
total_convs = df_convs['订单数']/df_convs.loc['总订单数','订单数']*100
df_convs[name] = total_convs.apply(lambda x : round(x,0))
```

loc()按照"index=行标签"进行取行，iloc()按照"索引=行号"进行取行。

输出结果：

	订单数	总体转化率
总订单数	28010	100.0
付款订单数	24087	86.0
到款订单数	18955	68.0
全额到款订单数	18441	66.0

（3）绘制总体转化率漏斗图

代码如下：

```
name = '总体转化率'
funnel = Funnel().add( series_name = name,
                      data_pair = [ list(z) for z in zip(df_convs.index,df_convs[name]) ],
                      is_selected = True,
                      label_opts = opts.LabelOpts(position = 'inside')
```

```
                          )
funnel.set_series_opts(tooltip_opts = opts.TooltipOpts(formatter = '{a}<br/>{b}:{c}%'))
funnel.set_global_opts( title_opts = opts.TitleOpts(title = name), )
funnel.render_notebook()
```

输出结果如图 9-4 所示。

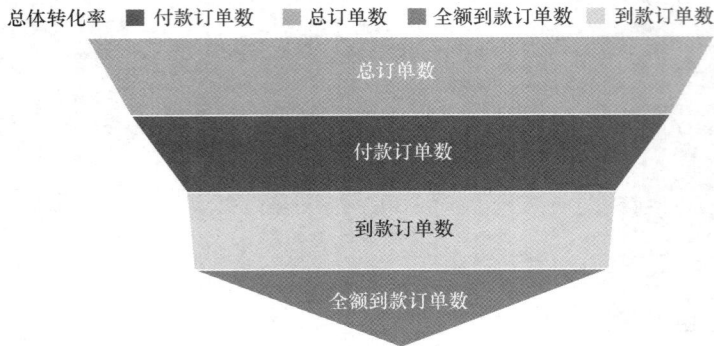

图 9-4　总体转化率漏斗图

（4）计算单一环节转化率

通过下一环节订单数占上一环节订单数的比例，计算得到单一环节转化率。

```
name = '单一环节转化率'
single_convs = df_convs['订单数'].shift()   #默认下移一位
df_convs[name] = single_convs.fillna(df_convs.loc['总订单数','订单数']) #填充缺失值
df_convs[name] = round((df_convs['订单数']/df_convs[name]*100),0)
df_convs
```

输出结果：

	订单数	总体转化率	单一环节转化率
总订单数	28010	100.0	100.0
付款订单数	24087	86.0	86.0
到款订单数	18955	68.0	79.0
全额到款订单数	18441	66.0	97.0

（5）绘制单一环节转化率漏斗图

代码如下：

```
name = '单一环节转化率'
funnel = Funnel().add( series_name = name,
                       data_pair = [ list(z) for z in zip(df_convs.index,df_convs[name]) ],
                       is_selected = True,
                       label_opts = opts.LabelOpts(position = 'inside') )
funnel.set_series_opts(tooltip_opts = opts.TooltipOpts(formatter = '{a}<br/>{b}:{c}%'))
funnel.set_global_opts( title_opts = opts.TitleOpts(title = name))
funnel.render_notebook()
```

输出结果如图 9-5 所示。

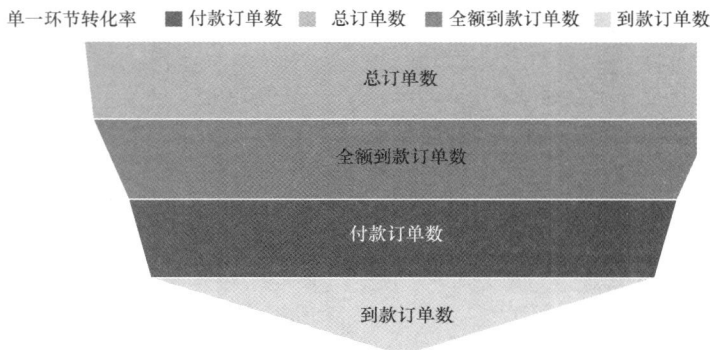

图 9-5　单一环节转化率漏斗图

从图 9-4 和图 9-5 中可以看出，在总体转化率中，从付款订单数到到款订单数的转化环节，其转化率较低；在单一环节转化率中，也可以得到同样的结论。这说明收款的周期被拉长，有可能是客户的确认收货时间过长导致的。

6. 数据分析

（1）分析订单的整体趋势

首先格式化订单创建时间，设置标签为订单创建时间，然后使用 resample() 函数按日统计订单数量，并绘制折线图，最终使用 pyecharts 进行可视化展示。

① 设置标签为订单创建时间。

代码如下：

```
#设置标签为订单创建时间
df_trans=df_trans.set_index('订单创建时间')
df_trans.head()
```

输出结果：

订单创建时间	订单编号	总金额	实际支付金额	收货地址	订单付款时间	退款金额
2022-05-20 23:59:54	2	21.0	21.0	内蒙古自治区	2022-05-21 00:00:02	0.0
2022-05-20 23:58:34	4	157.0	157.0	湖南省	2022-05-20 23:58:44	0.0
2022-05-20 23:56:39	6	327.7	148.9	浙江省	2022-05-20 23:56:53	178.8
2022-05-20 23:56:36	7	357.0	357.0	天津市	2022-05-20 23:56:40	0.0
2022-05-20 23:56:12	8	53.0	53.0	浙江省	2022-05-20 23:56:16	0.0

② 绘制按日统计的订单数量趋势折线图。

代码如下：

```
#按日统计订单数量
se_trans_month = df_trans.resample('D')
['订单编号'].count()
se_trans_month.plot()
```

输出结果如图 9-6 所示。

③ 使用 pyecharts 绘制按日统计的订单数量趋势折线图。

代码如下：

```
from pyecharts.charts import Line
name = '订单数'
```

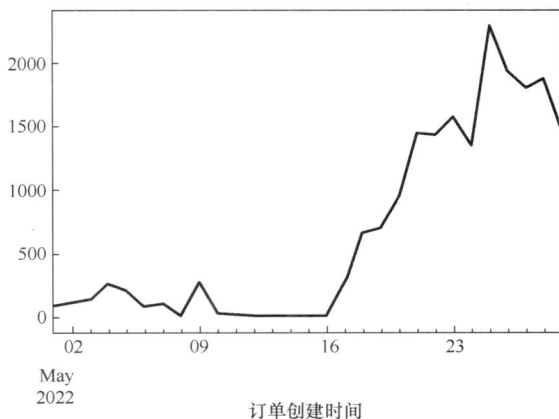

图 9-6　按日统计的订单数量趋势折线图

```
(
    Line()
    .add_xaxis(xaxis_data = list(se_trans_month.index.day.map(str)))
    .add_yaxis(
        series_name= name,
        y_axis= se_trans_month,
    )
    .set_global_opts(
        yaxis_opts = opts.AxisOpts(
            splitline_opts = opts.SplitLineOpts(is_show = True)
        )
    )
    .render_notebook()
)
```

输出结果如图 9-7 所示。

④ 计算订单平均价格。

代码如下：

```
df_trans['实际支付金额'].mean()
```

输出结果：

```
100.36861777895066
```

（2）分析销量区域分布

按照收货地址汇总订单数量，降序排列，并生成柱形图。

代码如下：

```
se_trans_map = df_trans.groupby('收货地址')['收货地址'].count()
                                    .sort_values(ascending = False)
plt.figure(dpi = 100)
se_trans_map.plot(kind = 'bar')
```

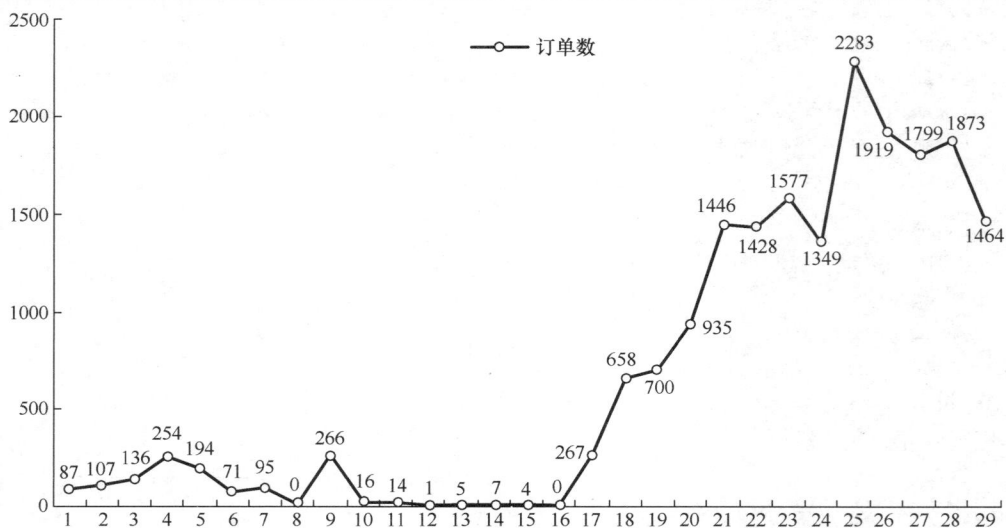

图 9-7　使用 pyecharts 绘制的按日统计的订单数量趋势折线图

输出结果如图 9-8 所示。

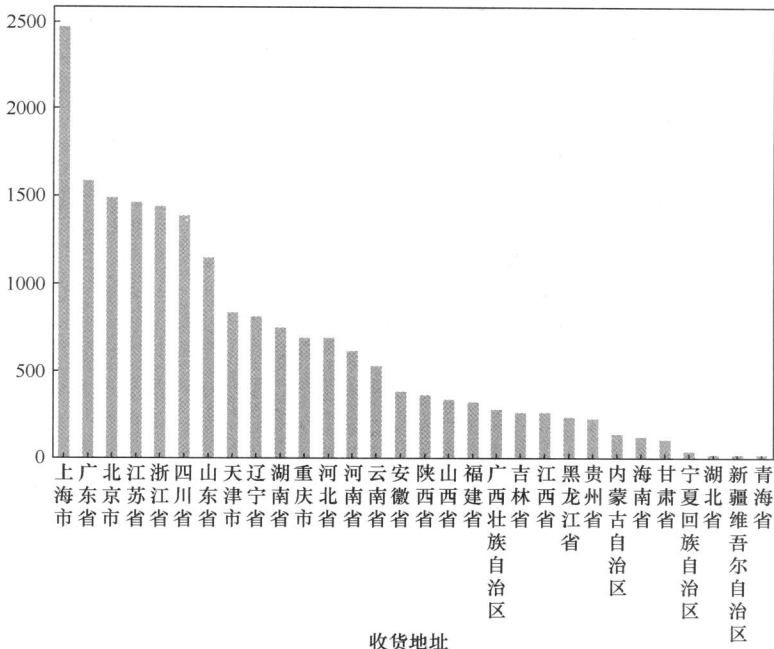

收货地址

图 9-8　销量区域分布的柱形图

说明　如果坐标轴标签出现乱码，可在导入第三方库时添加一行代码：plt.rcParams ["font.sans-serif"]=['SimHei']，其作用是正常显示中文。

在线练习与考核

电子活页 9-1

扫描二维码，完成本模块的在线练习与考核。

在线练习与考核

参考文献

[1] 陈承欢, 汤梦姣.Python 程序设计任务驱动式教程（微课版）[M].北京：人民邮电出版社, 2021.

[2] 黑马程序员.Python 数据分析与应用：从数据获取到可视化[M].北京：中国铁道出版社, 2019.

[3] 李良.Python 数据分析与可视化[M].北京：电子工业出版社, 2021.

[4] 黑马程序员.Python 数据可视化[M].北京：人民邮电出版社, 2021.

[5] 黑马程序员.Python 数据预处理[M].北京：人民邮电出版社, 2021.

[6] 张俊红.对比 Excel，轻松学习 Python 数据分析[M].北京：电子工业出版社, 2019.